KB138983

# 미래를 읽다 과학이슈 11

## Season 8

**미래를 읽다 과학이슈 11 Season 8**

**2판 1쇄 발행** 2021년 4월 1일

**글쓴이** 임종덕 외 10명 지음
**펴낸이** 이경민

**펴낸곳** ㈜동아엠앤비
**출판등록** 2014년 3월 28일(제25100-2014-000025호)
**주소** (03737) 서울특별시 서대문구 충정로 35-17 인촌빌딩 1층
**전화** (편집) 02-392-6901 (마케팅) 02-392-6900
**팩스** 02-392-6902
**전자우편** damnb0401@naver.com
**SNS**

ISBN 979-11-6363-382-2 (04400)

1. 책 가격은 뒤표지에 있습니다.
2. 잘못된 책은 구입한 곳에서 바꿔 드립니다.
3. 저자와의 협의에 따라 인지는 붙이지 않습니다.
※ 이 책에 실린 사진은 위키피디아, 위키미디어, 노벨위원회, 구글, 셔터스톡에서 제공받았습니다.

# 미래를 읽다 과학이슈 11 Season 8

임종덕 외 10명 지음

동아엠앤비

# 맞춤 아기 탄생,
# 홍역 확산에서 5G 시대, 수소 경제까지
# 최신 과학이슈를 말하다!

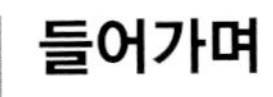

## 들어가며

2018년 하반기와 2019년 상반기에는 국내외적으로 과학 분야에 많은 사건이 벌어졌다. 2018년 11월 중국 과학자가 유전자를 원하는 대로 편집한 '맞춤 아기(디자이너 베이비)'를 탄생시켰으며, 한때 퇴치됐던 질병이라는 홍역이 2018년 말부터 전 세계 곳곳에서 확산되고 있다. 2019년에 들어서는 5세대(G) 이동통신을 먼저 선점하려는 국제적 경쟁이 펼쳐졌고, 디스플레이가 접히는 스마트폰인 폴더블폰의 출시 경쟁도 불꽃이 튀었다. 2019년은 멘델레예프가 주기율표를 제정한 지 150주년이 되는 해이며, 질량 단위인 킬로그램을 비롯한 4가지 기본 단위가 재정의된 뒤 새 정의가 지난 5월부터 발효된 바 있다. 이 외에 지열 발전이 포항 지진을 촉발했다는 정부조사단 발표, HTTPS 차단 논란, 수소 경제 활성화 등이 한국 사회를 강타했다. 2018년 말과 2019년 초를 뜨겁게 달군 과학이슈를 조금 더 구체적으로 살펴보자.

2018년 11월 28일 홍콩에서 열린 '제2차 인간유전체교정 국제회의'에서 중국 남방과학기술대 허젠쿠이 교수가 세계 최초로 유전자 편집 아기를 탄생시켰다고 발표해 전 세계를 놀라게 했다. 크리스퍼 유전자 가위 기술을 이용해 에이즈를 일으키는 바이러스에 감염되지 않도록 유전자를 편집해 쌍둥이 아기를 출생시켰다고 한다. 크리스퍼 유전자 가위는 무엇일까? 영화 속 '맞춤 아기'가 현실에 등장한 것일까? 이제 돌이킬 수 없는 판도라 상자가 열린 것일까?

홍역퇴치국가로 인증받았던 우리나라에 2018년 말부터 홍역이 다시 기승을 부리고 있다. 이는 우리나라뿐만 아니라 전 세계적인 현상이다. 2019년 5월 기준으로 60개국이 넘는 국가에서 홍역이 유행하고 있다. 홍역은 후진국만이 아니라 유럽, 미국 같은 선진국에서도 확산되고 있다. 왜 그럴까? 가장 큰 문제는 백신 불신 풍조다. 왜 백신을 믿지 못할까? 과연 자연면역이 더 나을까? 아니면 집단면역이 더 나을까?

2019년 4월 3일 우리나라는 세계 최초로 5G 상용 서비스를 개시했다. 요즘 이동통신에는 5G 열풍이 불고 있다. 5G란 무엇인가? 이동통신에 세대는 어떻게 나뉠까? 5G를 가능하게 한 기술은 어떤 것이 있을까? 5G 시대, 세상은 어떻게 바뀔까? 5G 못지않게 전 세계적으로 주목받고 있는 것이 바로 폴더블폰이다. 삼성, 화웨이, 애플 등 IT

업체들이 다양한 폴더블폰을 개발하는 데 뛰어들면서 스마트폰의 새로운 진화를 예고하기 때문이다. 어떤 방식의 폴더블폰이 시장에서 인정받을까? 스마트폰은 어디까지 진화할까?

지금으로부터 150년 전인 1869년 러시아 화학회에서 멘델레예프가 만든 원소 주기율표가 공개됐다. 주기율표는 우주의 구성물이 품고 있는 가장 중요한 비밀의 열쇠라고 표현할 만하다. 멘델레예프의 주기율표가 나오기까지 많은 과학자의 노력이 있었다. 주기율표의 주기와 족은 무엇일까? 원소의 주기적 성질은 어떤 것이 있을까?

최근 물리 분야에도 큰 이슈가 있었다. 지난해 11월 16일 제26차 국제도량형총회에서 질량, 전류, 온도, 물질량 4개의 기본 단위를 재정의했고, 재정의된 단위들이 올해 5월 20일부터 전 세계적으로 발효됐다. 왜 단위들을 재정의한 것일까? 킬로그램 단위는 이전의 문제점이 무엇이었고, 어떻게 재정의됐나? 어떻게 기본 상수에 의해 기본 단위를 재정의했는가?

이 외에도 2017년 11월 15일 경북 포항에서 발생했던 규모 5.4의 지진이 지열발전소 건설과정에서 일어난 '촉발지진'이라는 정부조사단의 지난 3월 20일 발표, 지난 2월 중순 정부에서 외국에 서버를 둔 불법사이트나 유해사이트에 접속을 막기 위해 HTTPS를 차단하면서 인터넷 검열에 대한 우려 논란, 지난 1월 정부가 발표한 '수소경제 활성화 로드맵', 타계 1주년을 맞은 스티븐 호킹, 산업단지 조성 공사로 보존 여부가 불투명한 경남 진주층의 공룡발자국 화석산지 등이 최근 대한민국에서 크게 회자됐던 과학이슈였다.

요즘 과학적으로 중요하거나 과학으로 해석해야 하는 중요한 이슈들이 매일 쏟아져 나온다. 이런 이슈들을 제대로 해석하고 설명하기 위해 전문가들이 힘을 모았다. 우리나라 대표 과학 매체의 편집장, 과학 전문기자, 과학 칼럼니스트, 관련 분야의 연구자 등이 2018년 말과 2019년 초 화제가 되어 주목해야 할 과학이슈 11가지를 선정했다. 이 책에 뽑힌 과학이슈가 우리 삶에 어떤 영향을 미칠지, 그 과학이슈는 앞으로 어떻게 전개될지, 그로 인해 우리 미래는 어떻게 바뀌게 될지 고민해 보면 좋겠다. 이를 통해 사회현상을 깊이 분석하다 보면, 일반교양을 넓힐 수 있을 뿐만 아니라 논술, 면접 등을 대비하는 데도 큰 도움을 얻을 수 있을 것이라 확신한다.

**2019년 7월 편집부**

# Season 8

차례



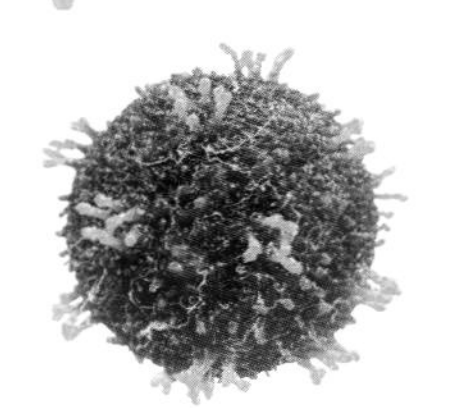

5G
22
34

ISSUE 1 고생물학

# 중생대 진주층의 공룡 발자국 화석

'천연기념물 제534호'로 지정된 경남 진주시 호탄동 익룡 · 새 · 공룡 발자국 화석산지에서 발견된 수각류 보행렬. © 김경수

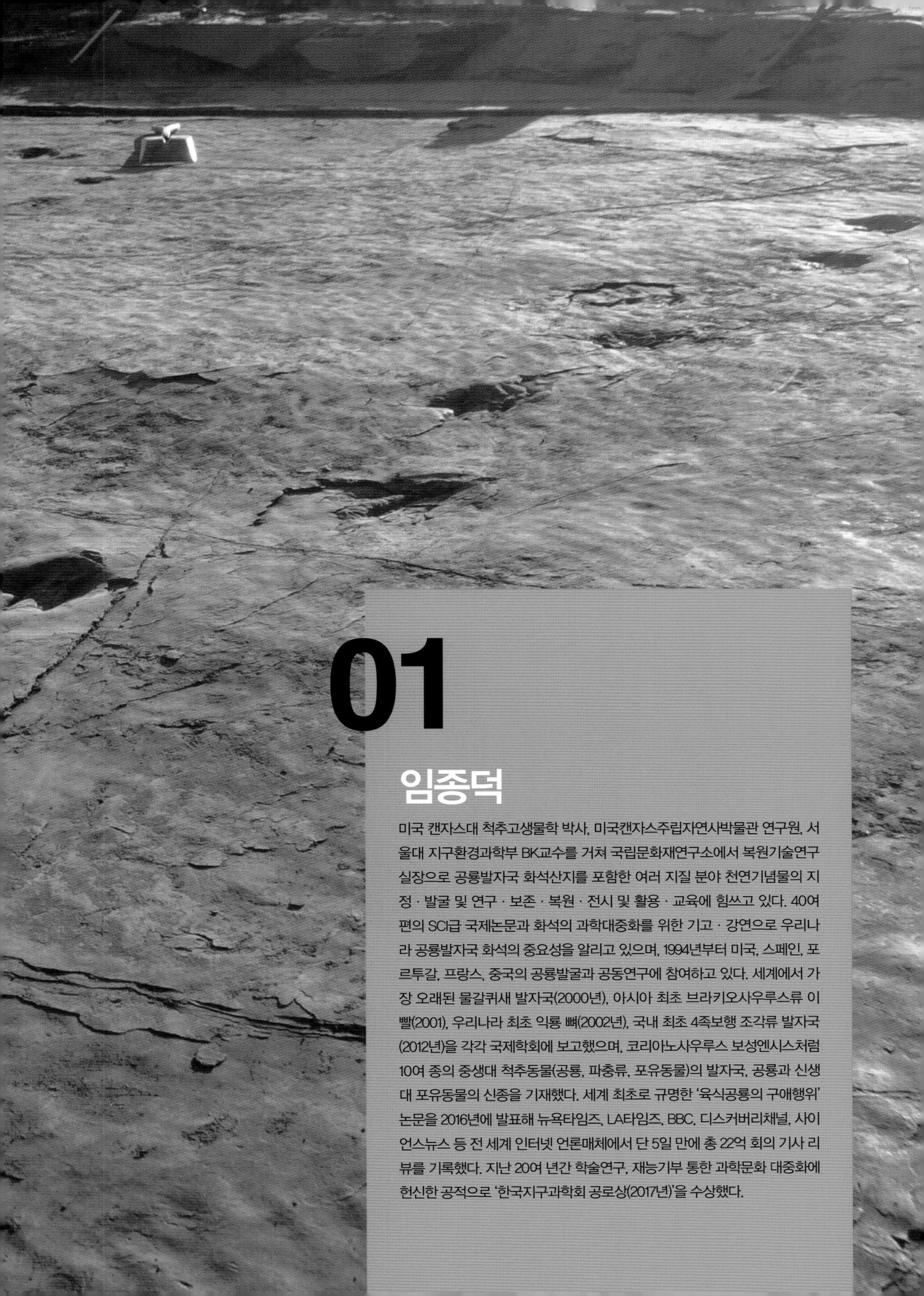

# 01

## 임종덕

미국 캔자스대 척추고생물학 박사, 미국캔자스주립자연사박물관 연구원, 서울대 지구환경과학부 BK교수를 거쳐 국립문화재연구소에서 복원기술연구실장으로 공룡발자국 화석산지를 포함한 여러 지질 분야 천연기념물의 지정 · 발굴 및 연구 · 보존 · 복원 · 전시 및 활용 · 교육에 힘쓰고 있다. 40여 편의 SCI급 국제논문과 화석의 과학대중화를 위한 기고 · 강연으로 우리나라 공룡발자국 화석의 중요성을 알리고 있으며, 1994년부터 미국, 스페인, 포르투갈, 프랑스, 중국의 공룡발굴과 공동연구에 참여하고 있다. 세계에서 가장 오래된 물갈퀴새 발자국(2000년), 아시아 최초 브라키오사우루스류 이빨(2001), 우리나라 최초 익룡 뼈(2002년), 국내 최초 4족보행 조각류 발자국(2012년)을 각각 국제학회에 보고했으며, 코리아노사우루스 보성엔시스처럼 10여 종의 중생대 척추동물(공룡, 파충류, 포유동물)의 발자국, 공룡과 신생대 포유동물의 신종을 기재했다. 세계 최초로 규명한 '육식공룡의 구애행위' 논문을 2016년에 발표해 뉴욕타임즈, LA타임즈, BBC, 디스커버리채널, 사이언스뉴스 등 전 세계 인터넷 언론매체에서 단 5일 만에 총 22억 회의 기사 리뷰를 기록했다. 지난 20여 년간 학술연구, 재능기부 통한 과학문화 대중화에 헌신한 공적으로 '한국지구과학회 공로상(2017년)'을 수상했다.

ISSUE 1

고생물학

# 우리나라 중생대 진주층은 공룡 발자국 화석의 보고인가?

2012년 11월 '천연기념물 제534호' 경남 진주시 호탄동 익룡 · 새 · 공룡 발자국 화석산지에서 발견된 수각류 보행렬. © 김경수

우리나라를 대표하는 공룡화석인 중생대 백악기(남한 지표 면적의 약 25% 이상이 백악기 지층에 해당)의 공룡 발자국 화석들은 1982년부터 발견되기 시작했고, 공룡알 조각은 1972년부터 처음으로 알려지기 시작했다. 「지질유산으로서의 공룡 발자국 화석산지 보존과 활용

방안을 위한 사례 연구(임종덕, 2014)」에 의하면, 우리나라 중생대 백악기 전기 경상누층군을 중심으로 경상남도(함안, 고성, 사천, 남해, 창원, 통영, 진주, 거제, 의령, 창녕, 합천, 마산 등), 경상북도(군위, 의성, 청송, 칠곡, 경산 등), 전라남도(여수, 해남, 화순 등), 전라북도(군산), 충청북도(영동), 충청남도(보령), 부산광역시, 대구광역시, 울산광역시 등 여러 지역에서 지금까지 최소 150여 곳이 넘는 많은 공룡 발자국 화석산지가 발견되고 있으며, 최소 1만 개 이상의 공룡 발자국 화석이 발견되어 왔다. 이 가운데 5개 화석산지(경남 고성, 전남 해남 · 여수 · 화순 · 보성)는 유네스코 세계자연유산의 잠정목록에 올라 있다. 최근에는 경남 진주지역의 중생대 진주층이 우리나라 공룡 발자국 화석의 새로운 산지로 떠오르고 있다.

## 흔적화석인 공룡 발자국 화석이 알려주는 사실

우리나라의 공룡 발자국 화석은 보존상태가 다른 나라의 공룡 발자국 화석보다 탁월하며, 학술적 가치가 높은 공룡 발자국의 숫자도 다른 나라의 화석산지에 비해 월등하게 많다. 또한 우리나라에 다양한 종류의 공룡들이 살았다는 직접적인 증거를 여러 장소의 화석산지에서 발견할 수 있다. 만약 공룡, 익룡, 새를 비롯한 다양한 척추동물들에 대한 우리나라 발자국 화석산지가 유네스코 세계자연유산으로 등재된다면, 세계에서 최초로 발자국 화석이 유네스코 세계자연유산으로 등재되는 영광을 누리게 되며, 이런 학술적, 경관적, 교육적 가치가 탁월한 자연유산이 우리나라에 있다는 점은 매우 자랑스러운 사실이다.

우리나라 공룡들이 살았던 중생대 백악기 당시에는 퇴적분지가 발달했고 상당 부분 하천, 호수, 범람원으로 이뤄져 있었다는 점을 알 수 있다. 용각류 화석의 경우 아주 작은 아기 공룡의 발자국에서부터 지름이 1m가 넘는 대형 공룡의 발자국까지 발견됐으며, 공룡 가족이 무리를 형성해서 이동한 보행렬이 익룡, 새의 발자국과 함께 한 장소에서 발견되기도 하여 세계적인 관심을 끌었다. 여러 종류의 공룡 발자국을 비롯해 공룡 뼈, 공룡 이빨, 공룡 알, 익룡의 이빨과 날개뼈, 악어의 두개골, 거북의 골격, 어류, 양서류의 발자국, 파충류의 발자국, 포유동물의 발자국 등 다양한 척추동물의 화석이 계속 발견되고 있다.

이빨이나 뼈와 같은 골격화석은 발견된 뼈의 주인공이 누구인지를 알려주지만, 발자국 화석은 발자국의 주인공이 살았던 당시의 고(古)환경을 추론하고 그 동물의 행동학적 특징을 분석하며 당시 생태계를 좀 더 구체적으로 밝히는 데 중요한 단서를 제공한다. 중생대에 살았던 공룡의 발자국들이 1억 년 동안 화석으로 온전하게 남아 있으려면, 공룡들이 밟고 지나가던 땅이 너무 건조해 완전히 말라 있거나 진흙탕처럼 지나치게 질퍽한 상태가 아니라 발자국의 형태가 남을 정도로 적절한 정도의 수분을 지니고 있어야 한다. 이런 조건에 가장 적합한 곳이 바로 호숫가의 가장자리나 범람원처럼 넓고 사방이 트인 공간이다.

공룡 발자국 화석처럼 공룡이 남긴 흔적화석을 연구하면 어떤 점들을 알 수 있을까? 첫째, 공룡의 정확한 종(種)을 구체적으로 알 수 없지만, 어느 종류에 해당하는지 밝혀낼 수 있다. 두 발로 사냥을 했던 수각류 공룡에 해당하는지, 아니면 육중한 몸집과 긴 목을 가지고 네 발로 이동했던 용각류 공룡에 속하는지, 혹은 두 발 보행과 네 발 보행을 모두 할 수 있었던 초식 공룡인 조각류 공룡에 속하는 공룡인지를 발자국만 관찰하고도 쉽게 결론 낼 수 있다. 둘째, 공룡 발자국을 남긴 공룡들의 행동학적 습성을 알 수 있다. 즉, 혼자 단독 생활을 했는지 아니면 가족을 이뤄서 함께 살았는지도 밝힐 수 있는 직접적인 증거를 제시하기 때문이다. 세 번째로는, 공룡이 당시에 어떤 환경에서 발자국을 남기면서 이동했는지를 알 수 있다. 빗방울 자국이 함께 찍혀 있다면 비가 내렸다는 사실을 알 수 있으며, 발자국이 남겨진 퇴적물의 상태가 수분이 얼마나 많았는지도 연구할 수 있다. 네 번째로는 발자국의 주인공인 공룡이 얼마나 빨리 걷거나 뛰었는지 파악할 수 있다. 즉 발자국 화석과 보행렬 연구를 통해 공룡의 이동 속도를 알아낼 수 있다.

흔적화석(trace fossil, ichnofossil)에는 공룡과 같이 여러 동물의 발자국이 화석으로 남는 것 이외에도 공룡 피부 흔적(skin impression), 알(egg), 배설물(coprolite), 위석(gastrolith) 등이 포함되며, 경우에 따라서는 '생흔화석'이라고 부르기도 한다. 몽골과 미국에서는 프로토케라톱스나 마이아사우라와 같은 공룡들은 여러 마리의 어미 골격화석과 알둥지가 동시에 한 장소에서 발견됐기 때문에 알둥지의 주인이 어떤 종류의 공룡인지가 명확하게 밝혀지기도 했다. 이들 중에는 알을 품고 있거나 알이 부화하여 어미와 함께 살다가 화석으로 남았기 때문에 이들이 가족을 이뤄 생활했거나 새끼를 일정 기간 돌보았다는 증거를 골격화석과 알화석으로 동시에 제시해주고 있다.

조각류, 수각류, 용각류에 해당하는 공룡의 발자국은 다음과 같은 특징들이 있다. 초식을 하는 조각류 공룡은 뒷발의 발가락 가운데 세 개의 뭉툭한 발가락이 앞을 향하고 있으며, 발뒤꿈치는 완만한 곡선으로 되어 있어서, 알파벳 'U'자 형태를 보인다. 이에 반해 육식을 하는 수각류 공룡은 앞으로 향한 세 개의 발가락 끝에 날카로운 발톱 자국이 선명하게 보이는 경우가 많고, 발뒤꿈치가 조각류 공룡(완만한 곡선)에 비해 좁고 뾰족한 점이 다르다. 앞을 향한 세 개의 발가락 사이의 각도도 조각류 공룡의 발자국과는 약간씩 차이를 보이며, 그 형태는 전반적으로 'V' 자를 이룬다. 그리고 긴 목과 거대한 몸집을 자랑하는 용각류 공룡은 네 발로 걷는 초식동물이기 때문에 발자국 형태가 둥근 원을 이루는데, 이는 현생 코끼리가 지나간 흔적과 비슷한 형태임을 알 수 있다. 앞발의 발자국이 뒷발의 발자국에 비해 훨씬 작은 크기로 남는 점도 특징이다.

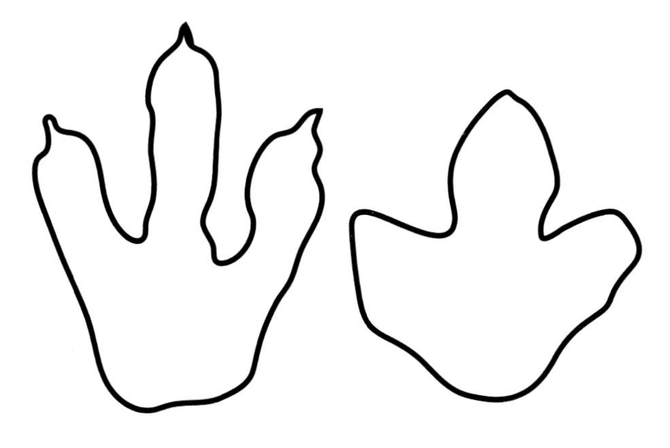

수각류 공룡 뒷발자국(왼쪽)과 조각류 공룡의 뒷발자국(오른쪽). 'V' 형태의 수각류 공룡 뒷발자국은 날카로운 발톱, 길쭉한 발가락이 특징이며 발자국이 폭보다 길다. 반면에 전반적으로 'U'자 형태를 보이는 조각류 공룡 뒷발자국은 뭉툭한 발톱, 폭이 넓은 발가락이 특징이며, 발자국 전체 폭이 길이보다 넓다.

## 진주층 화석으로 다시 쓰는 '쥬라기공원'

1993년 개봉된 영화 '쥬라기공원1(Jurassic Park)'은 당시 영화 산업과 최첨단 컴퓨터 그래픽 분야에 있어서 매우 혁신적이고도 획기적이었다. 당시 영화를 본 사람들이라면 생생하게 살아 움직이는 공룡들의 역동적인 모습, 과학적으로 판단하기에도 그럴듯한 스토리 전개, 그리고 아이들이 무서워하면서도 빠져들 수밖에 없는 마지막 장면(어린 주인공이 육식공룡의 사냥으로부터 도망치며 탈출하는 모습)을 생생하게 기억하고 있을 듯하다. 영화 곳곳에서 볼 수 있었던 고생물학적인 오류가 적지 않게 있음에도 불구하고, 25년이 지난 지금도 무척이나 흥미로웠던 기억으로 남아 있다. 쥬라기공원은 1편 이후에도 여러 후속작이 시리즈로 개봉되어 어린이를 비롯해 공룡을 좋아하거나 좋아했던 사람들에게 끊임없이 인기를 얻고 있는 영화이기도 하다.

만약 새로운 공룡 영화나 애니메이션이 좀 더 고증을 거쳐 준비되고 제작된다면, 이제는 우리나라의 중생대 백악기 전기 진주층에서 발견된 화석들에 대한 최신 연구 성과들이 차례차례 반영돼야 할 것이다. 먼저 전편들에서와는 다른 등장인물들이 대거 출연하게 될 것이다. 덩치가 아주 큰 공룡이 아니라 작은 육식공룡이 주인공이 될지도 모른다. 몸집이 참새만 한 작은 육식공룡 한 무리가 빠르고 민첩하게 여기저기 돌아다니며 호숫가 가장자리에서 먹잇감을 사냥하는 장면이 새롭게 추가돼야 하며, 발바닥 전체의 피부 자국이 선명한 또 다른 육식공룡 여러 마리가 빗방울이 떨어지는 날에 뛰노는 장면도 포함돼야 한다. 이 공룡무리들 사이에서 마치 캥거루처럼 두 개의 뒷다리로만 껑충껑충 뛰는 작은 포유동물 한 마리가 쫓아오는 육식공룡한테 벗어나기 위해 숨을 곳을 찾아다니며 어쩔 줄 몰라 하는 모습도 분명 있을 것 같다. 이미 이 포유동물의 입에는 잡아먹힌 지 얼마 되지 않은 개구리의 뒷다리가 한가득 들어 있는 상태였을지도 모른다. 바로 작은 뜀걸음형 포유동물(*Koreasaltipes*)과 개구리의 모습이다.

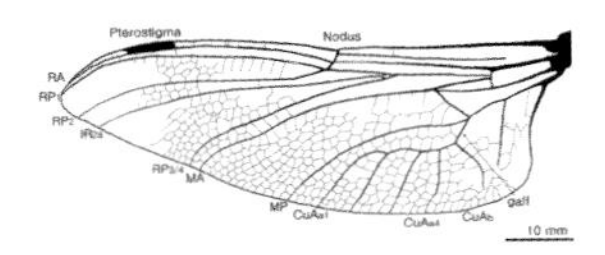


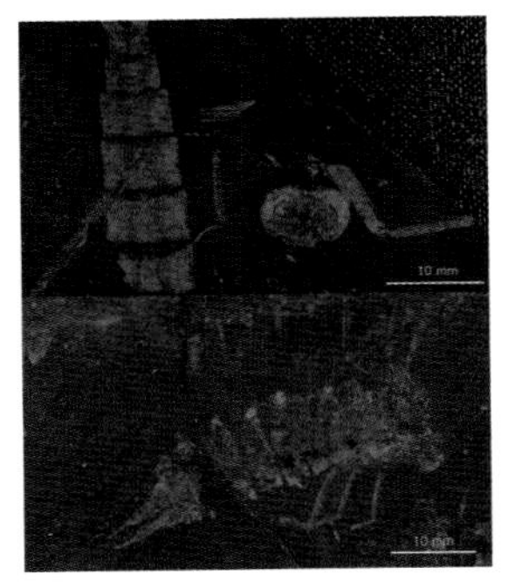


중생대 진주층에서 발견된, 잠자리목 헤메로스코피데(Hemeroscopidae)과의 헤메로스코푸스 바이시쿠스(*Hemeroscopus baissicus*). 이 잠자리의 뒷날개(a)와 이를 표현한 그림(b), 그리고 몸을 구성하는 한 부분(c)과 약충(d). © 남기수 · 김종현(지질학회지, 2016) 108쪽 Figs. 2

바이시쿠스(*H. baissicus*)의 복원도. © 남기수 · 김종현(지질학회지, 2016) 110쪽 Figs. 3

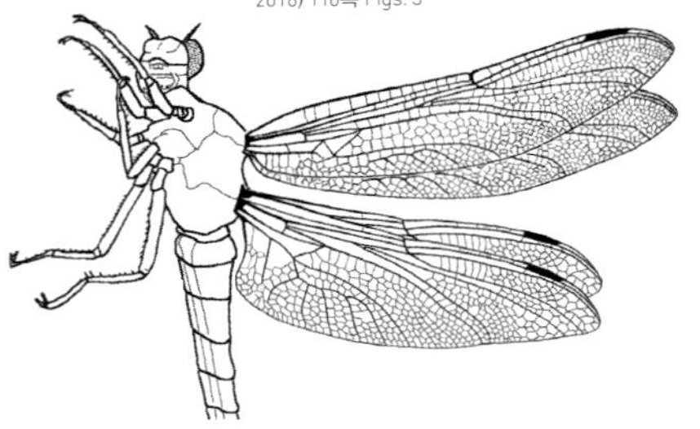

앞에서 상상한 장면에 등장하는 공룡, 포유동물, 개구리의 상황은 모두 우리나라 경남 진주지역의 중생대 진주층(Jinju Formation)에서 발견된 발자국 화석들을 기초로 연구한 결과들을 반영한 것이다. 이는 최근 중생대 척추동물의 발자국 화석을 집중적으로 연구해 오고 있는 국제공동연구진(김경수, 임종덕, 마틴 로클리(Martin Lockley), 리다 싱(Lida Xing) 등)에 의해 모두 국제저명학술지인 《사이언티픽 리포트(Scientific Reports, 2018년과 2019년)》과 《백악기 연구(Cretaceous Research, 2017년과 2019년)》에 발표된 최신 연구 성과물들이기도 하다. 이 밖에도 2012년 한국교원대 김정률 교수 연구팀이 《이크노스(ICHNOS)》에 발표한 바에 따르면, 진주층에서 발견된 두 발로 걷는 드로마에오사우루스류 공룡 발자국, 새 발자국, 익룡 발자국, 악어 발자국 화석들이 당시의 환경과 생태계가 어떠했는지를 직접 말해주는 증거라고 할 수 있다. 이 화석들의 주인공들은 최신 영화의 조연으로 등장하기에 충분하다고 생각한다.

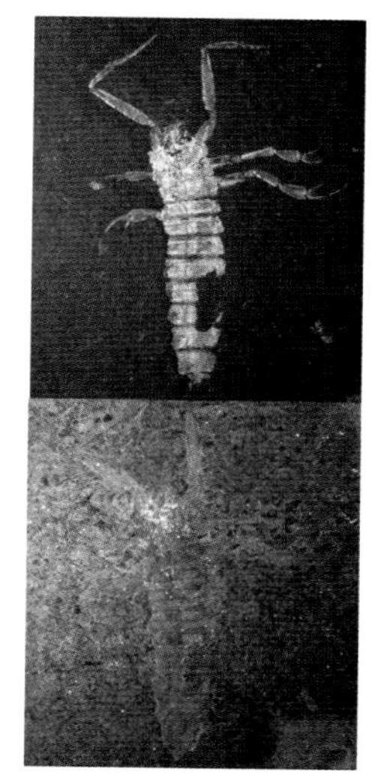

중생대 진주층에서 산출된 수서딱정벌레(*Coptoclava*) 화석. 위쪽은 물에 잠기지 않은 상태이고, 아래쪽은 물에 잠긴 상태이다.
ⓒ 박태윤 · 김영천 · 남기수(지질학회지, 2013) 620쪽 Figs. 3

조성권 · 손영관의 연구(Earth Science Review, 2010)와 강희철 · 백인성의 연구(지질학회지, 2013)에 의하면, 경상분지의 신동층군에 속하는 진주층은 지금으로부터 약 1억 600만 년 ~ 1억 1200만 년 전인 중생대 백악기 초기에 형성된 퇴적암으로 이뤄진 지층이며, 두께가 약 1000m에서 1800m에 달하고, 어두운 회색 및 흑색 셰일이 주된 암상을 이루나, 사암(수 m에서 수십 m의 두께)이 협재하여 하상-호소(fluvo-lacustirne) 환경에서 퇴적된 것으로 알려져 있다. 최근 연구된 남기수 · 김종헌(지질학회지, 2016)에 의하면, 진주층은 의성, 군위, 대구, 진주, 사천을 잇는 축선을 따라 북동-남서 방향으로 길게 연장되

**경상누층군(경상계)의 진주층과 우리나라 중생대 다른 지층의 순서를 알려주는 층서(층위)**

아래로 갈수록 오래된 시기의 지층이다. 경남 고성군의 공룡 발자국이 천연기념물로 지정되면서, 우리나라 중생대 백악기 지층 가운데 진동층이 가장 먼저 대중에게 알려졌다. ⓒ 김정률 외(Cretaceous Research, 2009)

| | 지질학적 시기(단계) | 경상분지 | |
|---|---|---|---|
| 경상누층군 | 상파뉴절 (Campainan) | 유천층군 | 화산암층 |
| | | | |
| | 알비절(Albian) | 하양층군 | 진동층 |
| | | | 함안층 |
| | | | 신라역암층 |
| | 압트절(Aptian) | | 칠곡층 |
| | 바렘절(Barremian) | 신동층군 | 진주층 |
| | | | 하산동층 |
| | 오트리브절 (Hauterivian) | | 낙동층 |

어 분포한다.

공룡과 관련된 화석 이외에도 그동안 이매패류, 개형충, 패갑류(conchostracans), 아르카에오니쿠스(*Archaeoniscus*)와 같은 등각류(갯강구, 갯쥐며느리, 주걱벌레, 바다송충, 모래무지벌레 등이 포함되며, 몸길이는 1mm부터 최대 27cm이나, 평균 1~2cm이다), 익룡 발자국, 거북의 배갑, 악어 발자국, 도마뱀 발자국과 뼈, 조류 발자국, 어류 화석에서 거미, 잠자리, 실잠자리, 바퀴벌레, 집게벌레, 파리, 벌, 밑들이 등 많은 종류의 무척추동물 화석까지 발견됐으며, 2013년에는 수서딱정벌레(*Coptoclava*)의 화석도 진주층에서 발견됐다(남기수 · 김종헌, 지질학회지, 2016; 박태윤 · 김영천 · 남기수, 지질학회지, 2013). 잠자리 유충은 강한 턱을 이용해 호수 바닥에서 파리, 하루살이 같은 작은 곤충을 주로 먹고 살았고, 수서딱정벌레는 수면 근처에서 날카로운 앞발로 작은 크기의 곤충을 잡아먹었다(남기수 · 김종헌, 지질학회지, 2016).

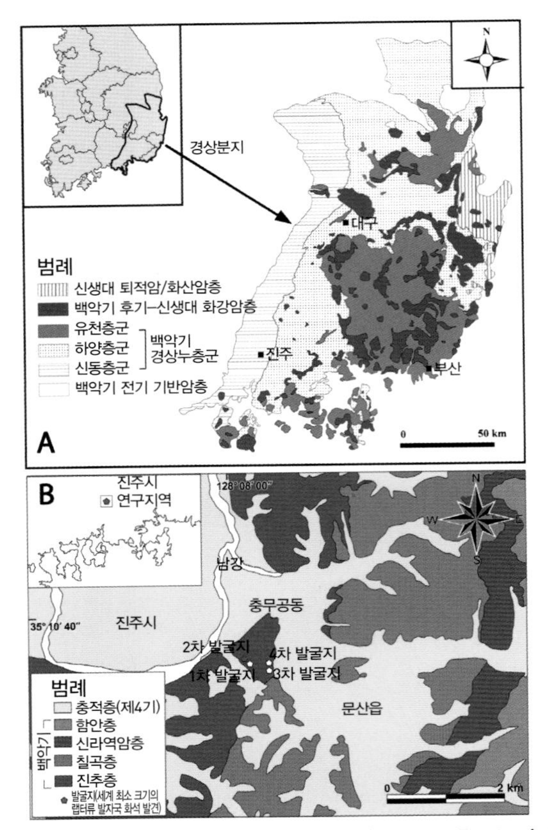


**진주층이 속한 신동층군의 위치(A)와 진주층 분포(B)**

진주층은 진한 녹색으로 표기돼 있으며, 진주혁신도시공사 지역의 발굴지점(1차~4차)을 표기했다. 2차로 표시된 붉은색 지점이 세계 최소 크기의 랩터류 발자국 화석이 발견된 곳이다.

ⓒ 김경수 외(Scientific Reports, 2018)

## 세계에서 가장 작은 '랩터'류 공룡의 발자국 화석

최근에 진주층에서 과연 어떤 발자국 화석들이 발견됐는지 구체적으로 살펴보자. 먼저 세계에서 가장 작은 랩터류 공룡의 발자국 화석이 있다. 이 발자국 화석은 2010년 진주혁신도시 제2차 발굴조사 과정에서 발견된 이후, 발자국의 정체를 밝히는 데 무려 8년이라는 시간이 필요했다. 한국 연구진을 중심으로 미국, 스페인, 호주, 그리고 중국의

## 발자국 화석이 만들어지는 과정

© Tony Thulborn(Chapman and Hall, 1990)『Dinosaur Tracks』

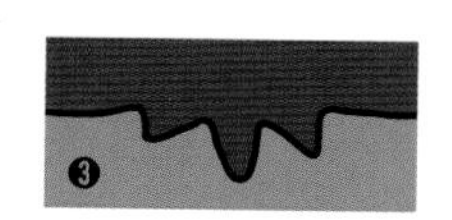

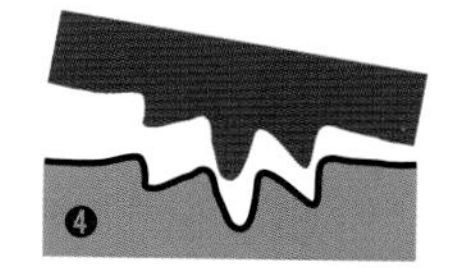

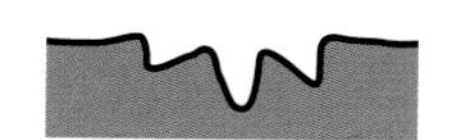
몰드(mold)
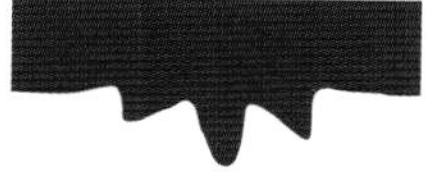
캐스트(natural cast)

먼저 호숫가 가장자리나 강 주변의 물기를 약간 머금고 있는 진흙(mud)이나 모래(sand)와 같이 발자국 형태가 잘 생길 수 있는 곳을 공룡들이 지나간다(1). 공룡들이 지나간 자리에 발자국이 생긴다(2). 발자국 형태가 헝클어지거나 훼손되지 않고, 온전하게 유지된 상태에서 자연적으로 밀려온 퇴적물이 그 빈 공간을 메꾼다(3). 오랫동안 시간이 흐른 이후 퇴적물이 단단한 암석으로 변한 뒤, 풍화작용에 의해 덮인 지층이 깎이고 벗겨지면 원래 발자국 형태가 그대로 드러나게 된다(4). 움푹 파인 상태를 몰드(mold)라고 하고, 덮여 있던 퇴적물이 굳은 것을 캐스트(natural cast)라고 한다.

고생물학자들이 참여한 국제공동연구진이 전 세계에서 발견된 모든 랩터류 발자국 화석을 연구하고, 이와 관련된 정보와 논문을 검토하는 철저한 검증을 했다. 이 발자국은 2018년 11월 진주교대 김경수 교수 연구팀이 《사이언티픽 리포트(Scientific Reports)》에 게재한 논문(Smallest known raptor tracks suggest microraptorine activity in lakeshore setting)을 통해 '드로마에오사우리포르미페스 라루스(*Dromaeosauriformipes rarus*)'라는 새로운 학명이 부여됐다.

이 발자국은 형태가 숫자 '11'과 비슷하게 생겼으며, 그 길이가 평균 1cm, 폭 0.4cm 정도로 지금까지 학계에 알려진 랩터류 공룡의 발자국 화석 가운데 가장 크기가 작다. 이 발자국을 남긴 랩터류 공룡은 중국에서 발견된 마이크로랩터(*Microraptor*)보다도 훨씬 그 크기가 작았다는 것을 알 수 있다. 마이크로랩터는 작은 몸집의 육식공룡의 골격화석으로 유명한데, 까마귀 정도의 몸집과 약 2.5cm 안팎의 길이의 발을 지닌 것으로 밝혀졌다.

드로마에오사우리포메르미페스 라루스의 발견지에서 30km

정도 떨어진 곳에서 이보다 크기가 훨씬 크지만 비슷한 종류의 발자국이 발견된 바 있는데, 이는 드로마에오사우리푸스 진주엔시스(*Dromaeosauripus jinjuensis*)라고 명명됐다. 이 발자국은 평균 길이가 9.26cm, 폭이 6.75cm이며, 길이와 폭의 비율도 드로마에오사우리포르미페스 라루스의 비율과는 완전히 다르다. 길이÷폭은 드로마에오사우리포르미페스 라루스가 2.49인 반면 드로마에오사우리푸스 진주엔시스가 1.37이다.

흔히 '랩터류(랍토르류)' 공룡은 전형적인 육식공룡으로, 두 개의 뒷다리로 민첩하게 이동하는 것이 특징이다. 뒷발에는 모두 4개의 발가락이 있는데, 2번 · 3번 · 4번 발가락은 앞을 향하고 있고, 이 가운데 3번과 4번 발가락만 땅에 닿기 때문에 숫자 '11' 형태로 발자국 화석이 생기게 된다('didactyl track'). 2번째 뒷발가락은 마치 갈고리처럼 길고 날카롭게 생겨서 지면에 닿지 않고 공중에 떠 있는 상태이며, 주로 먹잇감을 공격하거나 사냥하는 데 사용됐다.

중국에서 마이크로랩터가 발견된 지층을 분석해 본 결과, 이 공룡이 살았던 당시 환경은 호숫가 근처였을 것으로 추론되고, 이빨이나 발톱의 형태학적 특징으로 볼 때 분명 물고기를 먹이로 잡아먹었을 것으로 생각된다. 드로마에오사우리포미페스 라루스의 주인공도 이와 비슷한 조건에서 살았을 것이다.

그렇다면 어떤 공룡이 이 발자국을 남겼을까? 과연 이 작은 크기의 발자국을 흔적으로 남긴 주인공은 알에서 깨어난 지 얼마 지나지 않은 어린 개체였을까? 아니면 완전히 다 자란 성체이지만 우리가 그 모습을 알지 못하는 공룡일까? 이런 의문점이 여전히 숙제로 남아 있으며, 좀 더 많은 후속연구와 추가 발견을 통해 차례차례 풀어나갈 수 있을 것이다.

현장에서 발견된 보행렬 사진을 보자. 1번 보행렬에는 모두 7개의 발자국이 좌우 순서대로 찍힌 상태인데, 발 길이(length)가 평균 1.03cm, 폭(width)이 0.41cm이며, 평균 보폭(average step)은 약 4.62cm

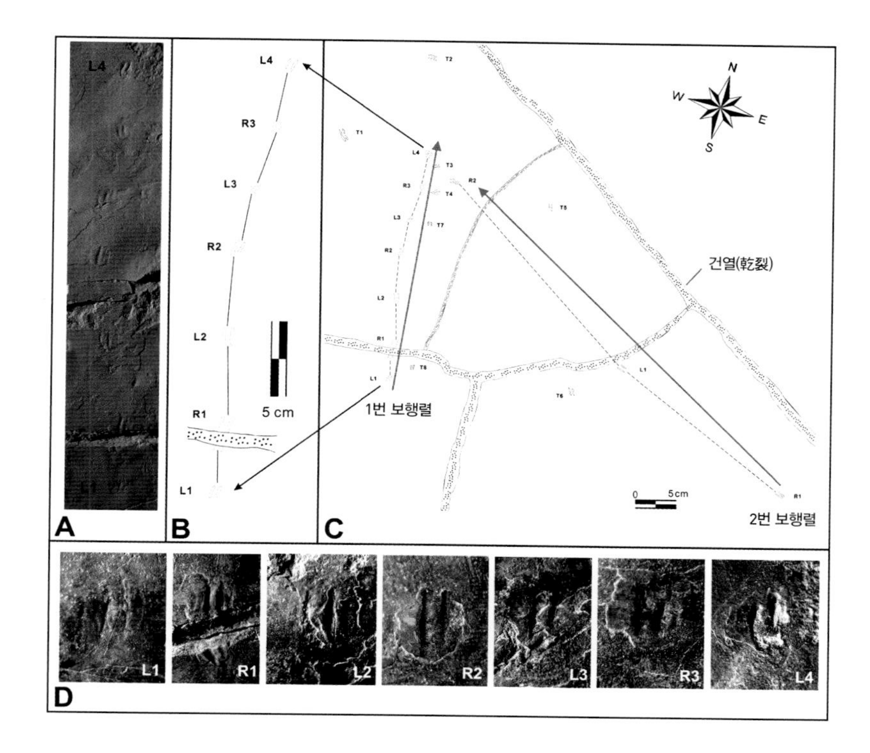


세계에서 가장 작은 랩터류 공룡의 발자국 '드로마에오사우리포르미페스 라루스'의 보행렬 사진(A)과 그림(B). 이는 2개의 보행렬 중 1번 보행렬(C)이다. 1번 보행렬에 속하는 개별 발자국 사진(D)도 볼 수 있다. © 김경수 외, Scientific Reports(2018) (Figure 2)

이다. 하지만 2번 보행렬은 1번 보행렬에서 볼 수 있는 보폭과는 완전히 다른 모습을 보인다. 2번 보행렬에서는 '우측 발자국, 좌측 발자국, 다시 우측 발자국'의 형태로 3개의 발자국만 남겨져 있는데, 발자국 길이(1.05cm)와 폭(0.40cm)은 1번 보행렬의 발자국과 거의 비슷하지만, 보폭은 1번 보행렬에 비해 상당히 크다. 2번 보행렬의 보폭은 25.1cm과 31.28cm로 1번 보행렬(4.62cm)보다 거의 5.5~6배가 더 길다.

왜 그랬을까. 1번 보행렬을 남길 때의 랩터류 공룡과 2번 보행렬을 남길 때의 랩터류 공룡은 각각 다른 상황이었을 것이라고 추측할 수 있다. 예를 들면 평소 걷는 속도로 움직였을 때와 먹잇감을 쫓거나 천적으로부터 위협을 느껴 도망치려고 빠르게 뛰었을 때였을지도 모른다. 실제로 1번 보행렬을 통해 해당 공룡은 시속 2.16km(~0.6m/s)로 이동했으나, 2번 보행렬을 남긴 공룡은 시속 37.8km(~10.5m/s)로 뛰었다. 따라서 이 공룡은 속도 조절 능력이 상당히 뛰어났던 것 같다. 스

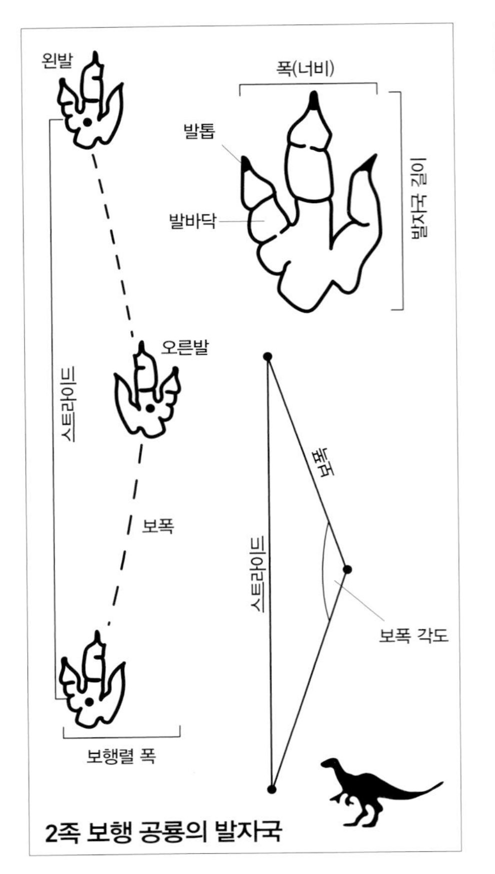


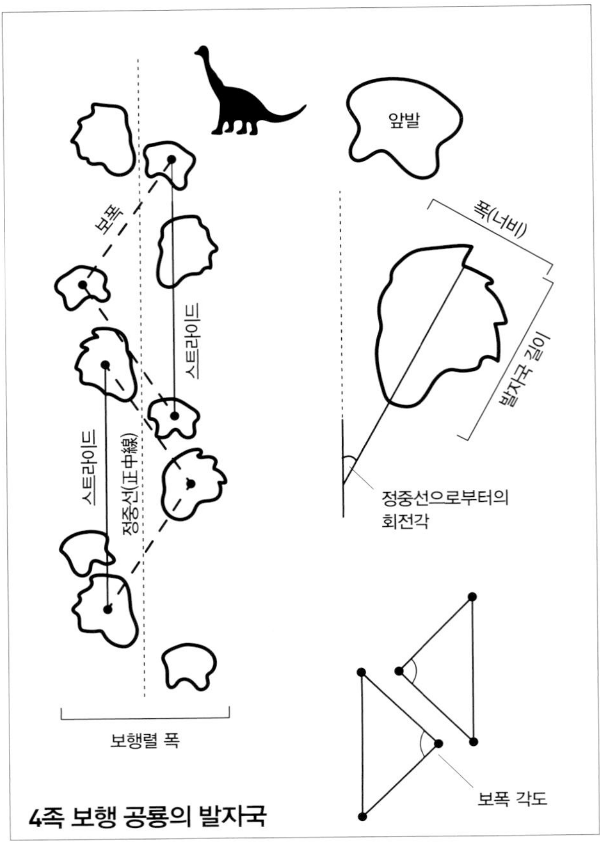


## 2족 보행 공룡과 4족 보행 공룡의 보폭(step)과 스트라이드(stride)

2족 보행 공룡의 경우 보폭은 한 걸음을 뗐을 때 두 발 사이의 거리이며, 스트라이드는 각 발로 두 걸음을 걸었을 때 이동한 직선거리를 뜻한다. 4족 보행 공룡의 경우 보폭은 한 걸음을 뗐을 때 앞발이나 뒷발의 각 발 사이 거리를 말하며, 스트라이드는 두 걸음을 걸었을 때 앞발이나 뒷발의 각 발이 움직인 직선거리를 의미한다. © Martin Lockley · Adrian P. Hunt(Columbia University, 1995)『Dinosaur Tracks and other Fossil Footprints of the Western United States』Page 9, Figure 1.3

드로마에오사우리포르미페스 라루스(왼쪽)와 드로마에오사우리푸스 진주엔시스(오른쪽)의 발자국 그림과 사진측량컬러이미지(photogrammetric color image)의 비교 모습.

© 김경수 외, Scientific Reports(2018) (Figure 5)

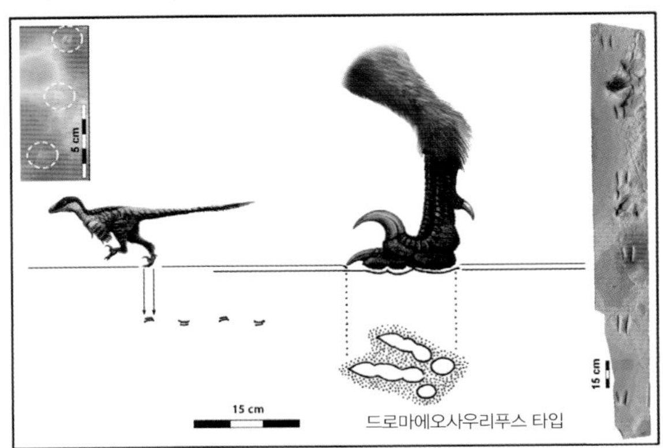


'드로마에오사우리포르미페스 라루스'의 주인공으로 추정되는 랩터류 공룡. © 김경수(진주교대)

트라이드(stride)는 1번 보행렬이 10.05~13.01cm이고, 2번 보행렬은 55.63cm이다.

### 공룡의 속도계산법

1976년 알렉산더 박사가 《네이처》에 발표한 '공룡의 속도 측정'이란 논문에 따르면, 공룡의 속도(u)는 공룡이 달릴 때의 보폭(l), 공룡 엉덩이까지의 높이, 즉 다리 길이(h, 발 길이의 약 4배), 중력가속도(g)와 관련된다. 즉 $u(m/s) = 0.25g^{0.5}l^{1.67}h^{-1.17}$이다. 중력가속도 $g = 9.8\ m/s^2$이므로 다시 간단히 정리하면 $u = 1.4(l/h) - 0.27$이다.

발자국 길이가 25cm보다 작은 육식공룡의 경우 지면에서 골반까지의 높이는 해당 공룡의 발자국 길이의 4.5배 정도로 알려져 있다. 따라서 드로마에오사우리포르미페스 라루스라는 세계 최소 공룡 발자국의 길이가 1cm 정도이기 때문에, 이 공룡의 골반까지의 높이는 4.5cm 정도로 추측할 수 있다.

중국 백악기 전기 지층에서 발견된 작은 육식공룡인 마이크로랩터 자오이누스(*Microraptor zhaoianus*)의 발 길이가 2.5cm에 불과하다. 이 사실을 감안하면, 마이크로랩터류 공룡보다도 더 작은 랩터류 공룡이 우리나라 백악기에 살았을 가능성은 매우 높다. 또한 미국에서 발견된 밤비랩터(*Bambiraptor*)는 몸무게가 2~5kg, 몸길이가 90cm 안팎으로 추정된다. 이런 증거들을 종합해 볼 때 1m 미만의 랩터류 공룡들이 당시 전 세계적으로 분포해 살았음을 알 수 있다. 이는 중생대 백악기에는 몸집이 큰 육식공룡들이 주를 이루며 살았을 것이라는 기존 학설에 큰 충격을 주는 새로운 연구 결과이다.

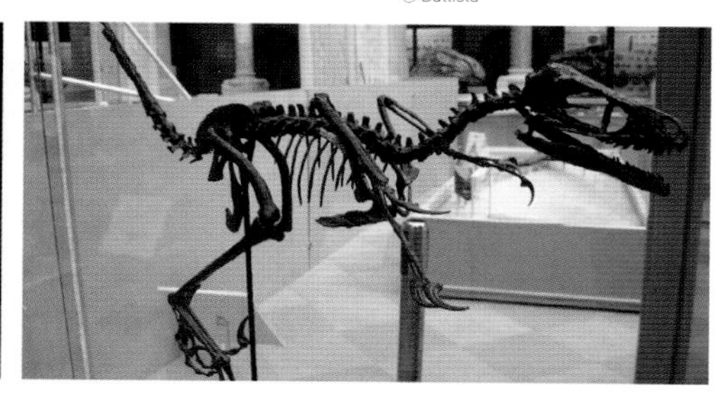

1m 안팎의 몸길이를 가진 밤비랩터(*Bambiraptor*) 골격. © Ballista

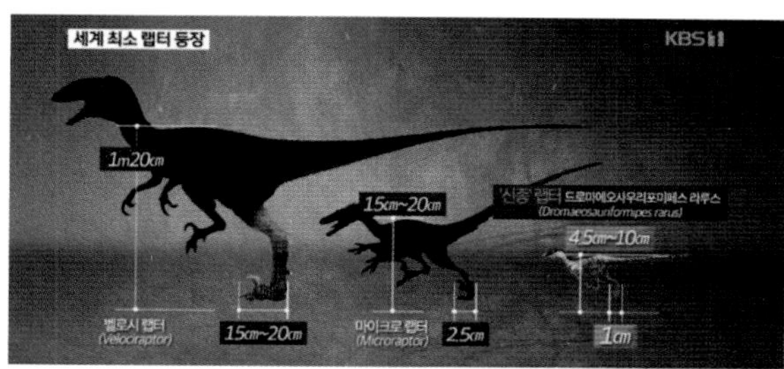


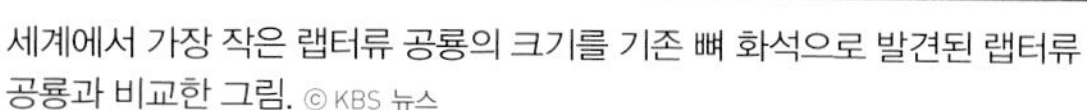

세계에서 가장 작은 랩터류 공룡의 크기를 기존 뼈 화석으로 발견된 랩터류 공룡과 비교한 그림. © KBS 뉴스

## 세계 최초로 완벽하게 보존된 육식공룡의 발바닥 피부 흔적 화석

미니사우리푸스(*Minisauripus*)는 이름에 '미니'가 들어가기 때문에 쉽게 짐작이 가능한 학명으로서, 작은 크기의 몸집을 지닌 수각류 공룡의 발자국이다. 이 미니사우리푸스가 우리나라 진주층에서 발바닥 전체에 온전한 상태의 피부 자국이 그대로 남겨진 채 발견되어, 세상을 깜짝 놀라게 했다. 이 연구 성과는 2019년 2월 진주교대 김경수 교수 연구팀이 《사이언티픽 리포트(Scientific Reports)》에 게재한 논문(Exquisitely-preserved, high-definition skin traces in diminutive theropod tracks from the Cretaceous of Korea)을 통해 공룡 관련 연구자뿐 아니라 공룡에 관심 있는 일반인도 주목하는 뉴스로 전파됐다. 지금까지는 육식공룡의 발바닥 전체 '피부 흔적'이 완전하게 다 찍힌 상태로 발견된 적이 단 한 번도 없었기 때문에 '세계 최초'라는 수식어가 붙게 되어 이 연구 성과가 더욱 돋보이는 것이다.

사실 공룡의 발자국 화석 자체는 많이 발견되고 있지만, 그 발자국에 피부 흔적이 조금이라도 포함된 상태의 발자국 화석은 지금까지 발견된 발자국 화석 전체의 약 1% 미만이다. 그만큼 피부 흔적이 발자국 화석과 함께 동시에 발견되는 사례가 희귀하다고 볼 수 있다. 게다가 이 경우에는 하나의 보행렬을 구성하는 발자국 4개 모두에서 이 피부 흔적이 완벽하게 나타났기 때문에 〈뉴스위크〉, 〈스미소니언 매거진〉, 〈사이언티픽 아메리칸〉, 〈사이언스 타임즈〉 등 저명 언론 매체들이 이 연구 성과를 주요 뉴스로 대대적으로 소개한 바 있다.

이 화석의 특징은 소형 육식공룡이 한 걸음을 내디딜 때마다 발바닥의 뒤꿈치부터 발가락 끝까지 순차적으로 지면에 닿으면서 걸었기 때문에 '피부 흔적'이 선명하게 남을 수 있었다는 점이다. 이를 통해 이 공룡이 어떻게 걸었는지를 처음으로 알게 됐다. 즉, 발바닥 피부와 지면 사이에 미끄러짐과 같은 어떤 움직임도 없이 지면에 완전히 밀착됐다가 떨어졌기 때문에 피부 흔적이 선명히 남을 수 있었다는 뜻이다. 좀 더

알기 쉽게 비유하자면, 마치 방금 페인트를 칠해서 바닥이 촉촉하게 된 뒤, 어느 정도 마르고 있는 과정에서 갑자기 날아온 참새 한 마리가 그 위로 걸어갔다고 생각해 보라. 1억 년 전 촉촉하게 젖어 있는 매우 얇은 진흙(mud) 위를 작은 육식공룡이 지나간 것이 쉽게 이해될 수 있을 것이다.

다음으로 흥미로운 질문은 '이 피부 흔적의 형태가 과연 어떻게 생겼을까'이다. 발자국을 상세하게 확대한 이미지를 보면, 0.5mm도 되지 않은 작은 크기의 다각형(polygon)을 닮은 구조가 드러나는데, 그 크기 역시 지금까지 발견된 다른 공룡의 피부 흔적에서 볼 수 있는 어느 구조보다도 더 작았다. 이 구조는 마치 사포(sandpaper)의 미세 돌기를 현미경으로 들여다보는 듯한 모습을 보여준다. 또한 이 발자국을 구성하는 발가락 사이에도 피부 흔적이 남아 있다는 사실로 볼 때, 이 공룡의 발바닥 피부조직이 그다지 딱딱하거나 뼈에 바싹 붙어 있는 것이 아니라, 어느 정도 헐겁고 유연성이 있기 때문에 빠른 속도로 진흙 위를 뛰어다니더라도 미끄러지는 현상을 막을 수 있었던 것 같다. 이뿐만 아니라 이런 신축성 있는 피부로 인해 발자국이 찍힌 뒤에도 작고 정교한 발자국의 형태가 그대로 유지될 수 있었을 것이다.

발자국의 길이(평균 2.4cm)를 통해 이 공룡의 몸길이는 약 28.4cm로 추론되며, 발자국 하나하나를 분석해 얼마나 빨리 달렸는지를 계산해보니, 초속 2.5m의 속도(시속 8.19 ~ 9.27km)로 이동하는 것으로 밝혀졌다. 이는 1초에 약 1.4m를 이동하는 사람보다 빠른 속도이다.

진주층에서 발견된 미니사우리푸스 화석에는 당시의 기상 조건이 어떠했는지도 직접 알려주고 있어서 더욱더 흥미롭다. 이 발자국을 만든 주인공은 한바탕 폭풍우(rainstorm)가 지나간 뒤 그 진흙 위를 걸어간 것임을 알 수 있다. 당시의 기후 조건은 뼈 화석에서는 알 수 없지만, 발자국 화석으로는 쉽게 파악할 수 있다. 화석 사진을 자세히 살펴보면 발자국 바로 옆에 동그란 모양의 흔적이 찍혀 있음을 쉽게 찾을 수 있다.

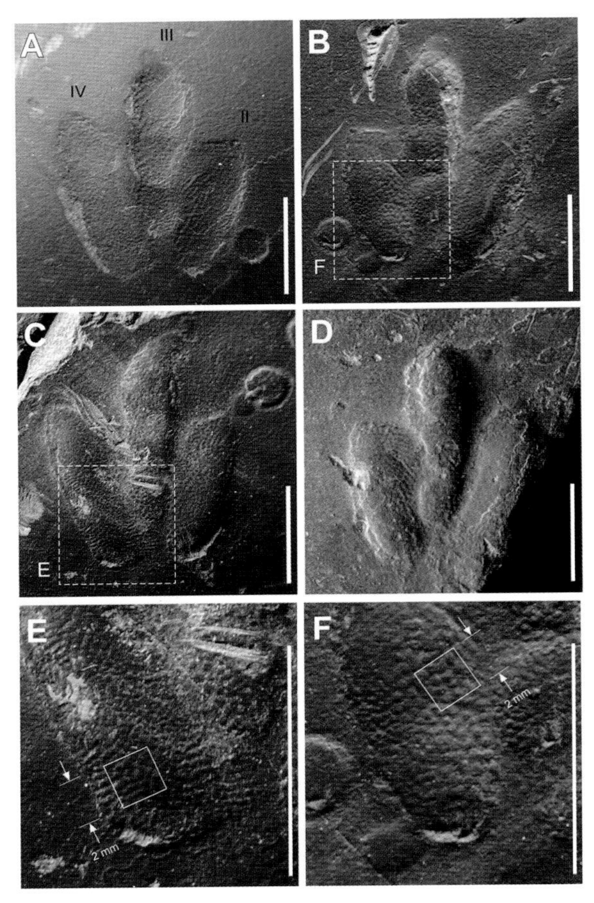


진주층에서 발견된 미니사우리푸스 발자국 화석의 여러 모습. 왼쪽 발자국(natural impression, A)과 왼쪽 발자국의 캐스트(natural cast, B), 오른쪽 발자국의 캐스트(natural cast, C), 그리고 C 사진에서 E 부위를 확대한 모습(E)과 B 사진에서 F 부위를 확대한 모습(F)이 보인다. 특히 C 사진에서 두 번째 발가락 아랫부분이 빗방울 흔적 위로 찍힌 모습(E로 표기됨)이 인상적이다.

ⓒ 김경수 외, Scientific Reports(2019)

이 동그란 자국이 빗방울 흔적이며, '우흔(rain print/rain drop, 雨痕)'이라고도 불린다.

그렇다면 어떤 증거로 빗방울이 먼저 찍히고 나서 공룡이 지나갔음을 알 수 있을까? 의외로 그 증거는 쉽게 찾을 수 있다. 만약 공룡이 먼저 지나간 뒤 비가 왔다면 공룡 발자국이 빗방울에 의해 온전한 모습을 이룰 수가 없다. 하지만 그 반대라면 빗방울 흔적 위로 공룡이 지나갔기 때문에 공룡의 발자국이 그 위에 겹쳐서 찍히게 되어 발자국 형태가 온전하게 나타난다. 진주층의 미니사우리푸스 발자국 화석에는 빗방울 흔적이 단 하나도 없는데, 그 이유가 바로 비가 온 뒤 공룡이 지나갔기 때문이다. 발자국 화석 사진(C에서 점선으로 된 네모 부분 E)을 자세히 보면, 빗방울 자국(raindrop impression)이 생긴 다음에 두 번째 발가락 아랫부분이 찍힌 모습이 선명하게 나타나 있다.

진주층의 발자국 화석은 중국의 중생대 백악기 지층에서 발견된 깃털구조를 가진 새 화석의 피부 흔적과 유사한 모습을 보이지만, 이 새의 발 구조나 형태와는 완전히 다르다. 이 발자국은 새에 의해서 남겨진 것이 아니라 오히려 다른 종류의 육식공룡이 남긴 것으로 추정된다. 발자국 화석에서 발견된 피부 흔적의 모양이 육식공룡에 더 가깝기 때문이다.

2012년 한국교원대 김정률 교수 연구팀이 《이크노스(ICHNOS)》에 발표한 바에 의하면, 지금까지 우리나라에서 발견된 모든 미니사우리푸스 화석들은 진주층보다 훨씬 최근에 형성된 함안층(Haman Formation)에서 발견됐다. 이 함안층은 지질연대상에서 진주층보다 최소 1000만 년 이상 더 최근에 형성된 지층이다. 따라서 진주층에서 미니사우리푸스 화석이 발견됨으로써 미니사우리푸스를 만든 공룡들의 존재시기가 1000만 년 이상 더 오래전 시기임이 밝혀졌다. 이는 새로운 기록이기도 하다.

한편 우리나라에서는 용각류 공룡의 발자국 피부 흔적(피부 인상) 화석도 발견됐다. 경남 함안군 군북 지역의 백악기 지층인 '함안층'에서 발견돼 2017년에 학계에 보고된 사례가 있다. 2017년 부경대 백인성 교수 연구팀이 《사이언티픽 리포트(Scientific Reports)》에 발표한 논문에 의하면, 피부 조직은 크기가 6 ~ 19mm인 육각형 요철 모양이 빽빽하게 있어서 마치 벌집을 보는 듯한 모습의 무늬를 지니고 있는 점이 특징이다.

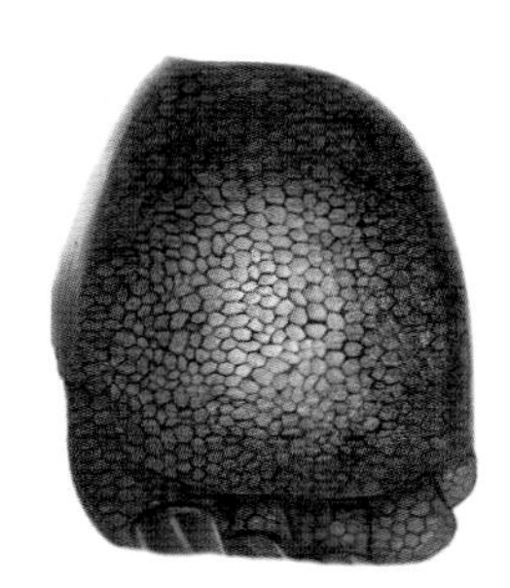

용각류 발바닥 면의 피부 흔적을 보여주는 복원도.
© 백인성 외, Scientific Reports(2017), Figure 5

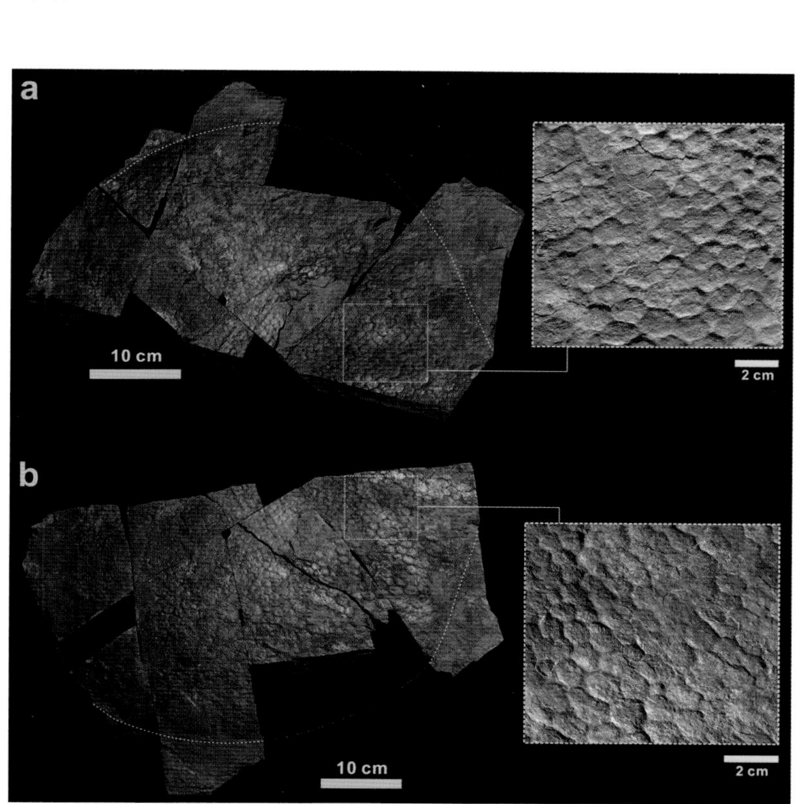


용각류 공룡의 발자국에서 뚜렷하게 볼 수 있는 피부 흔적. 피부 자국(skin impression, a)과 캐스트 형태(b)가 보인다. © 백인성 외, Scientific Reports(2017), Figure 2

## 세계 최초로 보고된 중생대 백악기의 뜀뛰기형 포유동물의 발자국 화석

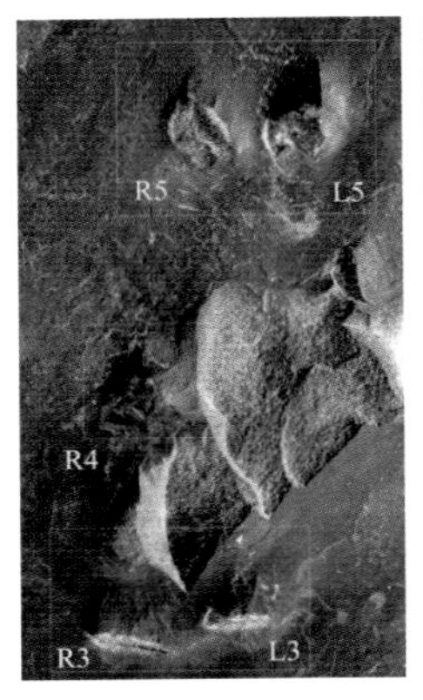


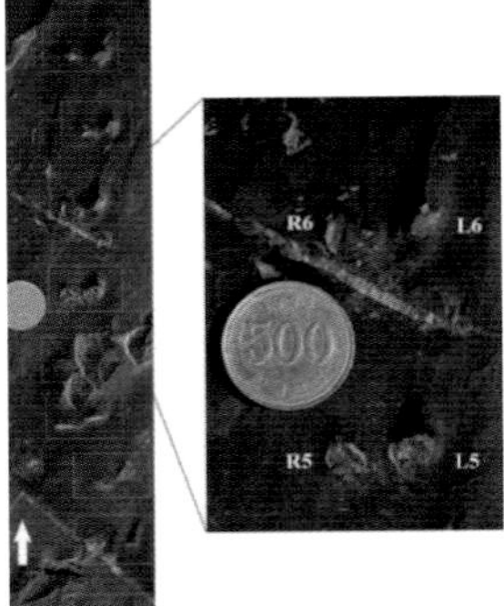


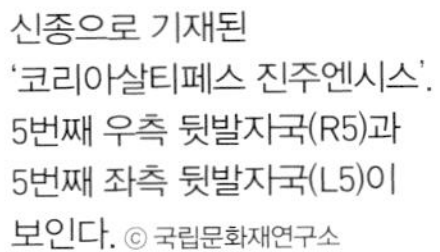
신종으로 기재된 '코리아살티페스 진주엔시스'. 5번째 우측 뒷발자국(R5)과 5번째 좌측 뒷발자국(L5)이 보인다. ⓒ 국립문화재연구소

경남 진주시 충무공동에는 천연기념물 제534호로 지정된 익룡 · 새 · 공룡 발자국 화석산지가 있다. 2016년 1월 19일 이곳에서 200m 떨어진 블록형 단독주택 용지 조성사업 터에서 경남 하동군 노량초 최연기 교사(김경수 진주교대 교수 연구팀 소속)가 화석 문화재 입회 조사 과정 중에 중생대 백악기 포유류의 뒷발자국 화석 9쌍을 발견했다. 필자를 포함해 한국, 미국, 중국 3개국의 국제공동연구진(김경수 진주교대 교수 · 최연기 진주교대 대학원생, 마틴 로클리 미국 콜도라도대 교수, 리다 싱 중국 지질과학대 교수)이 이 발자국의 정체를 파악하기 위해 다른 나라의 유사 발자국 화석과 비교 · 분석하는 작업을 2년 가까이 진행했다. 마침내 2017년 《백악기 연구(Cretaceous Research)》에 관련 논문(Korean trackway of a hopping mammaliform trackmaker is first from the Cretaceous of Asia)을 발표했다. 놀랍게도 중생대 백악기로는 세계 최초로 뜀뛰기를 하는 포유동물의 보행렬 화석을 국제학회에 보고한 것이다.

신종 학명인 '코리아살티페스 진주엔시스(*Koreasaltipes jinjuensis*)'로 명명된 새로운 발자국 화석은 중생대 백악기에 살았던 뜀뛰기형 포유류 발자국으로는 세계 최초 기록이며, 중생대 전체에서도 두 번째 기록일 만큼 희귀한 발자국 화석이다. 학명은 '한국 진주(진주층)에서 발견된 새로운 종류의 뜀걸음 형태 발자국'을 의미한다. 이 발자국 화석표본은 하나의 보행렬 형태로 좌우 발자국 한 쌍이 연달아서 9번이 찍혀 있는 덕분에 발자국 주인공의 움직임을 정확히 알 수 있었다. 마치 캥거루가 기다란 뒷다리 둘로(bipedal)만 껑충껑충 뜀걸음(hopping)을 하는

'코리아살티페스 진주엔시스' 발자국 화석을 남긴 중생대 백악기 포유류의 복원도(왼쪽)와 현생 캥거루쥐의 모습(오른쪽). ⓒ 국립문화재연구소 · 대전아쿠아리움 더주(The Zoo)

보행 방식과 거의 같은 걸음걸이 형태로 나타난 것이다. 발자국 하나하나를 자세히 살펴보면, 발가락을 제외한 발자국 길이보다 발바닥에 해당하는 폭('sole' area)이 더 넓은 것이 특징이다. 김경수 교수 연구팀이 발표한 논문에 의하면, 이 발자국 화석이 다음의 7가지 기준을 모두 충족하기 때문에 확실히 포유동물의 것으로 확인됐다. ① 전반적으로 포유류의 발자국 형태를 보인다. ② 다섯 개의 발가락을 지니고 있다. ③ 발가락이 찍힌 상태로 볼 때 발가락들의 길이와 형태가 거의 비슷하다. ④ 중심이 되는 3번째와 4번째 발가락이 2번째나 5번째 발가락보다 길다. ⑤ 포유류의 경우 파충류의 발가락들과 다르게 넓게 펴져 있지 않다. ⑥ 뜀뛰기처럼 좀 더 발전된 보행 방식을 지닌다. ⑦ 작은 크기의 발자국 화석이다.

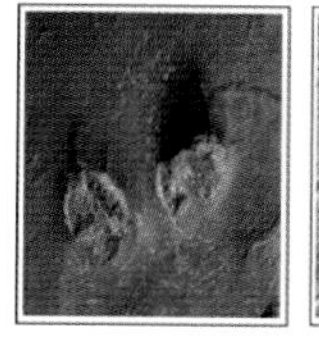
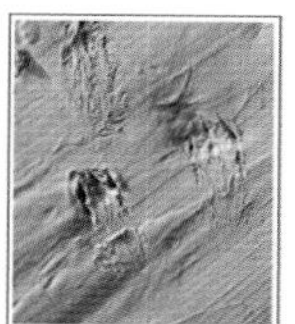

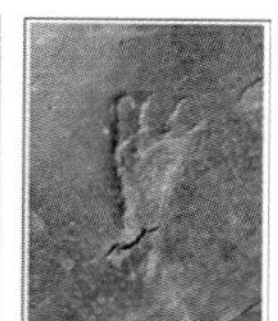

왼쪽부터 코리아살티페스 진주엔시스, 현생 캥거루쥐 발자국, 네오사우로이데스 코리아엔시스(파충류 발자국), 그리고 익룡 뒷발자국 화석의 비교. © 국립문화재연구소

이 발자국 화석을 남긴 포유동물은 몸집 크기 10cm가량으로 추측되며, 오늘날 초원이나 사막에 서식하는 캥거루쥐와 유사한 모습이었을 것으로 생각된다. 발 길이는 평균 1cm, 왼발부터 오른발까지 너비는 2.1cm, 보폭은 평균 4.1cm이며, 9쌍의 보행렬 총 길이는 32.1cm다. 지금까지 발견된 뜀걸음형 포유류 발자국 화석으로는 중생대 쥐라기(2억 1000만 년 전 ~ 1억 4500만 년 전)의 '아메기니크누스(*Ameghinichnus* · 아르헨티나)'와 신생대 마이오세기(2303만 년 전 ~ 533만 년 전)의 '무살티페스(*Musaltipes* · 미국)'가 확인된 바 있다. 하지만 코리아살티페스 진주엔시스 화석은 이 두 종의 화석과는 형태학적으로 큰 차이를 보인다. 즉, 아메기니크누스와 무살티페스 화석과는 발가락 형태와 각도, 보행렬의 특징 등에서 큰 차이를 보이는 데다가 가장 명확한 뜀걸음의 형태를 나타내고 있다. 아메기니크누스는 시대적으로 앞서지만, 보행렬에 꼬리가 끌린 자국이 있고, 무살티페스는 시대적으로 뒤지면서도 2족 혹은 4족 보행이 혼

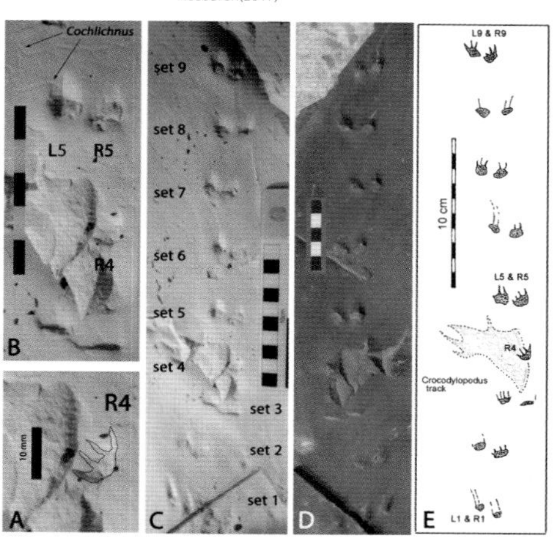


코리아살티페스 진주엔시스의 오른쪽 네 번째 뒷발자국(R4, A), 왼쪽과 오른쪽 다섯 번째 뒷발자국(L5, R5, B), 보행렬 전체(C)를 보여주기 위해 제작한 라텍스 몰드(latex mold), 코리아살티페스 진주엔시스의 캐스트 형태 원본 표본(D)과 이를 그림으로 표현한 뒤 좌우로 뒤집은 모습(E)이 보인다.
© 김경수 외, Cretaceous Research(2017)

재돼 있다.

필자는 코리아살티페스 진주엔시스를 남긴 동물에 대해 좀 더 확실히 검증하기 위해 현생 동물 가운데 가장 비슷한 보행 형식을 지니고 있을 것으로 생각한 '캥거루쥐'에 주목했다. 캥거루쥐가 달리는 모습을 관찰했고, 그가 남긴 발자국을 살펴보고자 실제로 캥거루쥐가 뛰는 방식과 남긴 발자국을 실험을 통해 확인했으며 실험과정에서 직접 사진도 촬영했다.

중생대 백악기는 아직 공룡이 번성했던 시대였으므로 몸집이 작은 포유동물과 같은 척추동물은 육식공룡의 사냥감이 됐을 것이다. 이들은 육식공룡의 위협으로부터 살아남기 위해서는 육식공룡이 쫓아올 수 없도록 나무를 빠르게 타거나, 땅을 파고 땅굴로 피신하거나, 아니면 육식공룡이 예측하지 못하는 보행 방식으로 가능한 한 빠른 속도로 도망가야 했을 것이다. 이런 생존 방식에 가장 잘 적응한 사례로 '코리아살티페스 진주엔시스'를 남긴 주인공을 손꼽을 수 있다. 코리아살티페스 진주엔시스가 보여주는 뜀뛰기 보행 방식은 그 주인공이 먹잇감인 곤충을 사냥하기에도 효과적이었을 것이다.

우리나라 중생대 백악기 지층에서 발견된 도마뱀 발자국 화석인 네오사우로이데스 코리아엔시스(*Neosauroides koreaensis*). 확대 사진을 살펴보면 발가락들의 사이 간격이 넓다는 것을 확인할 수 있다. ⓒ 국립문화재연구소

## 우리나라에서는 공룡의 발자국 화석만 존재?

우리나라에는 공룡의 발자국 화석만 존재할까? 그렇지 않다. 분명 공룡의 뼈, 이빨과 같은 화석도 끊임없이 발견돼 왔다. 온전한 공룡 한 마리의 골격이 발견되어 수많은 발자국 화석의 주인공으로 우리 눈앞에 나타날 가능성도 매우 높다.

그렇다면 왜 발자국 화석 위주로 발견됐을까? 첫 번째 이유는 현재 우리나라에서 공룡화석 현장을 직접 조사하고 연구하며 발굴하는 사람들의 숫자가 현저하게 적어서 공룡 뼈의 존재가 일반인에게 알려지지 않았기 때문이다. 그래서 우리나라에는 발자국 화석만 있는 줄 알게 된 것이다. 필자는 1992년부터 미국에서 현장 발굴조사와 연구를 시작했으며, 2001년부터는 귀국하여 본격적으로 우리나라 중생대 지층을 조사하고 연구해 오고 있다. 최근 김경수 진주교대 교수가 우리나라 중생대 지층에 대해 현장조사와 공룡발자국 화석 발굴을 가장 활발히 진행해 오고 있는데, 사실 그는 2010년 이후 매장문화재법의 의거해 '화석발견신고'를 가장 많이 한 연구자이다. 그가 발견해 신고한 뼈 화석은 공룡부터 도마뱀에 이르기까지 다양하며, 그 표본들 모두 정확한 정체를 밝혀줄 연구자들을 기다리고 있다. 따라서 뼈 화석을 구별할 수 있는 전문연구자와 현장조사자의 인원이 많아지면, 뼈 화석을 발견하고 발굴하는 횟수도 증가할 것으로 생각된다.

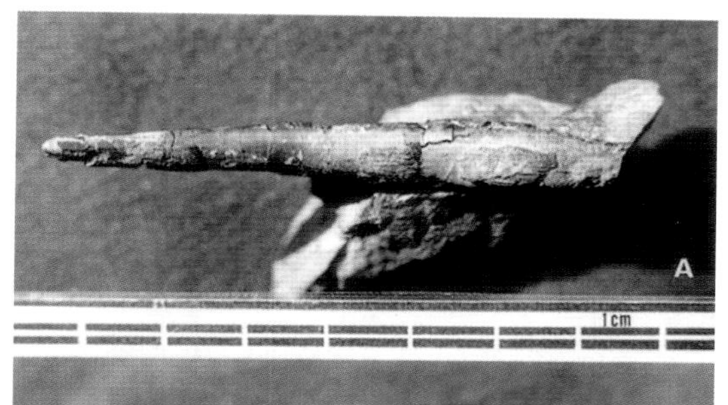


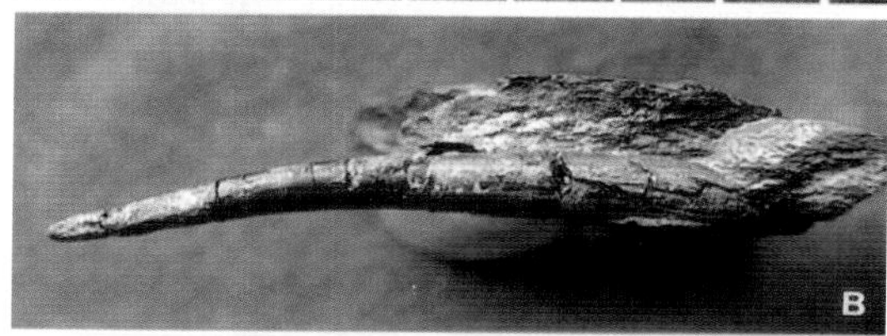


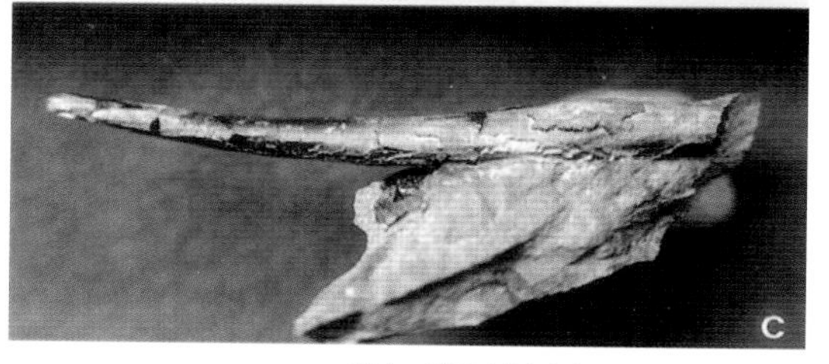


경북 고령군 성산면의 중생대 진주층에서 발견된 국내 최초 익룡 이빨 화석. 입 안쪽(A), 후방 용골(B), 전방 용골(C)에서 각각 본 모습이다.
© 윤철수, 양승영, 「한국 최초의 대형 익룡 이빨 화석」, 2001, 고생물학회지

두 번째 이유는 우리나라의 중생대 지층은 여러 차례 있었던 화산폭발과 같은 열변성 작용에 의해 퇴적된 당시 상태의 모습을 잃고 딱딱한 암석으로 변화됐기 때문이다. 그래서 뼈 화석을 발굴하기 매우 힘들 정도가 되어 암반파쇄기와 같은 중장비를 동원해야 하는 어려움이 있다. 물론 발견하고 발굴하기에 이런 어려움이 있음에도 공룡의 뼈 화석들은 다양하게 존재한다. 그간 코리아노사우루스 보성엔시스(*Koreasaurus boseongensis*), 코리아케라톱스 화성엔시스(*Koreaceratops Hwaseongensis*)와 같은 골격화석들이 2010년 이후에 학계에 보고된 바 있다.

마지막 세 번째로는 경남과 전남에 가장 많이 분포되어 있는 우리나라 중생대 지층들이 토양으로 덮여 있고 거의 나무와 숲으로 우거져 있어서 지층을 볼 수 있는 기회가 적기 때문이다. 도로를 건설하기 위한 공사가 진행돼야 그나마 중생대 지층의 암반들이 노출되므로, 육안으로 확인할 수 있는 곳이 적은 것이다. 따라서 뼈 화석을 찾기 위한 현장 조사가 지금보다 더 많아지고, 우리나라 중생대의 비밀을 풀어줄 화석의

중요성을 좀 더 인식하게 된다면 훨씬 더 많은 공룡의 정체를 밝혀낼 것으로 기대된다.

2001년에는 경북 고령군 성산면 기산리 국도 도로공사장에서 윤철수 박사가 익룡의 이빨 화석을 우리나라에서는 처음으로 발견해 학계에 보고한 바 있다. 2001년 윤철수, 양승영이 《고생물학회지》에 발표한 '한국 최초의 대형 익룡 이빨 화석'이란 제목의 논문에 의하면, 이빨은 길이 68.5mm, 너비 9.8mm 정도로 길쭉한 형태이며 비교적 가늘고 휘어진 상태이고, 에나멜질의 외피로 둘러싸여 있으며, 표면에는 평행하게 홈(grooves)과 능(ridges)이 발달되어 있는 것이 특징이다.

## 세계적인 '라거슈타테'를 꿈꾸며

2018년 3월 교육부에서 출판한 초등학교 3~4학년군 과학 교과서에는 '과학자는 어떻게 탐구할까요?'라는 단원이 있고, 이 단원의 핵심은 공룡 분류와 공룡 발자국 화석을 통한 '탐구 활동'을 다루고 있다. 과학자의 '추리'를 통해 공룡 발자국을 관찰하고 분석하면서 '과학자들 간의 의사소통'에 대한 의미도 배워가는 내용을 포함하고 있다. 이처럼 우리나라 어린이는 초등학교 시절부터 공룡에 대한 학습을 체계적으로 하기 때문에 일반 성인에 비해 기초적인 지식과 정보가 풍부하다.

필자가 초 · 중 · 고를 다니는 동안 단 한 번도 '우리나라의 공룡화석'이라는 단어나 내용을 학교 정규과목에서 배운 적은 없다. 이는 우리나라의 공룡화석은 1980년대 이후에 본격적으로 알려지기 시작했기 때

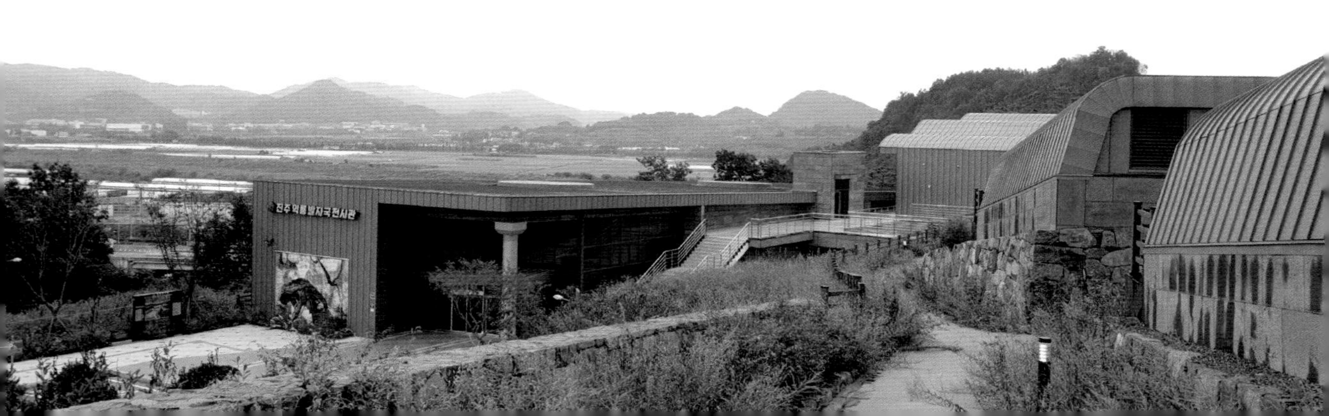


경남 진주시 호탄동에 있는 진주익룡발자국 전시관 · 수장고 · 보호각. 화석이 발견된 현장을 보존해 최대한 많은 화석을 현장에서 보호하고, 전시와 교육을 위한 시설을 갖춘 곳이다. 이곳을 방문한 여러 나라의 발자국 화석 전문가들이 우리나라의 화석문화재 보존 노력에 대해 놀란다. ⓒ 진주익룡발자국전시관

문이다. 이제는 지난 30년간 발견되어 연구된 다양한 공룡 관련 화석들(뼈, 발자국, 피부 흔적 등)의 결과물이 국내뿐 아니라 국외에서도 널리 인정받고 있으며 소개되고 있다. 공룡과 익룡의 발자국 화석을 연구하는 많은 외국 학자들에게는 대한민국의 중생대 화석산지가 반드시 직접 와서 관찰하고 비교 연구를 해야만 하는 화석 명소가 됐다. 직접 방문해 연구를 진행한 많은 학자들은 학술적 가치, 보존된 상태, 체계적인 관리와 활용 등에 대해 끊임없이 칭찬하고 있다.

'천연기념물 534호' 경남 진주시 호탄동 익룡 · 새 · 공룡 발자국 화석산지. ⓒ 임종덕

그중 최근 10여 년간 쏟아낸 '진주층'의 연구 성과는 이제 외국 학자들에게 더 많이 알려져 있을 정도이다. 공룡의 이빨이나 골격으로는 알 수 없는, 공룡에 대한 다양한 측면의 비밀들이 발자국 화석을 통해 차츰차츰 풀려 가고 있다. 지금처럼 우리나라의 진주층을 중심으로 여러 화석에 대한 발견, 발굴, 조사, 연구가 진행된다면, 발자국 화석산지로는 세계 최초로 우리나라의 화석산지가 중생대 백악기를 대표하는 '라거슈타테(Lagerstätte)'로 국제적인 인정을 받을 수 있는 날이 곧 오리라 확신한다. 라거슈타테는 학술적으로 뛰어난 화석이 보존상태가 훌륭하며 풍부하고 다양하게 산출되는 퇴적광상(堆積鑛床)을 뜻한다.

'천연기념물 제534호 진주 호탄동 익룡 · 새 · 공룡 발자국 화석산지'는 세계적인 화석명소로 자리매김하고 있는 대표적인 사례라고 할 수 있다. 연구자들이 이곳에서 발견된 화석을 바탕으로 한 새로운 연구 성과를 국제학술지에 발표하기 위해 아직도 많은 노력을 기울이고 있다. 익룡의 집단 서식에 대한 증거가 생생히 남아 있는 이 화석산지에서는 현장을 보존하기 위한 보호각이 설치되어 있다. 이 지역에서 발견된 세계 최초와 국내 유일의 중요화석들은 전시관을 통해 일반인과의 만남을 준비하고 있다. 더욱이 수장고 시설에 보관된 표본들에 담겨 있는 학술적 가치는 매우 높다.

진주층에서 발견된 화석. 중앙에 악어의 앞뒤 발자국이 나란히 선명하게 보이고, 왼쪽에 뜀걸음형 포유류 보행렬이 눈에 띈다.
ⓒ 진주익룡발자국전시관

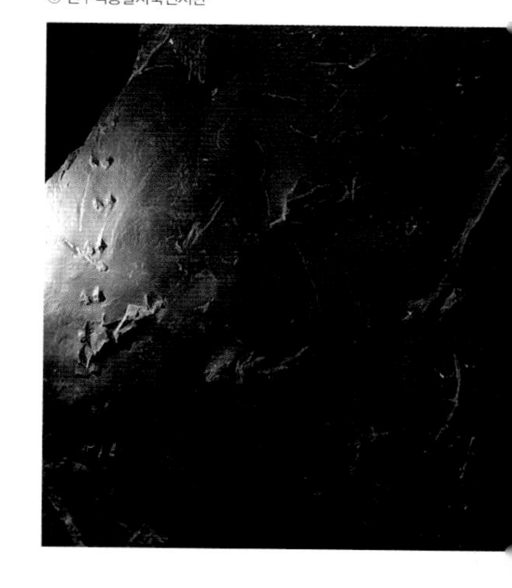

# 포항 지진과 지열 발전

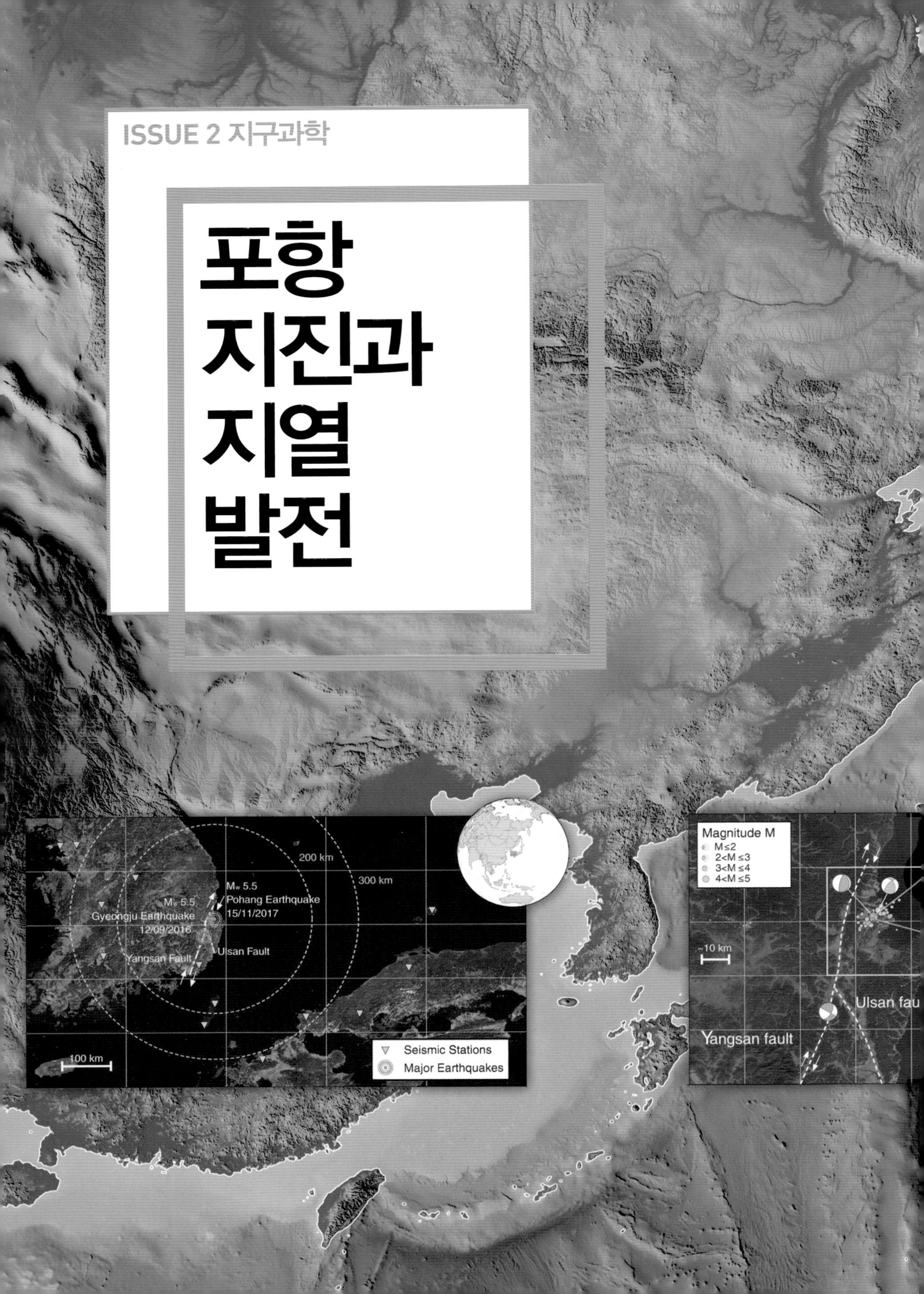
200 km
300 km
Mw 5.5
Pohang Earthquake
15/11/2017
Mw 5.5
Gyeongju Earthquake
12/09/2016
Ulsan Fault
Yangsan Fault
100 km
Seismic Stations
Major Earthquakes
Magnitude M
M≤2
2<M ≤3
3<M ≤4
4<M ≤5
~10 km
Yangsan fault

# 02

## 이충환

서울대 대학원에서 천문학 석사학위를 받고, 고려대 과학기술학 협동과정에서 언론학 박사학위를 받았다. 천문학 잡지 《별과 우주》에서 기자 생활을 시작했고 동아사이언스에서 《과학동아》, 《수학동아》 편집장을 역임했으며, 현재는 과학 콘텐츠 기획 · 제작사 동아에스앤씨의 편집위원으로 있다. 옮긴 책으로 『상대적으로 쉬운 상대성이론』, 『빛의 제국』, 『보이드』, 『버드 브레인』 등이 있고 지은 책으로는 『블랙홀』, 『반짝반짝, 별 관찰 일지』, 『칼 세이건의 코스모스』, 『재미있는 별자리와 우주 이야기』, 『재미있는 화산과 지진 이야기』, 『지구온난화 어떻게 해결할까?』, 『과학이슈11 시리즈(공저)』 등이 있다.

ISSUE 2

지구과학

# 포항 지진, 지열 발전 때문에 일어났다?!

경북 포항에 건설하던 지열발전소의 공사 현장. 2017년 11월 15일 발생한 규모 5.4의 지진이 지열발전에 의해 유발됐다는 논란이 벌어지면서 공사가 중단됐다. ⓒScience

2017년 11월 15일 경북 포항에서 발생했던 규모 5.4의 지진은 우리나라가 지진 관측을 시작한 이후 가장 강력한 지진 중 하나였다. 이 지진 때문에 사상 초유의 수능 연기 사태가 벌어졌고, 수십 명의 사상자가 발생했으며 1000명 이상의 이재민이 큰 고통에 시달렸다. 안타깝게도 포항지진은 자연 지진이 아니라 인근 지열발전소 건설과정에서 일어난 '촉발지진'이란 조사결과가 나왔다. 지난 3월 20일 포항지진 정부조사연구단이 1년간의 정밀 조사를 통해 지열발전을 하기 위한 시추와 물 주입으로 자극을 받아 지진이 촉발됐다고 발표했다.

그동안 해외에서도 지열발전을 추진하다가 주변에서 지진이 발생하긴 했지만, 포항지진만큼 강하지는 않았다. 정부조사연구단의 발표가 사실이라면, 포항지진은 지열발전과 연관된 지진 중에서 가장 파괴력이 큰 지진으로 기록될 것으로 예상된다. 도대체 지열발전이 무엇이기에 이렇게 지진을 촉발하는 것일까.

## 지열정에 주입한 물에 의한 촉발지진

문제의 지열발전소는 포항지진 진앙에서 약 2km 떨어진 경북 포항시 흥해읍 남송리에 위치하고 있었다. 국내에서 최초로 지열을 이용해 전기를 생산하는 시설을 구현하고자 2012년 9월부터 착공에 들어가 2016년 6월 1차 설비를 완성했다. 이 지열발전소는 시험발전 과정을 거쳐 2017년 말에 6.2MW 규모의 상업발전을 시작할 계획이었다(사

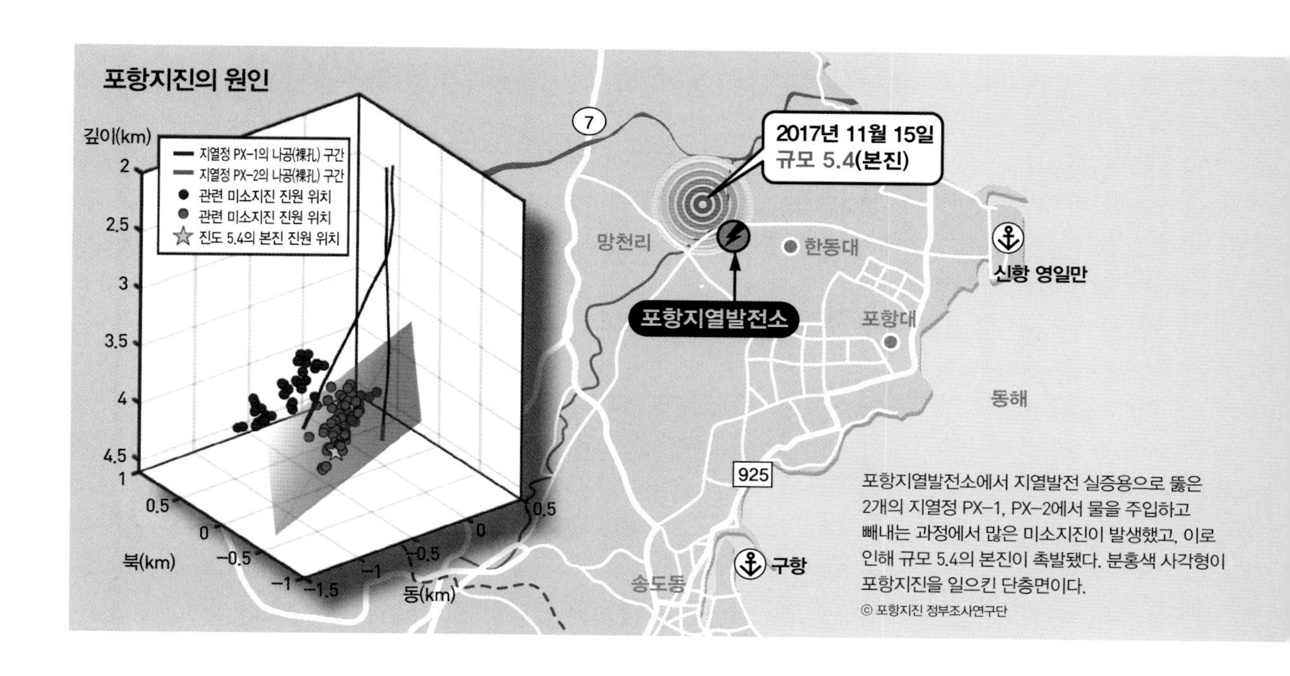

포항지열발전소에서 지열발전 실증용으로 뚫은 2개의 지열정 PX-1, PX-2에서 물을 주입하고 빼내는 과정에서 많은 미소지진이 발생했고, 이로 인해 규모 5.4의 본진이 촉발됐다. 분홍색 사각형이 포항지진을 일으킨 단층면이다.
ⓒ 포항지진 정부조사연구단

실 지열발전소가 정식으로 가동되기 전이기 때문에 엄밀하게는 지열발전 실증연구가 진행되던 중이라고 표현하는 게 더 맞다). 하지만 2017년 11월 포항지진이 발생하자, 지열발전소가 이 지진을 촉발했다는 의혹이 제시되면서 공사가 중단됐다. 포항시는 지진과의 관련성을 우려해 지열발전소 중단 가처분 신청을 했고, 이를 받아들여 지열발전소는 지난해 3월부터 작동을 중지한 상태였다.

정부는 그 시기에 국내외 전문가들로 조사연구단을 구성한 뒤 1년간 포항지진의 원인을 조사했다. 포항지진 정부조사연구단은 지열발전소 부지에서 반경이 5km 이내이며 진원 깊이가 10km 정도인 지점을 기준으로 98개 지진 목록을 분석했는데, 그 결과 지열발전소의 물 주입이 수백 건의 미소지진(작은 지진)을 유발했고 이 미소지진으로 인해 쌓인 응력이 그간 알려지지 않았던 단층을 활성화시켜 포항지진을 일으켰다는 결론을 내렸다.

포항지진 정부조사연구단의 이강근 단장(대한지질학회장, 서울대 교수)은 조사 연구결과를 발표하는 자리에서 다음과 같이 밝혔다.

"지열발전 실증연구 수행 중 지열정(地熱井) 굴착과 두 지열정

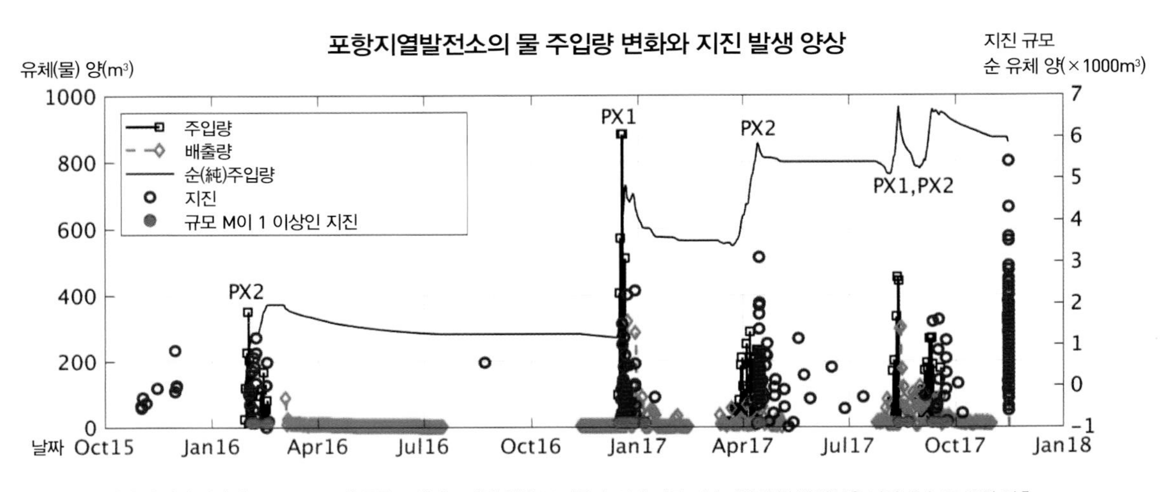


시간에 따라 지열정 PX-1, PX-2에 물을 주입하고 빼낸 양을 보여주며, 이에 따른 미소지진의 발생 양상을 나타낸다. 물 주입 이후 미소지진의 발생이 증가함을 알 수 있다. 결국 2017년 11월 15일 규모 5.4의 강진이 일어났다. ⓒScience

(PX-1, PX-2)을 이용한 수리자극이 시행되었고, 굴착 시 발생한 이수(泥水) 누출과 PX-2를 통해 고압으로 주입한 유체에 의해 확산된 압력(공극압)이 포항지진 단층면 상에 남서 방향으로 깊어지는 심도의 미소지진들을 순차적으로 유발시켰다. 시간의 경과에 따라 결과적으로 그 영향이 본진의 진원 위치에 도달되고 누적되어 거의 임계응력 상태에 있었던 단층에서 포항지진이 촉발되었다."

이를 간단히 말하면, 땅속의 지열을 끌어올리기 위해 뚫은 구멍(지열정)에 고압의 물을 주입했기 때문에 그 압력이 작은 지진들을 차례로 유발했고 그 결과 포항지진을 촉발했다는 얘기다. 정부조사연구단은 지열정으로 물을 주입한 것이 포항지진을 촉발한 방아쇠 역할을 한 근거로 3가지를 제시했다. 즉 지열발전 실증연구 과정에서 주입한 물에 의한 압력이 포항지진을 일으킨 단층면과 일치하는 위치에서 미소지진들을 일으킨 점, 물을 주입하고 일정 시간이 지난 뒤 미소지진들이 발생한 점, 두 지열정 중의 하나에서 포항지진 일어난 뒤 수위가 급격히 낮아지고 지하수의 화학 특성이 변한 점이다. 정부조사연구단은 포항지진과 시공간적으로 가까운 지진들의 진원을 면밀히 조사한 결과, 포항지진의 단층면과 미소지진들이 일렬로 배열돼 있다는 사실을 확인했다.

정부조사연구단의 발표에 앞선 지난해 4월에는 《사이언스》에 실린 포항지진 관련 논문 2편에서 자연 지진이 아닐 가능성이 제기됐다. 당시 두 논문에서는 지진계 데이터를 근거로 포항지진의 진앙을 4.5km 깊이로 분석하고 진앙의 깊이가 지열정의 깊이와 일치한다고 주장했다. 특히 고려대 이진한 교수, 부산대 김광희 교수가 포함된 연구진은 지진 관측이 시작된 1978년 이후 2015년까지 규모 2.0 이상의 지진이 일어난 적이 없었던 데 비해 지열정에 물이 주입된 뒤 2016년 초부터 규모 2.0 이상의 지진이 4번이나 발생했다며 유발지진의 가능성을 제기했다. 이에 대해 정부조사연구단은 포항지진이 유발지진이 아니라 촉발지진이라고 결론을 내렸다. 유발지진은 지열발전소의 물 주입이 지질 구조에 직접 영향을 가해 지진이 발생했다는 뜻인 반면, 촉발지진의 경우

물 주입과 같은 인위적 영향이 지진의 최초 원인이긴 하지만 이 자체가 지진을 일으킨 것은 아니라고 보기 때문이다. 결국 포항지진은 지열발전소의 물 주입에 의해 직접 발생한 것이 아니라 물 주입이 미소지진들을 촉발함에 따라 그동안 알려지지 않았던 단층이 활성화되면서 발생했다는 얘기다.

## 지열은 태양에너지나 풍력보다 발전에 유리

지열발전은 말 그대로 땅속의 열을 이용해 전기를 생산하는 것이다. 지하의 증기나 고온 지하수로부터 열을 받아들여 발전을 하므로 지열발전은 친환경 에너지의 하나로 주목받고 있다. 온실가스나 오염물질을 발생시키는 화석연료를 사용하지 않기 때문이다.

지구는 중심부에 핵(내핵, 외핵)이 있고 맨틀이 핵을 둘러싸고 있으며, 맨틀 바깥에 지각이 자리하고 있다. 맨틀과 지각에 있는 천연 방사성 동위원소가 붕괴하면서 지열이 발생하고, 수천 도에 달하는 고온의 지열 때문에 암석이 녹아 마그마라는 뜨거운 유동체가 생기며, 마그마가 지상으로 분출하여 화산이 형성된다. 결국 지구 내부의 지열 근원은 맨틀과 지각의 방사성 동위원소에 의한 것이 83%를 차지하며, 맨틀과 핵에서 방출되는 열이 17%라고 한다. 또한 지표에 내리쬐는 태양열

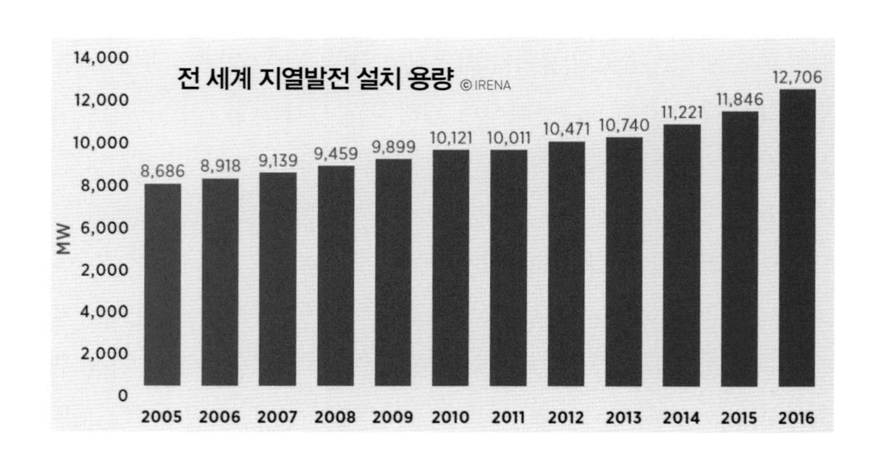

에너지의 47%도 지하에 저장된다. 지열 에너지는 방사성 물질의 붕괴, 화산 활동, 지표면에 흡수된 태양에너지 등에서 유래한다는 뜻이다.

사실 땅속은 지표면 어느 곳보다 더 따뜻하다. 지하로 1m만 파고 들어가도 땅속 온도는 연중 15℃ 내외를 유지하며, 지하 5m를 넘어서면 한여름 낮 기온보다 높은 40℃ 전후까지 상승한다. 이 때문에 동물 중 일부는 땅속 깊이 보금자리를 만들고 겨울을 지내곤 한다. 인류도 구석기 시대부터 지열로 데워진 물에서 목욕을 했으며, 고대 로마 시대에는 지열 에너지를 이용해 난방을 하기도 했다.

지열은 전 세계 어디서나 발견해 이용할 수 있으며, 4계절 내내, 24시간 내내 발전이 가능한 신재생에너지 자원이다. 날씨가 흐리거나 바람이 불지 않을 때 발전이 불가능한 태양에너지나 풍력과 다르다는 얘기다. 지열발전의 장점은 환경오염물질 배출이 거의 없다는 점 외에도 다른 신재생에너지에 비해 발전소 같은 지상 설비가 차지하는 지상 면적이 많지 않으며 유지 및 보수 비용이 저렴하다는 점이 있다. 또한 태양에너지와 풍력에 비해 발전량을 안정적으로 예측할 수 있으며, 대규모로 에너지를 생산할 수 있다는 것도 지열발전에 주목하는 이유다. 더구나 지열에너지는 인류의 시간 규모에서 자연적으로 보충되기 때문에 전 세계 자원 고갈이나 화석연료 가격 상승에 영향을 받지 않는다.

특히 지열발전은 무한한 성장가능성 때문에 앞으로 더욱 각광받을 것으로 예상된다. 미국의 과학작가 제레미 쉐레(Jeremy Shere)의 책『재생에너지: 세계를 변화시키는 대체에너지의 힘(Renewable: the world-changing power of alternative energy)』에 따르면, 지구 표면에서 10km 이내에 존재하는 지열에너지의 양은 전 세계 석유와 가스 자원의 총합보다 5만 배나 더 많은 것으로 추정된다. 더욱이 지열에너지의 경제성이 높아지고 있다. 유럽연합집행위원회(European Commission) 공동연구센터(Joint Research Centre)의 2015년 지열에너지 현황보고서에 따르면, 지열을 통한 전력 생산 가격이 2050년까지 계속 떨어질 것으로 전망된다.

**국가별 지열발전 설치용량(2016년 기준)**

| 국가 | 용량(MW) |
|---|---|
| 미국 | 2511 |
| 필리핀 | 1916 |
| 인도네시아 | 1534 |
| 케냐 | 1116 |
| 뉴질랜드 | 986 |
| 멕시코 | 951 |
| 이탈리아 | 824 |
| 터키 | 821 |
| 아이슬란드 | 665 |
| 일본 | 533 |
| 코스타리카 | 207 |
| 엘살바도르 | 204 |
| 니카라과 | 155 |
| 러시아 | 78 |
| 파푸아뉴기니 | 53 |

© IRENA

## 전 세계 20여 개국에서 지열발전소 운영

이론적으로 지구의 지열에너지는 인류의 모든 에너지 수요를 충족시키고도 남지만, 실제로 채산성(수입과 지출 등의 손익을 따져서 이익이 나는 정도)이 충분한 양은 일부분에 지나지 않는다. 대부분의 지열발전은 시설 투자 비용이 많이 들어서 채산성이 떨어진다. 깊은 곳에 있는 지열에너지를 활용하려면 비용이 너무 많이 들어가기 때문이다. 그래서 주로 화산지대에 지열발전소를 설치한다. 지열발전에 들어가는 비용 대부분은 지열발전소의 건설비, 지열정의 굴착비가 차지한다. 그럼에도 지열은 원자력이나 화력에 비해 발전소 규모는 작지만 경제성을 지니고 있다는 것이 강점이다. 일정한 지역 안에서 에너지원을 조달하고 가공해 공급할 수 있는, 소규모 분산형의 로컬 에너지 자원이기도 하다.

사람들은 16~17세기 지하 수백 m까지 광산을 개발하면서부터 지하로 내려갈수록 지구 온도가 높아진다는 것을 깨닫게 됐다. 18세기에 들어서는 처음으로 온도계를 이용해 땅속 온도를 측정했다. 지열을 언제부터 에너지원으로 사용했는지는 명확하지 않지만, 19세기 초에 이미 지열을 에너지원으로 활용하고 있었다. 예를 들어 이탈리아 토스카나 지방의 라르데렐로(Larderello)에 설립된 화학공장에서 지열을 이용했다. 이 공장에서는 철제 보일러에 붕소가 포함된 지열수를 넣고 주변 숲의 나무를 태우면서 물을 증발시켜 붕산을 얻었는데, 나무 대신 지열수를 증발시킬 때 생기는 열을 활용하는 시스템을 개발했다. 이곳의 붕산공장은 1850~1875년 유럽 전체의 붕산시장을 장악했다. 1910~1940년에는 라르데렐로의 저압 증기를 이용해 토스카나 지방에서 산업 및 주거용 건축물, 온실의 난방을 하기 시작했다. 사실 지열을 이용한 지역난방시스템은 1892년 미국 아이다호주의 보이시(Boise)에서 처음 가동됐다. 1928년 아이슬란드에서도 건물에 난방을 하기 위해 지열수를 개발했다.

이탈리아 토스카나 지방의 라르데렐로 전경. 이곳에 조성된 지열발전소 단지가 우뚝 솟아 있다. 1919년 이곳에 최초의 상업용 지열발전소가 건설됐다.
© Janericloebe

지열발전은 20세기에 전기 수요가 늘면서 고려되기 시작했다.

1904년 이탈리아의 피에로 지노리 콘티(Piero Ginori Conti) 왕자가 라르데렐로에서 최초로 지열 증기를 이용한 발전장치를 테스트했다. 땅속에서 솟아오른 140~260℃의 증기를 이용해 터빈을 돌려 발전을 했는데, 이를 통해 4개의 전구를 켜는 데 성공했다. 이후 1911년에는 이곳에 최초의 상업용 지열발전소가 건설됐다(현재도 이 지역에는 543MW의 지열발전소가 자리하고 있다).

1920년대 일본의 벳푸, 미국 캘리포니아주의 가이저 지역(the Geysers)에 실험용 지열발전기가 건설됐지만, 이탈리아는 1950년대 후반까지 세계 유일의 지열발전 산업생산국이었다. 1958년 뉴질랜드가 와이라케이(Wairakei)에 지열발전소를 설치하면서 두 번째 국가가 됐다. 1960년에는 미국이 가이저 지역에서 자국 최초의 지열발전소를 가동했다. 이곳의 터빈은 30년 이상 지속됐다. 현재 세계에서 가장 큰 그룹의 지열발전소가 캘리포니아주의 지열 지대인 가이저 지역에 위치하고 있다. 현재 전 세계적으로 20여 개국에서 지열발전소를 이용해 전기를 생산하고 있다.

국제신재생에너지기구(IRENA)가 2017년 9월에 발표한 보고서 '지열발전 기술 개요(Geothermal Power Technology Brief)'에 따르면, 2016년 말 전 세계 지열발전 설치 용량은 12.7GW(기가와트, 1GW=10억W)였으며, 미국(2.5GW), 필리핀(1.9GW), 인도네시아(1.5GW), 케냐(1.1GW), 뉴질랜드(0.99GW) 순으로 큰 설치용량을 기록했다. 2015년 전 세계 지열발전소는 약 80.9TWh(테라와트시, 1TWh=1조Wh)의 전기를 만들어냈는데, 이는 전 세계 발전량의 약 0.3%에 해당한다.

아이슬란드 네스야벨리르 지열발전소에서 증기가 피어오르고 있다. 아이슬란드는 전기 생산의 90%를 지열발전에 의존하고 있다. © Gretar Ívarsson

미국 캘리포니아주 가이저 지역의 소노마 지열발전소. 1983년 건조 증기 발전소로 시작됐다. © Stepheng3

뉴질랜드 와이라케이 지열발전소. 와이라케이는 1958년 플래시 증기 발전소가 건설됐지만, 지금은 바이너리 방식의 지열발전소도 운영하고 있다.

## 4가지 지열발전 방식은 지열원에 따라 결정

지열발전은 땅속의 열을 이용하기 때문에 초창기엔 화산 지역에서 주로 시작됐다. 초기 지열발전소는 대부분 지표면 근처에서 100℃

이상의 온도를 가지는 곳에 위치해 있었다. 즉 '불의 고리'라 불리는 환태평양조산대, 중앙해령 또는 열곡, 열점처럼 화산 폭발이 자주 일어나는 지역이다. 미국, 멕시코, 인도네시아, 필리핀, 일본, 아이슬란드처럼 화산 지대가 있는 국가에서만 지열발전에 큰 관심을 가졌다. 화산 지대에서는 뜨거운 지열원이 지표 근처까지 올라와 있으므로, 지표 또는 지하 1~2km 정도만 뚫고 들어가도 뜨거운 지열 증기를 얻을 수 있기 때문이다. 상대적으로 적은 비용을 들여 고온의 지열 증기를 얻을 수 있다는 뜻이다. 아이슬란드의 경우 북위 60도 이상의 추운 지역에 있지만 대부분의 국토가 화산 지대 위에 올라앉아 있는 덕분에 전기 생산의 90%를 지열발전에 의존하고 있다.

간단히 말하면, 지열발전은 땅속의 고온층에서 증기나 열수의 형태로 열을 받아들여 발전하는 방식이다. 지역과 발전 방식에 따라 수백 m에서 수 km 깊이의 우물(지열정)을 파기도 한다. 우물에서 고온의 증기를 얻어서 터빈을 고속으로 돌리면 전기를 생산할 수 있다. 우물에서 나오는 증기가 습기가 적으면 그대로 터빈으로 보낼 수 있지만, 열수로 분출하는 경우 열교환기로 보내 물을 증발시킨 뒤 터빈으로 보내기도 한다.

어떤 지열발전 기술이 적용될 수 있는지는 지열원의 특성과 양에 따라 결정된다. 현재 운영 중인 지열발전소는 대부분 다음의 4가지 기술에 의존한다. 즉 직접 건조 증기 발전소, 플래시 증기 발전소, 바이너리 사이클 발전소, 하이브리드(복합 사이클) 발전소 방식이다.

먼저 직접 건조 증기 발전소는 가장 단순하고 오래된 방식이다. 150℃ 이상의 건조 증기를 직접 이용해 발전기인 터빈을 돌리는 방식이다. 현재 운영 중인 건조 증기 발전소의 규모는 8MW에서 140MW이다. 고온 지열 저류층에 시추공을 굴착한 뒤 지열정에서 지표면으로 수분이 포함되지 않은 고온 증기만 나오는 곳에서 이 방식이 가능하다. 예를 들어 미국 캘리포니아주의 가이저 지역에서는 지열발전을 시작한 지 30년간 건조 증기를 이용해 전기를 생산했다. 이 지역에는 총 26개의 터빈을 갖추고 있으며 총 발전용량은 1585MW이다.

플래시 증기 발전소는 1958년 뉴질랜드 와이라케이에 최초로 건설된 이래, 오늘날 가장 일반적으로 운영되고 있는 지열발전 방식이다. 건조 증기 발전소와 달리 증기를 직접 얻지 못할 때, 즉 지열 저류층에 열수가 있거나 열수와 증기가 혼합되어 있을 때 플래싱이란 과정을 통해 증기를 얻는다. 이 방식은 고온, 고압의 지열수를 끌어올린 뒤 분리과정(플래싱)을 거쳐 얻어진 증기를 이용해 터빈을 구동한다. 플래시 발전소는 온도가 180℃ 이상일 경우 최상으로 작동한다. 발전소의 크기는 단일 플래시 발전소(0.2~80MW), 이중 플래시 발전소(2~110MW), 삼중 플래시 발전소(60~150MW)에 따라 다양하다.

바이너리 사이클 발전소는 열수의 온도가 낮은 경우 끓는점이 더 낮은 액체를 증발시켜 터빈으로 보내는 방식이다. 지열수가 풍부하지만 온도가 180℃보다 낮고 증기 압력이 높지 않을 때는 플래시 증기 방식을 적용할 수 없다. 바이너리 사이클 발전은 이소부탄, 펜탄, 프로판, 암모니아처럼 끓는점이 물보다 낮은 유체를 이용해 열수와 열을 교환시키면, 해당 유체가 증기로 바뀌는데, 이를 터빈에 보내 발전하는 방식이다. 터빈에 분사된 유체는 응축된 뒤 순환되어 계속 재사용된다. 바이너리 발전소는 1967년 구소련에서 처음 시연됐고 그 후 1970년대 에너지 위기와 규제 정책의 변화에 따라 1981년 미국에 도입됐다. 낮은 온도의 열원을 사용하므로 비화산지대에서도 지열발전이 가능해 유럽, 호주 등으로 확대되고 있으며, 발전 용량이 1~50MW라 대규모 발전이 필요하지 않은 아프리카에서도 환영받고 있다.

**바이너리 지열발전 방식의 개념도**

열수 온도가 낮은 경우 물보다 끓는점이 낮은 유체의 증기를 이용한 발전 방식을 보여주는 개념도. 증기는 지열정에서 직접 터빈 발전기를 구동하는 데 사용되며, 응축기의 폐수는 지하로 다시 주입된다. 이는 열수시스템의 유효 수명을 연장하는 데 도움이 된다. © USGS Circular

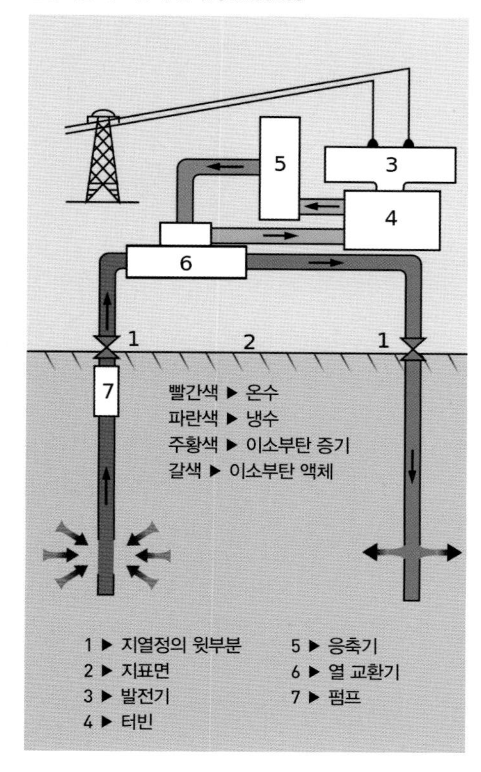

일부 지열발전소는 기존의 랭킨 사이클(증기와 액체의 상변화가 진행되는 동안 열을 기계적 작업으로 전환시키는 열기관의 이상적인 열역학 사이클)을 추가하는 복합사이클을 이용해 바이너리 사이클에서 나오는 폐열로부터 전기를 생산한다. 이를 복합사이클 발전소, 또는 하이브리드 발전소라고 한다. 하이브리드 발전소는 바이너리 시스템에서 발생한 폐열에너지를 낭비하지 않으며 이를 전력생산에 이용하므로 전력효율이 상대적으로 높다. 이 발전소의 규모는 수MW에서 10MWe까지다. 하이브리드 발전소는 독립형 지열발전소와 동일한 기본 원리를 사용하지만, 그 공정에 다른 열원을 결합한다. 예를 들어 집광형태양발전(Concentrating Solar Power, CSP)에서 나온 열이다. 이 열은 지열 염수(鹽水, brine)에 첨가되어 온도와 출력을 증가시킨다. 이탈리아 전력공사(ENEL) 글로벌 리뉴어블 에너지(Global Renewable Energies)가 운영하는 미국의 스틸워터 프로젝트는 이런 하이브리드 시스템을 출시했다. CSP와 태양광발전을 바이너리 시스템에 결합한 것이다. 사실 ENEL은 2개의 하이브리드 시스템을 연구하고 있다. 즉 이탈리아에서 바이오매스를 결합한 하이브리드 발전소(CSP 시스템과 유사하게 염수 온도를 증가시킴)와, 미국 유타주 코브 포트(Cove Fort)에서 수력을 결합한 하이브리드 발전소(전기를 생성하기 위해 재주입 물 흐름을 이용함)다.

지열발전 프로젝트의 비용은 부지에 민감하다. 지열발전소의 총 설치비용은 일반적으로 1kW당 1,870~5,050달러(USD)이다. 보통 바이너리 발전소가 직접 건조 증기 발전소나 플래시 발전소보다 비용이 더 많이 든다. 앞으로 지열발전소의 설치비용이 감소할 텐데, 특히 플래시 발전소와 바이너리 발전소의 설치비용이 2050년까지 계속 줄어들 것으로 예상된다. 그리고 지열발전소의 균등화발전원가, 즉 발전비용(Levelised Cost Of Electricity, LOCE)은 연간 유지 비용이 1kW당 110달러이며 경제적 수명이 25년이라고 가정할 때 1kWh당 0.04~0.14달러(USD)이다. 물론 지열발전소의 경제성은 열, 실리카 또는 이산화탄소와 같은 부산물을 이용해 개선될 수 있다.

## 신기술 '인공저류층 생성 방식(EGS)'에 주목하는 이유

국제신재생에너지기구(IRENA)의 '지열발전 기술 개요(Geothermal Power Technology Brief)'에 따르면, 열수 자원으로 인한 전기 발전의 세계적 잠재력은 240GW로 추정된다. 미확인 자원이 현재 확인된 자원보다 5~10배 더 많을 것이라는 가정하에 나온 추정치이다. 이 추정치의 하한은 50GW이고 상한은 1000GW와 2000GW 사이다. 국제 지열에너지 협회(Geothermal Energy Association)에 따르면, 세계 지열산업은 2021년까지 약 18.4GW에 이를 것으로 예상된다. 더욱이 지열발전의 잠재적 성장을 최대치로 끌어올리기 위해서는 선진화된 시스템과 신기술이 동반돼야 한다.

지열 개발에 성공하기 위해서는 3요소가 필요하다. 땅속에 뜨거운 '열원'이 존재해야 하고, 이 열원의 열을 지상으로 전달할 물과 같은 매개체인 '지열 유체', 이 지열 유체를 저장할 수 있는 공간인 '저류 구조'가 있어야 한다. 그런데 석유와 마찬가지로 지열 또한 지하자원의 일종이므로 종종 개발에 실패하기도 한다. 실패하는 이유는 대부분 저류 구조가 없거나 작아서 지열 유체를 충분히 생산해내기 어렵기 때문이다.

지열을 개발할 때 지표를 뚫어 땅속 열원을 찾는데, 주변에 물이 흐를 수 있는 대수층이 저류 구조로서 중요하다. 열원에 의해 대수층에서 뜨거운 물이 생성되고, 이를 통해 지열이 지표로 전달될 수 있다. 예를 들어 화산 지대에는 온천이 분출하는 곳이 있다. 땅속으로 내려가 보면 뜨거운 암반에 구멍과 균열이 있는데, 이 속에서 나오는 물이 암반의 열기로 데워지고 높은 압력 때문에 뜨거운 물이

**인공 저류층 생성 방식(EGS)의 개념도**

원하는 온도에 도달할 때까지 땅속 깊이 구멍을 뚫은 뒤 해당 깊이에 강한 압력으로 물을 주입함으로써 암석을 깨뜨려 부수어(수압 파쇄) 인공적으로 저류층(대수층)을 생성하는 방식. 열원에 의해 대수층에서 뜨거운 물이 생성되고, 이를 통해 지열이 지표로 전달될 수 있다.

© Siemens Pressebild

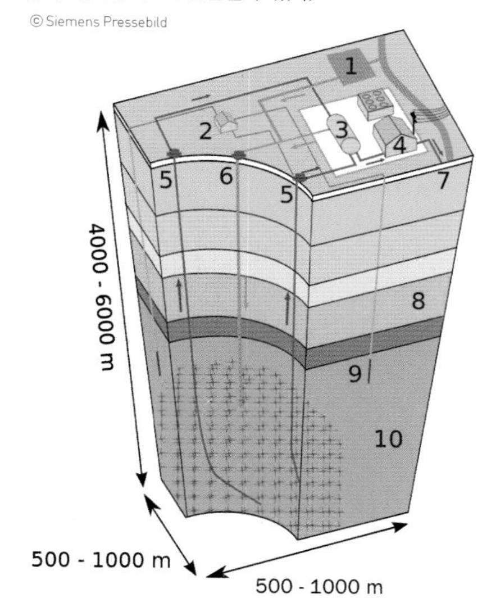


1 ▶ 급수장
2 ▶ 펌프실
3 ▶ 열 교환기
4 ▶ 터빈 건물
5 ▶ 생산정
6 ▶ 주입정
7 ▶ 지역난방에 공급되는 온수
8 ▶ 다공성 암석
9 ▶ 지열정
10 ▶ 단단한 기반암

지표까지 솟아오르는 것이다. 사실 지열 잠재력의 상당 부분은 흔히 뚫는 깊이보다 더 깊은 곳에 저장된 열이다. 그런데 깊이가 깊어지면 토양의 다공성이 줄어들어 물이 흐르기 힘들다. 땅속의 온도는 높은데 저류 구조가 없는 셈이다. 이런 문제를 해결하고자 '인공저류층 생성 방식(Enhanced Geothermal System, EGS)'을 개발하고 있다.

EGS는 원하는 온도에 도달할 때까지 땅속 깊이 구멍을 뚫은 뒤 해당 깊이에 강한 압력으로 물을 주입함으로써 암석을 깨뜨려 부수어(수압 파쇄) 인공적으로 저류층을 생성하는 방식이다. 상당히 공학적 기술을 동원해야 한다는 점에서 'enhanced' 대신 'engineered'란 단어를 사용하기도 한다. 이는 기존 지열발전 방식에 비해 깊이 파고들어가야 하기 때문에 '심부지열발전 시스템'이라고도 부른다.

1970년대 미국 로스알라모스국립연구소가 펜튼힐(Fenton Hill)에서 EGS와 관련된 프로젝트를 처음 수행했다. 이 프로젝트는 본래 뜨겁지만 건조한 암반을 이용한다는 의미에서 '고온 암체(Hot Dry Rock, HDR)' 발전이라 불렸다. 이후 1980년대까지 영국의 로즈마노스(Rosemanowes), 일본의 히죠리(Hijiori)와 오가치(Ogachi)처럼 화산지대 중에서도 온도는 상당히 높지만 저류 구조가 없는 곳에서 주로 연구개발이 진행됐다. 그러다 1980년대 후반부터 비화산지대인 프랑스 솔츠(Soultz)에서 유럽 국가들이 국제 공동연구를 수행하면서 지금의 EGS로 불리게 됐다. 현재 솔츠에는 1.5MW의 지열발전소가 가동되고 있다.

세계 각국에서는 솔츠의 경험을 바탕으로 EGS를 이용한 지열발전 프로젝트를 진행하고 있다. 독일의 란다우(Landau), 미국의 코소(Coso), 호주의 쿠퍼(Cooper) 등이 대표적인 사례이다. 최근에는 우리나라 포항에서도 EGS를 바탕으로 한 지열발전 실증 연구를 수행했다. 국제에너지기구(IEA)는 2020년 10MW급 지열발전소가 50개소 이상 건설되며 2050년엔 전 세계적으로 약 200GW의 지열발전소가 건설될 것으로 전망한 바가 있다. 이 중에서 EGS로 건설될 지열발전소가 대략 100GW로 절반 정도를 차지할 것으로 예상하기도 했다.

## EGS의 문제는 인공지진

EGS를 적용한 대표적인 지열발전소가 프랑스 솔츠수포레(Soultz-sous-Forêts)에 있는 솔츠 지열발전소와 독일 란다우인데르팔츠(Landau in der Pfalz)에 자리한 란다우 지열발전소다. 라인강을 따라 늘어선 도시인 솔츠수포레와 란다우인데르팔츠는 프랑스와 독일로 나뉘져 있지만, 땅속 성상이 같다. 즉 4500만 년 전부터 활동하기 시작한 비교적 젊은 단층대인 라인지구대에 위치해, 깊숙한 곳에서 올라온 마그마 등으로 데워진 암반이 있다. 땅속의 뜨거운 암반까지 구멍을 뚫고 물을 주입하면 암반에서 뜨겁게 달궈져 증기가 나오는데, 이 증기를 이용해 터빈을 돌려 전기를 만든다. 이곳은 EGS에 적합한 환경인 셈이다.

독일 란다우 프로젝트는 2004년에 시작됐다. 이곳 지열수의 온도는 155℃이며 란다우 지열발전소의 발전용량은 2.9MW이다. 프랑스 솔츠 지열발전소는 이보다 작은 1.5MW급이다. 솔츠 지열발전소는 솔츠수포레와 쿠젠하우젠 사이에 있다. 500m 간격으로 시추공을 총 5개(깊이 2.2km의 EPS1, 깊이 3.6km의 GPK1, 깊이 5.1km의 GPK2와 GPK3, 깊이 5.26km의 GPK4) 뚫었다. 땅속에는 마그마 등으로 데워진 화강암 암반층이 자리하고 있는데, 화강암까지 시추공을 뚫은 것이다. 한쪽 시추공에서 물을 주입하고 다른 쪽 시추공에서 물을 뽑아낸다. 물을 주입하는 과정에서 물이 지층에 자극을 주는데, 이를 '수리자극'이라 한다. 솔츠 지열발전소의 경우 처음엔 65℃ 정도의 물을 GPK1에 넣어 주자, 이 물은 열기를 품은 화강암 암반층을 통과해 GPK2로 솟아 나왔다. 이때는 온도가 142℃인 증기로 변했다. GPK1, 2를 이용한 실험이 끝난 뒤 GPK3, 4를 추가로 시추했다. GPK3, 4는 깊이가 더 깊어서 200℃의 증기를 회수할

포항지진으로 인해 한 건물의 주차장 기둥이 부서져 있다. 지난 3월 20일 조사 결과 발표에 따르면, 포항지진은 주변의 EGS 지열발전 과정에서 주입된 물에 의해 촉발된 것으로 보인다.

수 있다는 추론이 나왔다. 과학자들은 실험을 거듭한 끝에 0.8MPa의 압력을 가하면 주입된 물이 지하 지층과 암반을 깎아내지 않고 증기로 회수될 수 있다는 사실을 알아냈다.

솔츠 지열발전소에서도 인공지진이 문제가 됐다. 처음에 GPK1, 2로 실험을 했을 때 땅속에서 미세한 떨림을 일으키는 미세지진이 포착됐다. 주입된 물이 주변 지형을 적셔서 연약지반을 만들기도 했고 암반을 의도치 않게 침식했기 때문이다. 이후 실험에서는 GPK3에서 주입한 물을 두 곳(GPK2, 4)에서 회수해 미세지진 발생이 현저히 줄어든다는 사실을 밝혀냈다.

미세지진의 원인은 EGS 지열발전소에서 실시하는 수리자극 때문인 것으로 분석되고 있다. 대표적인 예가 스위스 바젤에 건설된 EGS 지열발전소에서 일어난 미세지진이다. 2006년 12월 2~9일 사이에 총 1만 1500$m^3$의 물을 고압으로 지하 5km 깊이의 시추공에 주입했는데, 물 주입 단계에서 1만 건 이상의 미세지진이 감지됐다. 물의 흐름을 증가시키거나 시추공의 압력을 높일 때마다 미세지진이 점차 더 많이 발생했다. 물 주입이 끝난 12월 8일 저녁에 규모 2.7과 3.4의 지진이 2회 일어났다. 다음 날 주입된 물의 3분의 1을 회수하자 미세지진의 발생 빈

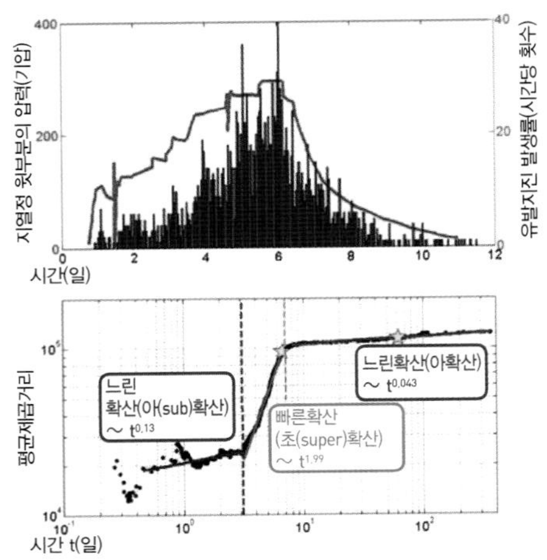


스위스 바젤시에서 EGS 지열발전소를 건설하려다가 인공지진 때문에 중단했다. 왼쪽 사진은 지열정 시추 현장이며, 오른쪽 그래프들은 지열정 윗부분의 압력(보라색 선)과 유발지진 발생률(청록색 막대), 지열정으로부터 유발지진의 평균제곱거리(아래)를 보여준다. 아래 그래프에서 별표는 규모 3 이상의 강한 지진을 나타낸다.

도가 현저하게 감소했다. 하지만 그 후 2년간 산발적으로 미세지진이 이어졌다.

당시 바젤시 당국은 과학자들과 조사단을 꾸리고 3년 동안 정밀하게 분석한 결과, 지열발전소 측이 땅에 구멍을 뚫고 물을 주입하거나 뜨거워진 물을 뽑아 올려 지진이 발생한 것으로 결론을 내렸다. 시 당국은 2009년 지열발전소에 대해 최종 폐쇄 조치를 내리는 동시에 건설 회사에 900만 달러의 벌금을 부과했다.

전 세계적으로 EGS 지열발전소에서 지진이 발생한 사례는 많다. 2003년 12월 호주 쿠퍼 분지의 사막에서 4.4km 깊이로 시추공 2개를 뚫은 직후 최대 3.7 규모의 지진이 일어났다. 2009년 8월 독일 란다우 지열발전소에서는 발전용 관정으로부터 450m 떨어진 진앙에서 규모 2.7의 지진이 생겼다. 당시 진원 깊이는 3.3km로 발전용 관정의 바닥 부분과 일치했다.

## 끝나지 않은 논란, 지열발전의 미래는?

우리나라에서 EGS를 도입한 것은 화산이 없음에도 지열발전을 추진하기 위해서다. 한국지질자원연구원의 조사에 따르면, 우리나라도 지하 5km 깊이에서는 온도가 최대 180℃를 보여 지열발전이 가능하다. 또한 현재 기술로 시추가 가능한 지하 6km까지 개발한다면 약 20GW의 지열발전소를 건설할 수 있는 에너지를 얻을 수 있다고 한다. 이는 원자력발전소 20기에 해당하는 엄청난 에너지가 땅속 깊이 잠자고 있다는 예측이다.

한국지질자원연구원에서 땅속 온도가 높은 국내 지역을 탐색한 결과, 인천 석모도, 포항, 제주도가 지열발전 후보지로 꼽혔다. 그중에서도 포항이 우리나라에서 최적의 EGS 지열발전 지역으로 선정됐다. 포항 지역은 지온증가율(지표에서 땅속으로 내려갈수록 지온이 높아지는 비율)이 평균 33℃/km, 지열류량(지표에서 발산되는 지열의 크기)

이 평균 78mW/m$^2$을 보여 우리나라 평균보다 훨씬 큰 값을 나타냈다. 포항의 지온증가율과 지열류량이 이렇게 높은 이유는 지표에 신생대 3기 퇴적층이 두껍게 분포한 덕분에 열 보존 효과가 높아 심부로부터 더 많은 열이 공급되기 때문이다. 특히 포항 흥해읍 일대의 땅은 상부에 점토층이 자리하고 있어 열을 보존하기에 알맞고, 땅속 하부 온도도 전국에서 가장 높은 것으로 밝혀졌다.

이런 근거하에 경주지진(2016년)이 발생하기 전인 2010년부터 포항에서 EGS를 통해 지열발전소 건설 프로젝트가 진행됐으며, 화산섬인 울릉도와 제주도의 지열을 개발하기 위한 조사 연구도 병행됐다. 정부는 2015년 포항에서 MW급 지열발전에 성공하면, 이후 울릉도, 제주도 등에서도 지열을 개발해 지열발전을 늘려갈 계획이었다. 정부 계획에 따르면, 지열발전 설비용량은 2020년까지 20MW, 2030년까지 200MW를 달성하는 것이 목표였다.

포항시가 지열발전소 건설을 허가한 이유는 EGS의 안전성을 과신했기 때문이다. 지진이 발생할 당시, 지열발전을 하기 위해 주입한 물의 양은 알려져 있는 안전 수치보다 훨씬 적었다. 또한 과거에 EGS와 유사한 방식으로 땅속을 파고들어 가스, 석유를 뽑아내는 시설 근처에서 미약한 지진이 일어난 적은 있었지만, 포항지진만큼 강력한 지진이 인위적인 조작에 의해 발생할 것이라고 예측한 전문가도 없었다. 포항지진은 인류가 겪은 가장 강한 인공지진으로 인정받을 가능성이 높다.

포항지진은 EGS의 안전성을 낙관하던 관련 과학자와 사업자에게 경종을 울렸다. 미국 에너지부는 EGS 지열발전이 미국인 전체가 사용할 전기량의 50%를 책임질 수 있을 것이라고 판단하고 12개 프로젝트에 총 1,000만 달러를 투자해 본격적인 지열발전 사업을 시작할 계획이었지만, 포항지진 사태 때문에 속도 조절에 나서고 있다. 우리나라도 당분간 지열발전 사업을 적극적으로 펼치기 힘들어졌다.

그럼에도 불구하고 지열은 여전히 안전하게 개발할 수만 있다면, 유망한 미래 에너지원 중 하나가 되리라는 사실에는 의심할 여지가 없

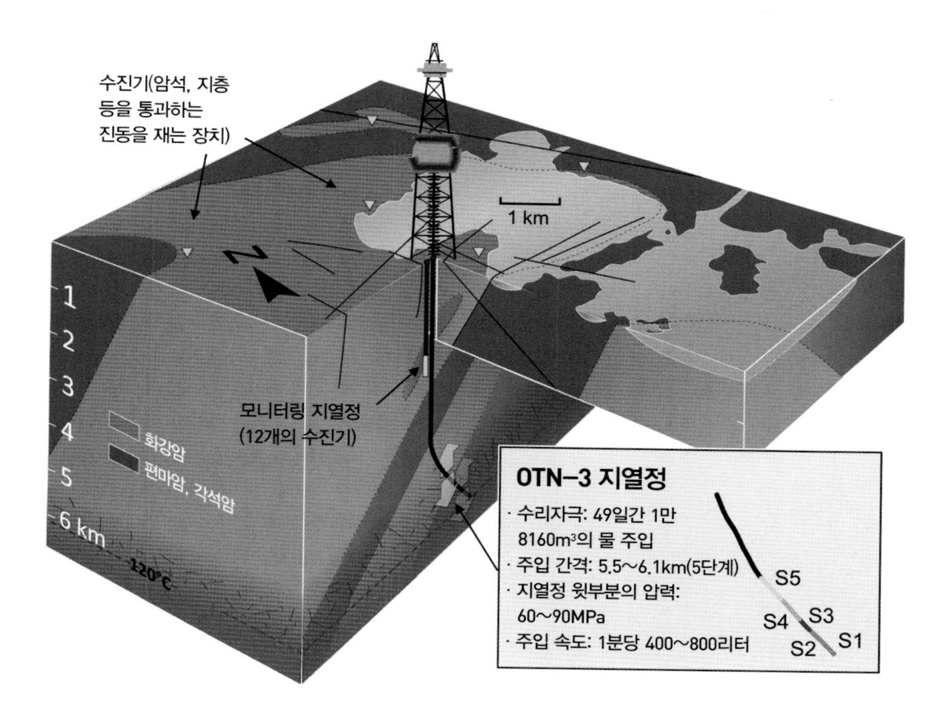


**핀란드 헬싱키의 지열발전소 건설 프로젝트 'St1 딥 히트(Deep Heat) Oy'**

최근 연구팀은 실시간 모니터링과 피드백을 통해 물 주입을 조절하며 EGS 지열발전에서 생기는, 규모 2.0 이상의 지진을 막는 데 성공했다. 핀란드 당국이 규모 2 이상의 지진이 일어날 경우 프로젝트를 중단한다는 조건을 내걸었기 때문이다.

© Science Advances

다. 다행히 최근 핀란드가 EGS를 이용해도 일정 규모 이상의 지진을 유발하지 않으며 지열발전이 가능하다는 사실을 입증하는 데 성공하기도 했다. 핀란드 헬싱키에 지열발전소를 건설하고 있는 'St1 딥 히트(Deep Heat) Oy' 프로젝트 연구팀은 실시간 모니터링과 피드백을 통해 EGS 지열발전에서 생기는 지진을 효과적으로 제어한 결과를 《사이언스 어드밴시스》 5월 1일 자에 발표했다. 핀란드 당국이 규모 2 이상의 지진이 일어날 경우 프로젝트를 중단한다는 조건을 내걸었는데, 지진을 모니터링하며 물 주입을 조절해 규모 2 이상의 지진을 막은 것이다.

EGS 지열발전은 포항 사례에서 보듯이 지진을 수반할 수밖에 없다는 것이 문제다. EGS가 상업적으로 성공하기 위해서는 유발 지진을 얼마나 조절할 수 있느냐가 핵심이다. 유발 지진을 관리할 전략을 찾는 것이 특히 도시에서 전력을 공급하기 위한 EGS 지열발전을 개발하는 데 필수 조건이라 할 수 있다. 앞으로 지열발전의 안전성에 대한 연구가 더 많이 진행돼 미래 세대가 땅속 에너지를 유용하게 활용할 수 있기를 바란다.

ISSUE 3 생명과학
유전자
편집
아기
탄생?

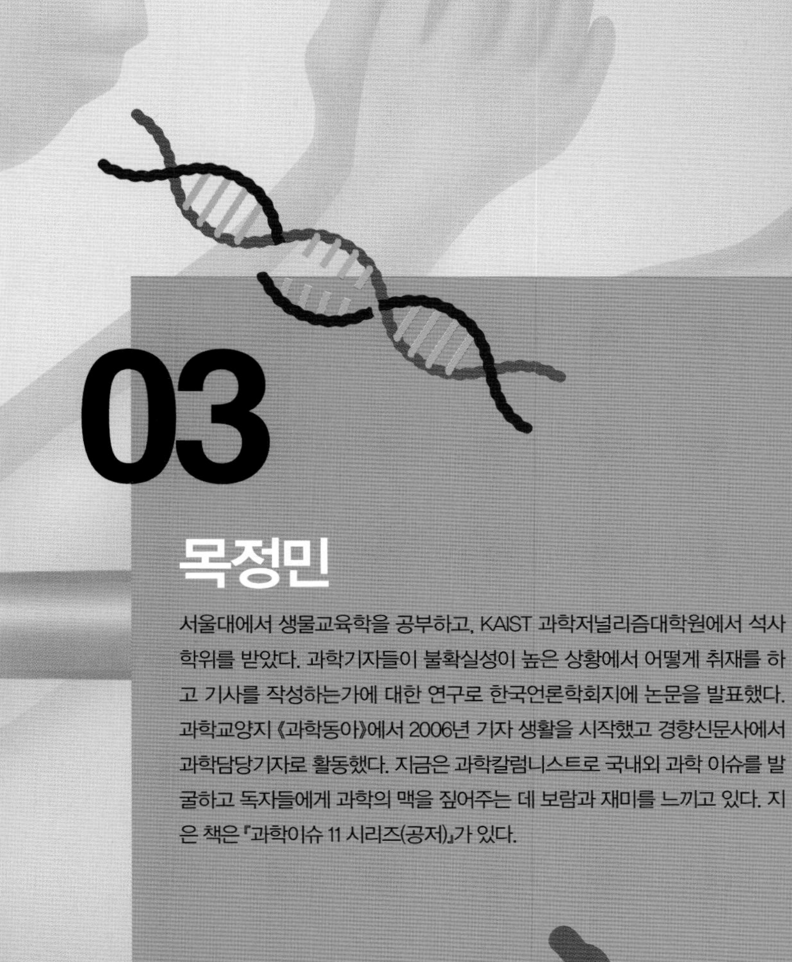

# 03

## 목정민

서울대에서 생물교육학을 공부하고, KAIST 과학저널리즘대학원에서 석사 학위를 받았다. 과학기자들이 불확실성이 높은 상황에서 어떻게 취재를 하고 기사를 작성하는가에 대한 연구로 한국언론학회지에 논문을 발표했다. 과학교양지 《과학동아》에서 2006년 기자 생활을 시작했고 경향신문사에서 과학담당기자로 활동했다. 지금은 과학칼럼니스트로 국내외 과학 이슈를 발굴하고 독자들에게 과학의 맥을 짚어주는 데 보람과 재미를 느끼고 있다. 지은 책은 『과학이슈 11 시리즈(공저)』가 있다.

ISSUE 3
생명과학

# 영화 속 '맞춤 아기' 현실로, 판도라 상자 열렸다

중국 남방과학기술대 허젠쿠이 교수가 2018년 11월 28일 홍콩에서 열린 '제2차 인간유전체교정 국제회의'에서 세계 최초의 유전자편집 아기 출산에 대해 설명하고 있다.
© VOA - Iris Tong

중국 과학자가 유전자를 편집한 아기를 출생시켜 논란을 일으켰다. 중국 남방과학기술대 허젠쿠이(賀建奎) 교수는 2018년 11월 28일 홍콩에서 열린 '제2차 인간유전체교정 국제회의'에서 크리스퍼(CRISPR) 유전자 가위 기술을 이용해 후천성면역결핍증(AIDS)을 일으키는 HIV 바이러스에 감염되지 않도록 유전자를 편집한 쌍둥이 아기 '룰루'와 '나나'를 출생시키는 데 성공했으며 세 번째 아이가 임신 중인 상태라고 밝혔다. 허젠쿠이 교수는 국제회의에 연사로 나서 크리스퍼 기술을 이용해 에이즈 감염에 관여하는 단백질 CCR5를 제거했다고 주장했다. HIV 감염 경로를 차단시켜 에이즈에 걸리지 않도록 막는 것이다.

크리스퍼 유전자 가위 기술은 유전자를 손쉽게 편집할 수 있는 기술로 2012년 학계에 보고된 뒤 급격히 발전하고 있는 기술이다. 이제까지 주로 동식물을 대상으로 크리스퍼 기술이 이용돼 왔다. 정부의 허가 아래 소수의 연구자가 인간 배아를 대상으로 연구했으나, 실제 자궁 내 착상 및 출생으로 이어진 것은 이번이 '세계 최초'다.

허젠쿠이 교수는 학회가 열리기 사흘 전, 세계 최대 동영상 공유 사이트 '유튜브(Youtube)'를 통해 유전자 편집 아기의 탄생을 예고한 바 있다. 허젠쿠이 교수의 주장이 사실이라면, 인류 역사상 최초의 '맞춤 아기'가 탄생한 것이다. 허젠쿠이 교수는 회의장에서 자신의 연구결과를 자랑스러운 듯한 표정으로 발표했다. 그러나 그의 밝은 표정과는 달리 그가 생명과학계는 물론 세계에 던진 파문은 가히 경악할 만한 것이었다. 허젠쿠이 교수는 발표 직후 윤리적으로 거센 비난을 받았다.

## 맞춤 아기 출생으로 비난 쇄도

허젠쿠이 교수 발표 직후 세계는 충격을 받았다. 과학자뿐만 아니라 생명윤리학자까지도 허젠쿠이 교수를 거세게 비판했다. 국제회의를 개최한 학회의 조직위원회는 공동성명까지 냈다. 조직위원회 측은 "매우 불온한 주장을 이번 학회에서 들었다"며 "주장을 독립적으로 검증할 것을 추천하며, 설사 검증이 되더라도 절차가 무책임한 데다 국제적 규범을 지키지 못해 흠결을 지니고 있다"고 비판했다. 위원회 측은 "그 흠결은 정당하지 못한 의학적 절차, 잘못 설계된 연구 절차, 연구 피실험자의 후생을 보호하기 위한 윤리 기준 미충족, 임상 전 과정의 불투명성 등을 포함하고 있다"고도 지적했다.

크리스퍼 유전자 가위 기술의 창시자인 미국 버클리 캘리포니아대(UC 버클리) 제니퍼 다우드나 교수도 "그의 실험 과정을 봤을 때 섬뜩했으며 큰 충격을 받았다"며 "너무 많은 부분에서 부적절한 행위였다"고 비판했다. 크리스퍼 유전자 가위 기술을 진핵세포에서 구현해 낸 미국 매사추세츠공대(MIT) 생물공학과 장펑 교수도 허젠쿠이 교수를 공개적으로 비난했다. 장펑 교수는《MIT 테크놀로지 리뷰》에 성명서를 실어 크리스퍼 유전자 가위를 이용해 인간 배아의 유전자를 편집하지 못하도록 국제적으로 유예기간을 요청해야 한다고 주장했다. 허젠쿠이 교수의 발표는 국제 기구도 움직이게 만들었다. 세계보건기구(WHO)가 유전자 편집에 대한 가이드라인을 만들겠다고 입장을 밝힌 것이다. 이 가이드라인은 2021년쯤 발표될 전망이다.

이뿐 아니다. 중국 정부가 허젠쿠이 교수의 연구에 대한 조사에 돌입했고, 1차 조사 결과, 연구과정이 부적절했다고 공식 발표했다. 남방과학기술대는 이를 바탕으로 허젠쿠이 교수를 해고하고 그의 연구 활동도 중단시켰다. 중국 정부도 최종 조사 결과에 따라 허젠쿠이 교수에 대한 처벌 수위를 결정할 것으로 알려졌다.

반면 일각에서는 허젠쿠이 교수의 연구를 지지하는 목소리도 나왔다. 미국 하버드대 의대 조지 처치(George Church) 교수 등 일부 연구자들은 질병 퇴치 등의 논리를 들어 허젠쿠이 교수를 옹호하는 뜻을 밝히기도 했다. 그러나 처치 교수 같은 옹호 목소리는 소수에 불과하다.

## 유전자 편집 아기 탄생 과정

크리스퍼 기술을 이용해 유전자 편집 아기를 만드는 과정을 살펴보자. 먼저 정자와 난자가 수정돼 만들어진 수정란(배아)에 크리스퍼 유전자 가위를 주입한다. 크리스퍼 유전자 가위는 수정란의 유전자를 편집한다. 이후 연구진은 유전자 교정 과정에서 생존한 배아를 골라낸다. 유전자 검사를 통해 크리스퍼 기술이 제대로 작용한 배아를 골라 자궁에 착상시키고, 임신기간이 끝나면 맞춤형 아기가 출생하게 된다.

허젠쿠이 교수가 인간유전체교정 국제회의에서 발표한 자료에 따르면, 유전자 편집을 통해 태어난 쌍둥이의 아버지는 HIV 보균자이고 어머니는 비보균자로 알려져 있다. 8쌍의 부부가 실험에 참여했고, 이

## 중국 연구진의 유전자편집 아기 탄생 과정

HIV 보균자 남성

정자

① 인공수정 클리닉에서 정자와 난자의 수정을 시도하려 했는데, 여성은 HIV 비보균자인 반면, 남성은 HIV 보균자라서 아이가 HIV 보균자가 될 것을 우려함.

난자

비보균자 여성

② 난자와 정자가 합쳐진 수정란(배아)에 크리스퍼 유전자 가위를 적용해 CCR5 유전자를 녹다운(기능 상실)시킴. CCR5를 제거하면 HIV에 노출돼도 후천성면역결핍증(AIDS)에 걸리지 않음.

수정란

크리스퍼 유전자 가위로 CCR5 제거

자궁 착상 뒤 쌍둥이 출산

③ 유전자 가위로 유전자를 교정한 수정란을 여성 자궁에 착상시킴. 10개월 뒤 쌍둥이 여아 '루루'와 '나나'를 출산함. 배아 유전자는 교정된 것이 확인됐지만, 아직 쌍둥이 유전체 분석 결과는 나오지 않음.

## 크리스퍼 유전자 가위 작동 과정

DNA 절단 효소 카스(Cas)9

가이드 RNA

절단

표적 DNA

절단

복구

삽입

특정 DNA(CCR5 유전자)에 맞는 RNA, 즉 가이드 RNA를 합성하고 카스(Cas)9란 DNA 절단 효소와 결합시킨 뒤, 크리스퍼 카스9 복합체를 절단하고 싶은 DNA에 결합시키면 이중나선이 풀리면서 RNA가 표적 DNA와 결합하고 카스9로 원하는 DNA를 절단할 수 있다. DNA 교정을 하려면 새로운 DNA를 넣는다.

중 한 쌍은 실험 도중에 빠졌다고 한다. 연구팀은 실험에 참가한 부부로부터 정자와 난자를 제공받아 크리스퍼 기술을 이용해 유전자 편집 아기를 실제 출생시킨 것으로 보인다. 다만 연구방법에 대해서는, 허젠쿠이 교수가 중국 내에서 생명윤리위원회(IRB)의 심사를 받지 않았으며 연구에 대한 논문을 정식 출간하지 않은 탓에, 공식 자료가 없고 허젠쿠이 교수의 발표 내용에 의존할 수밖에 없는 상황이다.

허젠쿠이 교수의 주장대로 유전자 편집 쌍둥이가 실제 태어난 것인지 명확히 알 수는 없다. 논문으로 발표되지 않은 데다 동료 과학자의 리뷰 과정도 없었기 때문이다. 연구결과가 검증되지도 않았다. 허젠쿠이 교수의 발표 내용을 통해 판단할 수밖에 없다. 당시 학회에 참석한 기초과학연구원(IBS) 유전체교정연구단 김진수 단장의 말에 따르면, 유전자 편집 아기가 탄생했다는 주장이 실제 맞는 것으로 보인다.

그럼에도 불구하고 크리스퍼 기술로 유전자를 편집하면서 다른 유전자 염기서열을 건드리진 않았는지, 한 개체 안에 서로 다른 유전자들이 혼재하는 모자이크 현상이 제거됐는지도 불명확하다. 유전자 편집으로 탄생한 두 아이가 유전적으로 안전한지도 아직 알 수 없다. 유전자 편집 쌍둥이에 대한 안전성이 아직 불확실하다는 뜻이다.

## 유전자 변이된 상태로 출생

특히 유전자 편집 쌍둥이 중 한 명은 유전자가 변이된 상태로 태어났다는 문제가 있다. 허젠쿠이 교수의 발표 내용에 따르면, 쌍둥이 중 1명인 '루루'는 CCR5 유전자가 없이 태어났지만, 또 다른 아기 '나나'는 한 쌍의 CCR5 유전자 중 하나는 그대로이고 나머지 하나는 일부(15개의 염기서열)가 결여된 변이 유전자를 갖고 태어난 것으로 알려졌다.

김진수 단장은 자신의 페이스북에 올린 글에서 "왜 이렇게 무모하고 무책임한 선택을 했을지 의문"이라며 "(변이 때문에) 에이즈 감염에 면역되지 않는 것은 물론이고 새로운 변이 유전자로 다른 문제가 생길 수 있다"고 지적했다. 유전자 변이 때문에 HIV 감염을 피할 수 있을지 미지수라는 의미다. 또한 향후 이 변이 유전자가 어떻게 작용할지도 알 수 없는 상황이다. 자연에 존재하지 않는, 인위적으로 만들어진 변이이기 때문에 다른 문제가 생길 수 있다. 이 변이가 인류 유전자 풀에 남아 후세로 전달되는 것도 피할 수 없다. 잠재적 위험성이 크다는 지적이다.

인간 배아를 이용한 연구는 실제 유전자가 교정된 인간이 탄생할 수 있기 때문에 윤리적 논쟁을 일으키는 주제다. 이 때문에 여러 국가에서 배아 연구는 희귀병이나 난치병을 치료하는 연구에만 제한적으로 허용되는 추세다. 김진수 단장은 2018년 11월 29일 허젠쿠이 교수의 발표 직후 국내 한 일간지에 긴급 기고문을 실었다. 김 단장은 기고문에서 "아이들의 인권과 건강은 물론이고 새로운 변이 유전자의 도입으로 인류 사회에 어떤 문제가 발생할지 가늠하기 어렵다"고 지적했다.

국제 유명 학술지 《네이처》는 2018년 12월 허젠쿠이 교수를 '올해 과학계 10대 인물'에 선정했다. 네이처는 매년 말 1년 동안 과학계에서 이슈가 된 과학자 10명을 선정한다. 2018년에는 단연 생명윤리 논쟁의 한복판에 선 허젠쿠이 교수가 그중 1명으로 선정됐다. 그러나 긍정적인 의미로 선정된 것은 아니었다. 《네이처》는 허젠쿠이 교수를 '크리스퍼 악당(CRISPR rogue)'이라고 지칭했다. 전 세계적으로 화제를 모았지만, 한편으로 인간 배아에 유전자 편집 기술을 적용하며 연구윤리를 심각하게 위반했다는 비판을 담은 것으로 보인다.

## 유전자 가위 개발 역사

유전자 편집 아기(유전자 맞춤 아기)란 특정인의 요구대로 태아의 유전자를 편집해 출생시킨 아기를 말한다. 크리스퍼 기술을 적용해 '크리스퍼 아기(CRISPR baby)'라고도 불린다. 유전자 맞춤 아기라는 '판도라의 상자'를 연 크리스퍼 기술은 이제까지 개발된 유전자 가위 기술 가운데 가장 정확도가 높고 사용하기 편리한 기술이다. 비용이 저렴하고 유전자 편집에 걸리는 시간도 짧다.

크리스퍼 유전자 가위 기술은 2012년 학계에 보고된 뒤 채 10년이 지나지 않았음에도 전 세계 유전공학 연구실을 뒤바꿔 놓았다. 크리스퍼 기술 관련 논문도 급증하는 추세다. 크리스퍼 유전자 가위 기술을 보유한 국내 벤처업체 툴젠의 자료에 따르면, 크리스퍼 기술 관련 논문은 2012년 127편에서 2015년 1141편으로 3년간 10배가량 늘었다.

크리스퍼 유전자 가위 기술을 살펴보기에 앞서, 크리스퍼 유전자 가위 이전에 등장한 유전자 가위 기술부터 알아보자. 먼저 유전자 가위는 말 그대로 가위처럼 유전자를 잘라내 편집하는 기술이다.

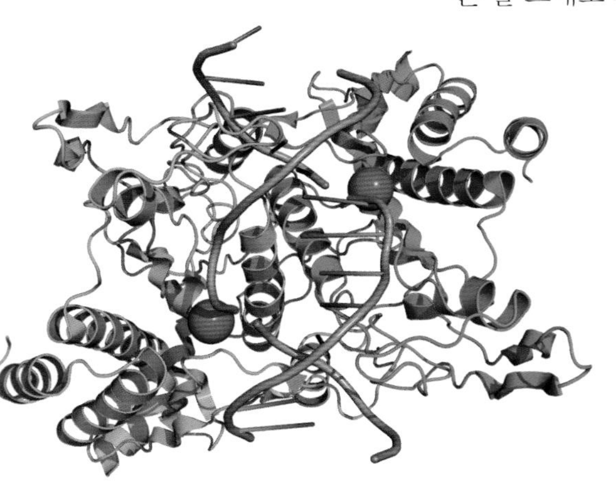

**제한효소**
이중나선 DNA(갈색)에 결합한 제한효소 '*EcoR* I'(청록색과 녹색)의 구조. 대장균에서 분리된 이 제한효소는 활성 발현에 마그네슘 이온(자홍색 구)이 필요하고 DNA 속 인식 염기배열로부터 떨어진 부위를 절단한다. ⓒ Boghog2

최초의 유전자 가위는 1970년대 발견된 제한효소다. 제한효소가 발견되면서 DNA를 잘라내는 시도가 가능해졌다. 본격적인 유전공학 시대가 열렸다. 제한효소를 발견한 과학자 3인은 그 공로를 인정받아 1978년 노벨생리의학상을 수상했다.

제한효소는 DNA의 특정 염기서열을 인식해 정확한 위치에서 절단해주는 단백질 효소다. 주로 6~8개의 짧은 DNA 서열을 인식해 잘라낸다. 인식하는 염기서열의 길이가 짧아서 인식률이 낮다는 단점이 있다. DNA의 염기는 아데닌(A), 구아닌(G), 시토신(C), 티민(T) 4종류인데, 6개의 염기를 인식하는 제한효소를 사용하면 구분할 수 있는 염기쌍이 4096개에 불과하다.

인간의 DNA 길이는 32억 개로 길다. 만약 제한효소로 인간의 유전자에서 4096개마다 반복되는 서열을 잘라낸다면 의도치 않은 DNA까지 잘라낼 수 있다. 인간 유전체에 바로 사용하기엔 정확도가 떨어지는 것이다. 이 때문에 제한효소는 플라스미드처럼 염기서열이 수천 개 수준으로 적은 생물체에서만 사용됐다. 플라스미드는 세균끼리 유전자를 주고받을 때 사용하는 고리 모양의 유전체다. 1979년 효모에서 최초로 유전자를 수정하는 데 성공했다.

## 1세대, 2세대, 3세대 유전자 가위

제한효소를 대체하는 유전자 가위가 징크 핑거 뉴클레이즈(Zinc Finger Nucleases, ZFNs) 기술로 1세대 유전자 가위로 불린다. 이 기술은 1996년 미국 존스홉킨스대 스리니바산 찬드라세가 교수와 한국인 과학자들이 개발했다. 아연(Zn)과 단백질이 결합할 때 안정적인 구조가 되는 특징이 있다. 제한효소보다 진보한 기술이었지만, 워낙 만들기가 어려워 널리 활용되지 못했다. 손가락 형태를 띠는 아프리카발톱개구리의 DNA를 연구하던 중에 발견됐다. 염기를 10개 정도 인식하는데, 원치 않은 곳을 잘라낼 수도 있다. 이런 위험을 줄이기 위해 염기 인식 부위를 늘리면 제작 공정이 어려워지는 한계가 있었다.

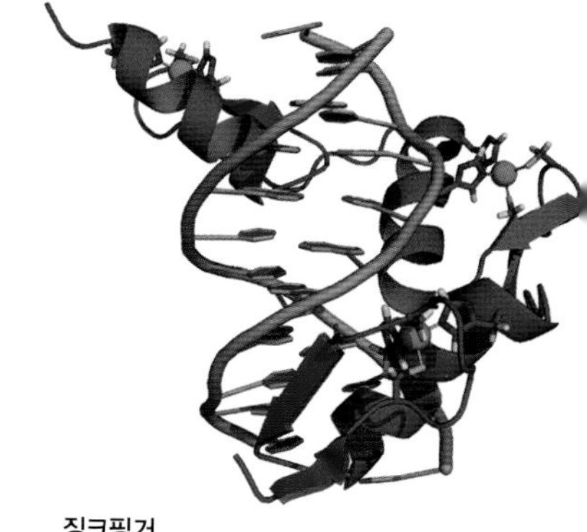

**징크핑거**
1세대 유전자 가위 '징크 핑거 뉴클레이즈'는 보통 징크 핑거(아연 집게) 3~4개에 뉴클레아제(핵산 분해효소) 1개가 연결돼 있다. 그림은 DNA(갈색)에 결합한 징크 핑거 단백질 ZIF268(파란색). 각 징크 핑거에 아연 이온(초록색 구)도 보인다. © Thomas Splettstoesser

이후 탈렌(TALEN)이라는 제2세대 유전자 가위 기술도 등장했다. 탈렌은 15개 정도의 염기를 인식하는 유전자 가위다. 징크 핑거 뉴클레이즈 기술보다 정확도가 높아졌지만, 여전히 만들기가 복잡했고 효율성도 그다지 높지 않았다. 탈렌 유전자 가위까지만 해도 유전자를 편집하는 데 시간이 오래 걸리고 비용이 많이 들었다. 유전자 가위를 만드는 방법도 복잡했지만, 이 같은 모든 단점을 감안한다 하더라도 결정적으로 유전자 편집 정확도가 높지 않았다.

유전자 가위는 3세대 크리스퍼 가위로 넘어오면서 정확도가 급격히 향상되며 혁명기를 맞았다. 크리스퍼는 다양한 종류의 세균과 고세균에서 반복적으로 나타나는 특정 유전자 염기 서열이다. 과학자들이 새로 개발한 유전자 가위가 아니고, 생물이 본래 지니고 있던 유전체의 특징을 응용한 기술이다. 크리스퍼라는 유전자의 반복서열이 발견된 지 20년이 지나 제니퍼 다우드나 교수가 이 염기서열이 유전자 가위로 활용될 수 있다고 처음 제안했다. 다우드나 교수의 제안은 세균을 연구하는 과학자들이 크리스퍼라는 염기서열을 밝혀낸 연구 성과가 있기에 가능했던 셈이다.

**탈렌**
이중나선 DNA(갈색)에 결합한 2세대 유전자 가위 '탈렌'의 구조. 전사 활성화 인자와 유사한 조절인자 TALE 단백질(파란색)이 DNA 염기서열을 인식하고, DNA 절단효소 Fok1(초록색)이 이를 절단한다. © David Goodsell

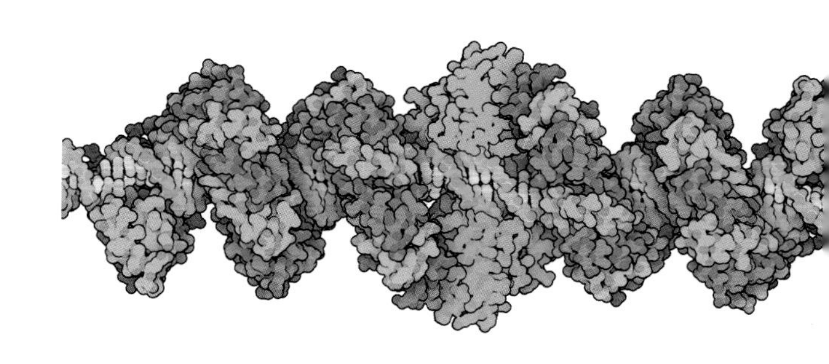

## 크리스퍼, 어떻게 발견했나

크리스퍼의 발견 역사를 살펴보자. 1987년 일본 오사카대 소우 이시노 교수 연구팀은 대장균의 유전자에서 반복서열을 발견해 국제학술지 《세균학 저널》에 발표했다. 이후 과학자들은 이 서열을 '주기적으로 간격을 띠고 분포하는 짧은 반복 서열(Clustered Regulary Interspaced Short Palindromic Repeats)'이라는 영어 단어의 첫 글자를 따 '크리스퍼(CRISPR)'로 이름 지었다. 이후 반복서열 주변에 비슷한 아미노산을 가진 단백질이 존재한다는 사실도 발견됐다. 이 단백질이 '카스(Cas)'라 불리는 단백질군(群)이다. 크리스퍼와 연관돼 있다는 뜻의 영어 문구

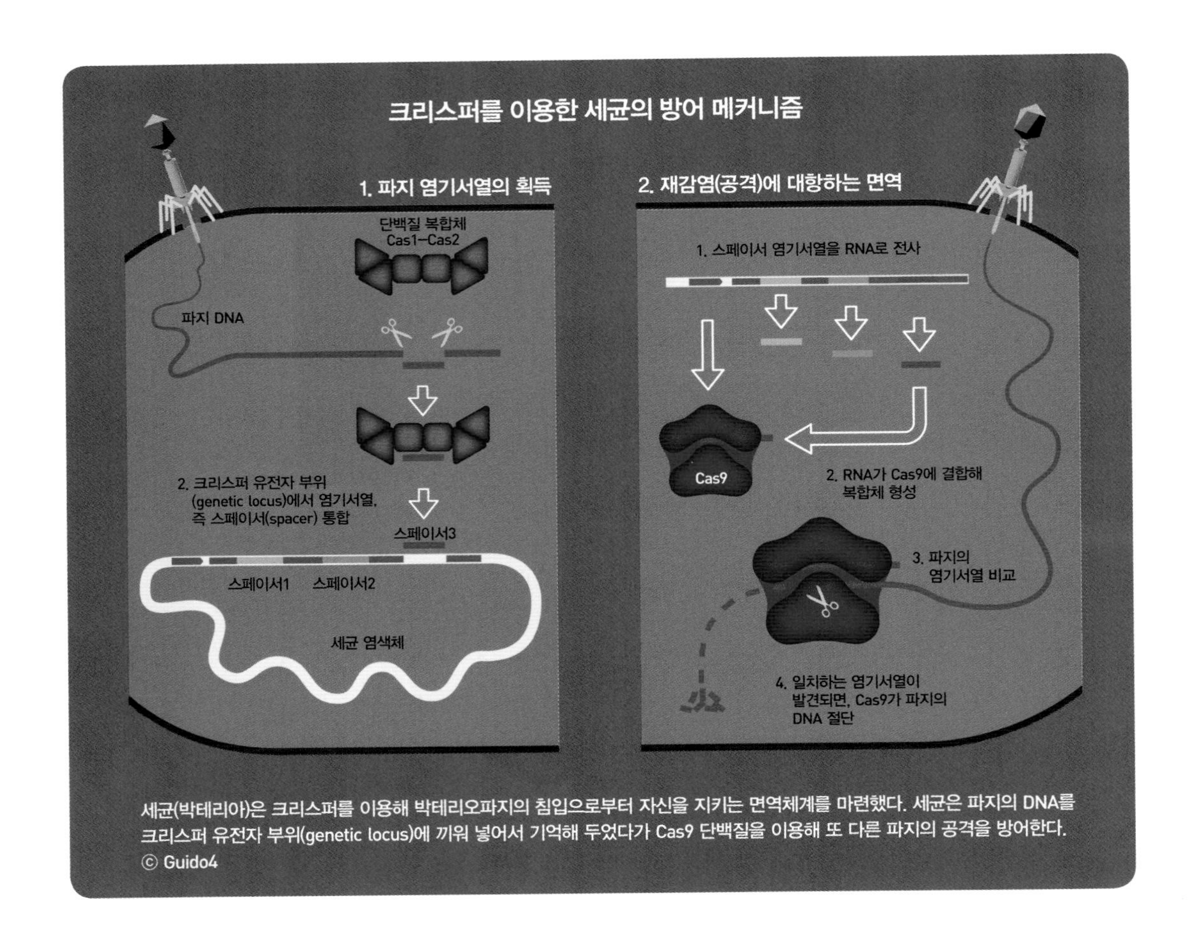

세균(박테리아)은 크리스퍼를 이용해 박테리오파지의 침입으로부터 자신을 지키는 면역체계를 마련했다. 세균은 파지의 DNA를 크리스퍼 유전자 부위(genetic locus)에 끼워 넣어서 기억해 두었다가 Cas9 단백질을 이용해 또 다른 파지의 공격을 방어한다.
© Guido4

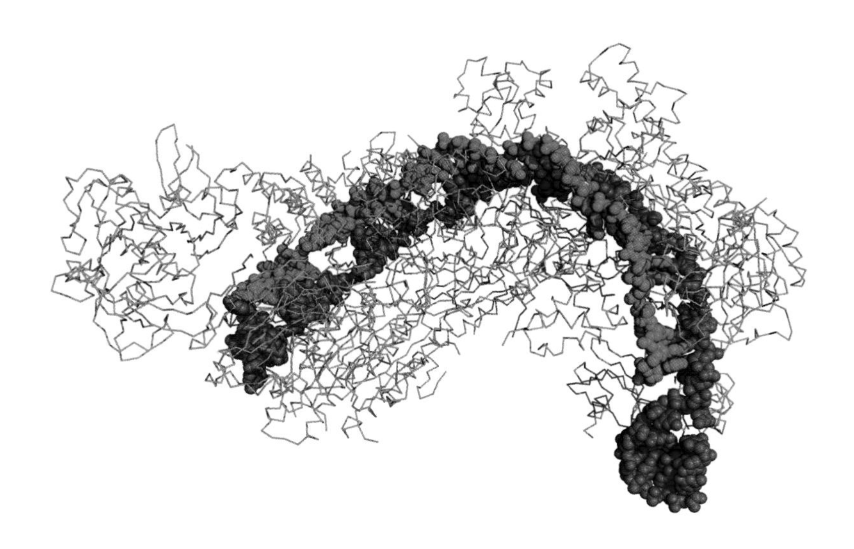

**크리스퍼**
3세대 유전자 가위 '크리스퍼 유전자 가위'에서 중요한 크리스퍼(CRISPR)는 바이러스에 대항하기 위해 세균에 나타나는 반복서열이다. 그림은 바이러스에 대항하고자 크리스퍼 연관 단백질 복합체 '캐스케이드(Cascade)'(청록색)와 크리스퍼 RNA(초록색)가 바이러스 DNA(빨간색)에 결합한 모습. © Boghog

'CRISPR-associated'에서 따온 이름이다. 카스 단백질은 DNA를 자르는 역할을 했다. 당시만 해도 반복되는 서열과 카스 단백질의 DNA 절단 기능이 어떤 의미인지 알 수 없었다.

반복서열의 정체를 밝혀낸 것은 덴마크의 요구르트 회사 '다니스코' 소속 로돌프 바랭고 박사와 필리피 호바스 박사 연구팀이었다. 이들은 박테리오파지의 공격으로부터 살아남은 세균의 유전자를 연구했더니 살아남은 세균이 파지에 내성을 갖고 있었다. 이들은 세균의 크리스퍼 구조가 면역작용에 중요한 역할을 한다는 사실을 알아냈다. 이때까지만 해도 크리스퍼 연구는 세균의 면역 반응 연구 분야로 기초과학 수준에 머물러 있었다.

크리스퍼를 유전자 가위로 사용할 수 있다고 세계 최초로 제안한 과학자들은 미국 UC 버클리 제니퍼 다우드나 교수와 독일 하노버대 엠마뉴엘 카펜디어 교수 공동연구팀이었다. 다우드나 교수는 2012년 국제학술지 《사이언스》에 발표한 논문에서 세균의 항바이러스 면역체계로 새롭게 밝혀진 크리스퍼가 유전자 가위로 사용될 수 있다고 제안했다. 연구진은 크리스퍼의 면역 과정에 중요하게 작용하는 카스(Cas)9 단백질을 찾았다. 이와 함께 세균에 기억된 박테리오파지의 21개 염기가 RNA로 전사되고, 이 RNA와 Cas9 단백질이 결합해 외부에서 침투

미국 버클리 캘리포니아대 제니퍼 다우드나 교수. 크리스퍼를 유전자 가위로 활용할 수 있다고 처음 제안한 과학자 중 한 명이다. © Duncan.Hull

미국 브로드연구소 장펑 교수. 크리스퍼 유전자 가위 기술을 확립시킨 석학 중 한 명이다.
ⓒ Kent Kayton·MIT

한 파지의 DNA를 잘라낸다는 것을 발견했다. 21개의 염기가 적군을 찾아내는 '수색병'이라면, Cas9 단백질은 직접 적군을 물리치는 '전투병' 역할을 하는 것이다. 이들은 RNA를 바꾸면 박테리오파지의 유전자가 아니라 다른 유전자 서열도 자를 수 있다는 것을 찾아냈다. 이것은 곧 원하는 DNA를 잘라내기 위해 이에 상보적인 RNA를 제작해 Cas9 단백질과 주입하면, DNA의 원하는 부분을 잘라낼 수 있다는 뜻이다.

다우드나 교수와 카펜디어 교수 공동연구팀이 개발한 방법은 과거에 단백질을 효소로 사용해 DNA를 잘라내던 유전자 가위 기술에서 진일보한 혁명적인 기술이었다. 단백질이 아니라 RNA를 사용한다는 발상의 전환으로 가이드 RNA만 교체해 Cas9 단백질과 함께 세포에 주입하면 유전자를 편집할 수 있다. 단백질은 덩치가 꽤 커서 연구자가 원하는 DNA 서열을 자르려면 수천 개의 새로운 인공 유전자로 적절한 단백질을 만들어야 해 복잡했다. 이에 비하면 RNA를 만드는 일은 간단하다. 다우드나 교수의 발표는 일명 '크리스퍼 혁명'이라 불리며, 전 세계 유전공학자들을 크리스퍼 연구로 끌어모았다.

**크리스퍼와 유전자 편집 기술 발전사**

크리스퍼

1987 훗날 크리스퍼로 명명될 회문구조 반복서열 최초 발견

유전자 편집

1979 효모에서 최초로 유전자 수정에 성공함

1985 징크 핑거 최초 발견

1996 징크 핑거를 유전체 수정에 활용하기 시작함

## 3.5세대 유전자 가위도 등장

최근에는 크리스퍼-Cpf1 기술도 선보였다. 'Cpf1' 단백질은 Cas9 효소를 사용할 때보다 유전자 교정 정확도가 뛰어난 것으로 보고되고 있다. 국내 유전자 가위 기술 권위자인 김진수 단장은 2016년 Cas9에 비해 Cpf1의 유전자 교정 정확도가 더 뛰어나다는 내용의 연구결과를 발표했다.

이 외에도 CasX 효소도 최근 학계에 보고됐다. 제니퍼 다우드나 교수를 비롯한 UC 버클리 연구진은 새로운 효소 CasX를 규명해 2019년 2월 5일 국제학술지 《네이처》에 발표했다. 연구진이 크리스퍼-CasX 기술을 적용한 결과, 인간 유전체를 교정하는 것은 물론 대장균의 특정 DNA와도 결합해 잘라낼 수 있는 것으로 나타났다.

이처럼 크리스퍼 카스9 이후 개발되는 유전자 가위는 3.5세대 유전자 가위로 통칭한다.

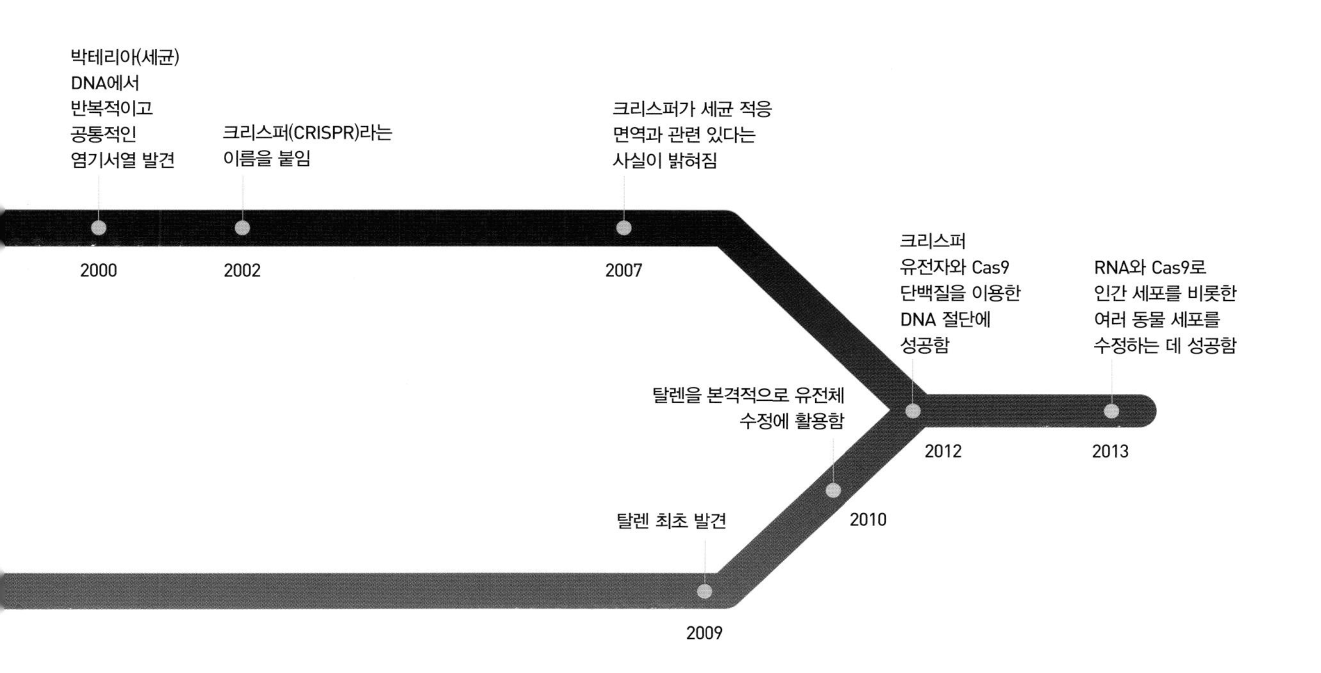

## 크리스퍼로 바나나 멸종 막고 모기 박멸한다

크리스퍼 유전자 가위 발견으로 유전자 편집 붐이 일었다. 크리스퍼 유전자 가위 등장 이후 1년여 만인 2013년 12월 동물 세포에서 유전자 편집이 가능하다는 연구결과가 발표됐다. 실험동물로 가장 많이 사용되는 쥐(마우스)의 수정란에 유전자를 삽입하는 데 성공했다는 연구결과도 잇따라 나왔다. 이후 제브라피시(어류), 래트(포유류), 초파리(곤충) 등 실험동물로 사용되는 대표적 생물뿐만 아니라 소, 돼지, 밀, 쌀처럼 식품으로 활용도가 높은 동식물까지 유전자 편집에 성공했다.

동식물에 크리스퍼 기술이 사용된 대표적인 사례는 바나나와 모기다. 바나나는 밀이나 쌀, 옥수수 다음으로 많이 생산되는 식량이다. 사실 1960년대 이전만 해도 지금의 바나나보다 달콤한 종인 '그로미셸'을 먹었지만, 그로미셸은 '푸사리움 옥시스포룸(*Fusarium oxysporum*)'이라는 곰팡이로 인해 '파나마병'에 걸리면서 전 세계에서 사라졌다. 그로

바나나 나무가 파나마병에 걸려 말라 죽고 있다. 파나마병은 곰팡이 '푸사리움 옥시스포룸(*Fusarium oxysporum*)'(작은 사진) 때문에 생긴다. ⓒ USDA-ARS

미셀을 개량해 탄생한 바나나 종이 지금 전 세계적으로 사랑받는 '캐번디시'다. 그런데 캐번디시도 파나마병을 일으키는 곰팡이의 변종이 출현하면서 이 곰팡이에 감염돼 수확량이 감소하고 머지않아 멸종될 수 있다는 우려가 제기되고 있다. 캐번디시 같은 바나나는 유전적 다양성이 낮아 곰팡이에 취약하다. 만일 유전적 다양성이 높다면 곰팡이에 강한 바나나종이 살아남아 번식을 지속할 수 있을 테지만 말이다.

과학자들은 과거 사례를 바탕으로 바나나에 조치를 취하지 않을 경우 인류가 더 이상 바나나를 먹을 수 없을지도 모른다는 우려를 내놓고 있다. 이 때문에 크리스퍼 유전자 가위로 바나나의 유전자를 편집해 멸종을 막기 위한 연구가 시작됐다. 국내에서는 김진수 단장이 이끄는 연구팀이 '다음 세대에게 바나나를 먹게 해주자'는 취지로 '바나나 세이빙 국제 컨소시엄'을 구성해 크리스퍼 기술로 바나나의 유전자를 편집해 곰팡이에 저항성을 갖도록 연구하고 있다. 호주 연구진도 곰팡이에 강한 바나나를 개발하기 위해 연구하고 있다.

크리스퍼 기술은 해충인 모기를 박멸하는 데도 사용되고 있다. 모기는 말라리아나 뇌염, 지카 바이러스 등을 옮기는 해충이다. 지난해 영국 임페리얼칼리지런던(ICL) 연구진은 실험실에서 말라리아 모기를 대상으로 번식이 안 되는 일명 '불임 모기'를 만들었다. 이 모기는 번식을 반복해 8세대 만에 말라리아를 일으키지 못하게 됐다. 말라리아 모기가 완전히 박멸된 셈이다. 연구결과는 국제학술지 《네이처 바이오테크놀로지》에 발표됐다. 생명체에 특정 유전자를 끼워 넣어 해당 집단의 유전 형질을 바꾸는 기술을 '유전자 드라이브'라고 한다. 삽입된 유전자는 일부 개체만 갖지만, 세대를 거듭하면서 삽입된 유전자가 전체 집단으로 퍼지는 현상을 이용한 기술이다.

연구진은 크리스퍼 유전자 가위 기술을 이용해 모기의 DNA에 사람 피를 빨아먹지 못하고 자손도 낳지 못하게 하는 불임 유전자를 끼워 넣었다. 유전자가 편집된 모기는 야생 모기와 번식하면서 다음 세대로 불임 유전자를 전달했다. 연구팀은 모기의 번식 과정에서 삽입된 유전

모기 멸종시키는 유전자 드라이브

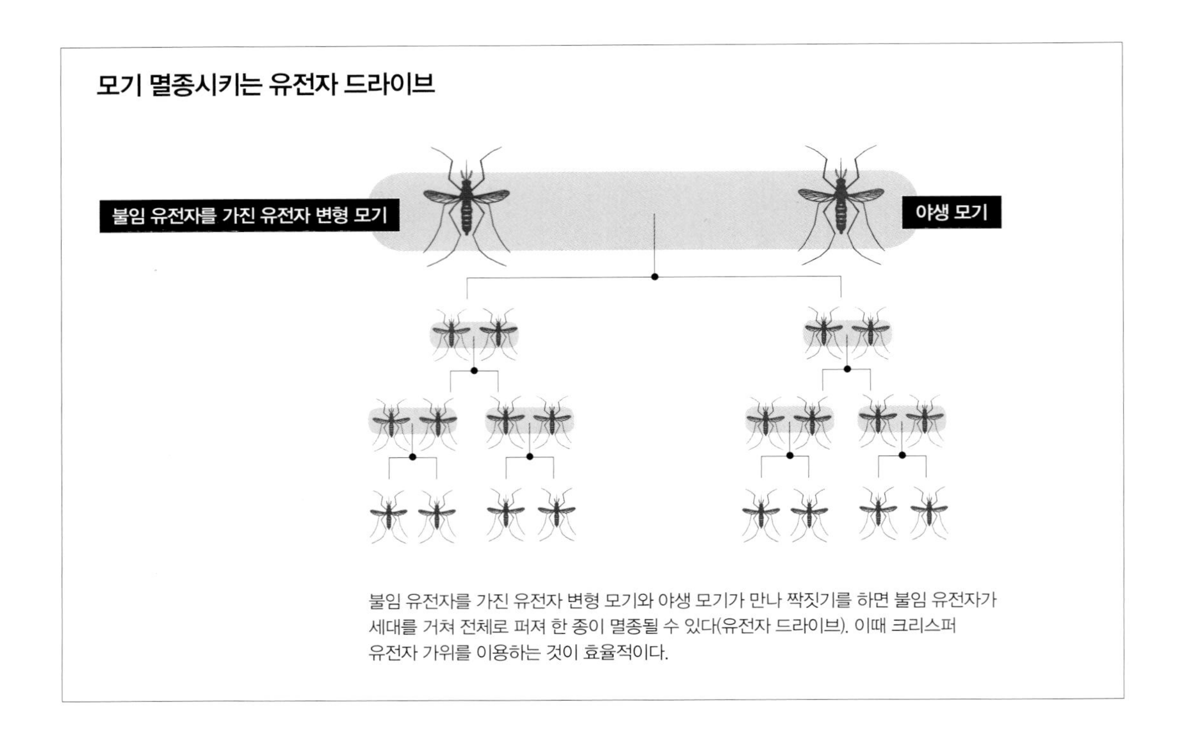


불임 유전자를 가진 유전자 변형 모기와 야생 모기가 만나 짝짓기를 하면 불임 유전자가 세대를 거쳐 전체로 퍼져 한 종이 멸종될 수 있다(유전자 드라이브). 이때 크리스퍼 유전자 가위를 이용하는 것이 효율적이다.

자가 사라지는 것을 막기 위해 모기 염색체 중 DNA가 아주 강하게 꼬여 있는 부분에 불임 유전자를 끼워 넣었다.

미국 바이오 기업 '모스키토메이트'는 최근 크리스퍼 기술을 이용해 뎅기열 바이러스와 지카 바이러스를 옮기는 흰줄숲모기를 없앨 수 있는 불임 모기를 개발했다. 모스키토메이트 측은 미국 환경보호국(EPA)으로부터 이 모기 연구에 대한 승인을 받았다. 이 업체는 모기가 짝짓기를 해도 수정란이 부화하지 않도록 유전자를 바꾼 것으로 알려졌다.

미국 식품의약국(FDA)은 유전자를 편집한 이집트 숲모기를 플로리다주 키스제도에 풀어놓는 실험을 승인했다. 이 모기는 영국의 생명공학업체 옥시텍이 개발했다. 유전자가 편집된 모기가 야생 모기와 교배해 알을 낳으면 유충 상태에서 사망해 버린다. 옥시텍 측은 크리스퍼 기술로 모기의 DNA에 자살 유전자를 끼워 넣어 모기가 성체가 되기 전에 사망하도록 한 것으로 알려졌다.

## 연구 윤리 붕괴, 미끄러운 경사면 현상

크리스퍼 유전자 가위 기술이 2012년에 등장한 뒤 동식물을 대상으로 유전자 편집 사례가 급격히 증가하면서 언젠가는 인간의 유전자도 편집 대상이 될 수 있을 것이란 우려가 꾸준히 제기돼 왔다. 크리스퍼 기술이 워낙 간단한 방식으로 유전자를 편집할 수 있기 때문이다.

우려가 현실이 되기 시작한 것은 크리스퍼 기술이 개발된 지 3년이 지나서다. 2015년 중국 연구진이 인간 배아의 유전자를 교정하는 데

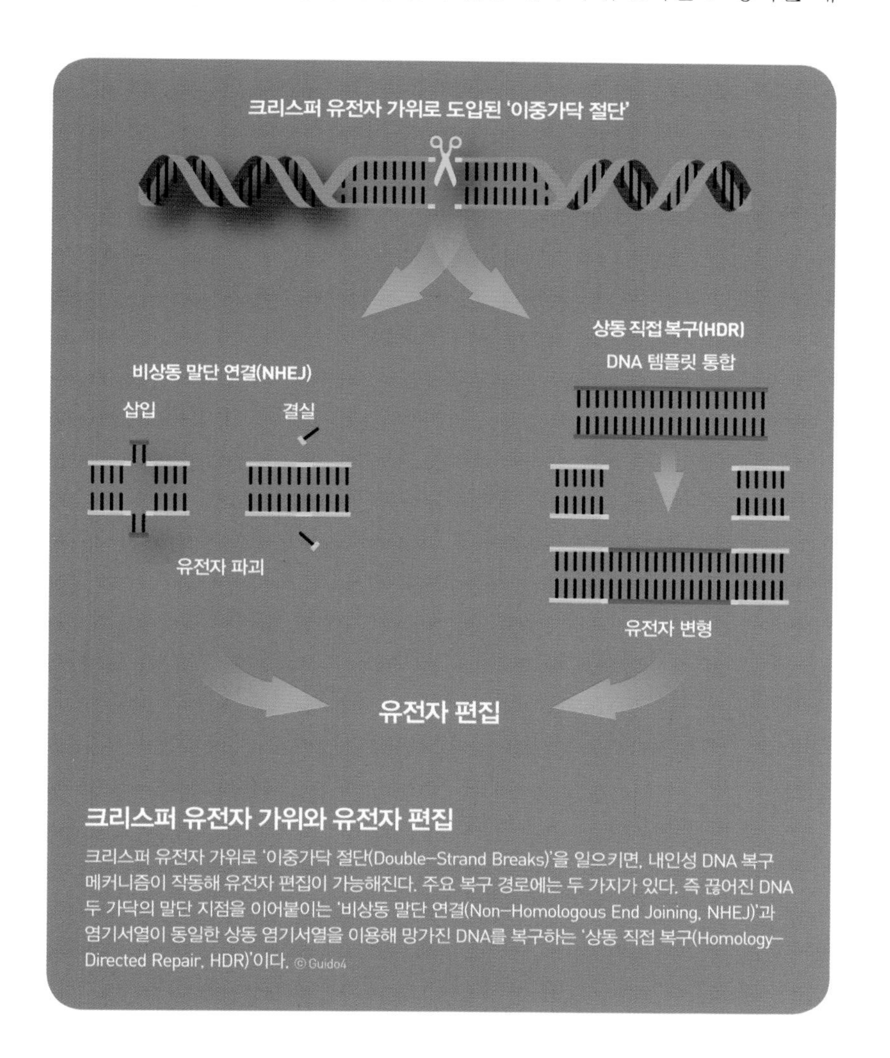


**크리스퍼 유전자 가위와 유전자 편집**

크리스퍼 유전자 가위로 '이중가닥 절단(Double-Strand Breaks)'을 일으키면, 내인성 DNA 복구 메커니즘이 작동해 유전자 편집이 가능해진다. 주요 복구 경로에는 두 가지가 있다. 즉 끊어진 DNA 두 가닥의 말단 지점을 이어붙이는 '비상동 말단 연결(Non-Homologous End Joining, NHEJ)'과 염기서열이 동일한 상동 염기서열을 이용해 망가진 DNA를 복구하는 '상동 직접 복구(Homology-Directed Repair, HDR)'이다. ©Guido4

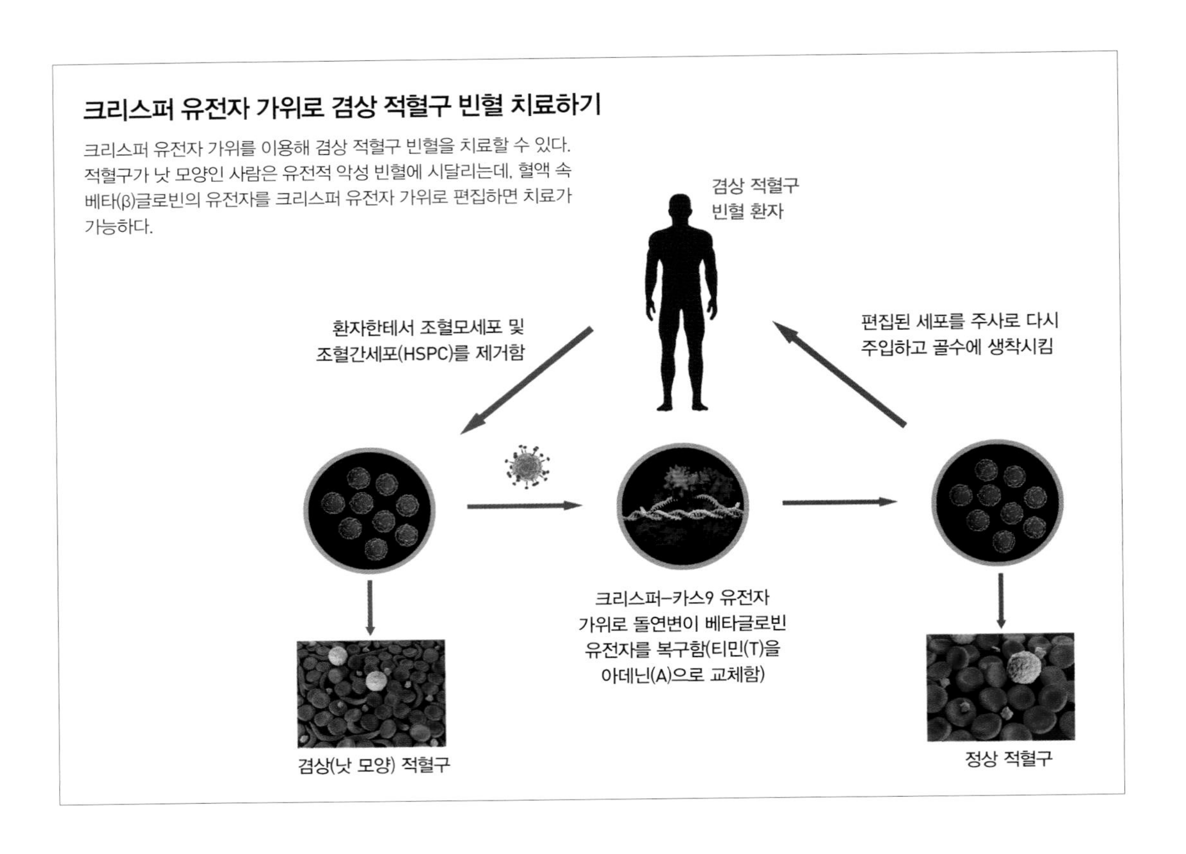


성공했다는 소문이 과학기술계에 퍼졌다. 이 소식에 충격을 받은 전 세계 생명과학자들은 국제학술지 《네이처》와 언론 〈월스트리트저널〉에 "인간 배아를 대상으로 한 유전자 교정 연구를 중단하자"는 '모라토리엄'을 선언했다.

학계의 선언에도 불구하고 중국 중산대 황쥔주 교수 연구진이 같은 해 4월 크리스퍼 유전자 가위를 이용해 인간 배아에서 '베타(β)지중해성 빈혈' 관련 유전자인 HBB를 잘라내는 데 성공했다는 내용의 연구 결과를 국제학술지 《단백질과 세포》에 발표했다. 논문 게재 직후 유전자 가위가 제대로 작동하지 않았다는 식으로 비판이 제기됐다. 연구진이 불임클리닉에서 제공받은 배아에 크리스퍼 유전자 가위 기술을 적용했는데, 제공받은 배아 86개 중 단 4개만 HBB 유전자가 변했기 때문이다. 성공률이 턱없이 낮았던 것이다. 결국 연구진은 "크리스퍼 유전자 가위를 인간 배아에 적용하는 것은 시기상조"라고 밝혔다. 연구진은 이 배아를 착상시키거나 출산으로 연결시키지는 않았다.

한 번이 어렵지, 두 번, 세 번은 쉽다는 말이 있다. 이 말이 허젠쿠이 교수의 연구에도 그대로 적용된다. 허젠쿠이 교수의 유전자 편집 아기 출산은 과학자들이 금기시했던 유전자 맞춤 아기의 탄생이라는 길을 텄다. 이 연구가 앞으로 제2 또는 제3의 맞춤 아기 탄생으로 이어지는 '미끄러운 경사면(slippery slope)' 현상을 촉진할 수 있다는 우려가 제기된다. 미끄러운 경사면 현상은 어떤 원칙이 무너져 연관된 다른 원칙들이 순차적으로 무너지는 현상을 말한다.

## 과학자들의 자율 협약 vs 각국 정부의 규제

과학자들은 2015년 미국 워싱턴 DC에서 열린 제1차 인간유전체 교정 국제회의에서 '인간 배아를 이용한 유전자 가위 연구는 허용하지만 사회적 합의가 전제되기 전에는 임신과 출산에 이르게 해서는 안 된다'는 선언을 했다. 이 선언은 과학자들이 크리스퍼 유전자 가위로 인한 윤리적 문제를 논의한 뒤 자체적으로 마련한 협약으로 법적인 구속력은 없다.

이 협약이 마련된 지 3년이 지나 허젠쿠이 교수는 협약을 파기한 셈이 됐다. 허젠쿠이 교수 사건으로 크리스퍼 기술 사용에 대한 제도를 마련해야 한다는 목소리가 높아지고 있다. 크리스퍼 기술을 과학자들의 자율규제에만 맡겨놓는 것이 아니라 국제기구 등이 나서서 규정을 마련하는 등의 대책을 마련해야 한다는 뜻이다.

미국이나 영국, 한국 등의 정부는 배아 연구에 대해 규제 제도를 마련해 놓고 있다. 미국의 경우 인간 배아를 대상으로 한 연구에는 연방정부가 자금을 투입할 수 없다는 규정을 둬 간접적으로 인간 배아 연구를 금지하고 있다. 다만 2017년 미국립과학원과 미국립보건원에서 배아 연구를 조건부로 허용해야 한다는 권고안을 발표하면서 심각한 질병이나 장애의 치료와 예방을 위해서만 배아 연구를 허용할 수 있다고 선회한 상태다.

영국 정부는 2016년 인간 배아에 크리스퍼 기술을 적용하는 연구를 승인했다. 즉 프란시스크릭연구소 과학자들이 인간 배아의 유전자를 크리스퍼 기술로 교정하는 것을 승인했다. 이는 세계 최초였다. 단 인공수정 후 남은 배아를 대상으로 연구하되 14일 내에 반드시 폐기하고 자궁 착상을 금지하는 것을 조건으로 달았다. 배아 유전자를 교정하되 출산으로 이어지지 않도록 정부 차원의 규제를 한 것이다.

일본 정부는 2016년 5월 처음으로 기초연구에 한해 인간 배아의 유전자 편집을 허용하기로 결정했다. 물론 연구에 이용한 인간 수정배아를 사람 또는 동물의 자궁에 이식하는 행위는 금지하고 있다.

한국 정부는 황우석 사태(연구 부정 사태) 이후 인간 배아를 대상으로 한 연구를 금지하고 있다. 이 때문에 국내 연구진은 미국 연구진과 공동으로 연구를 수행했다. 김진수 단장은 미국 오리건보건과학대 슈트라트 미탈리포프 교수 연구진과 공동으로 유전자 가위를 이용해 배아에서 '비후성 심근증'의 원인이 되는 유전자 돌연변이를 교정하는 데 성공해 국제학술지 《네이처》에 발표했다. 이 연구에서는 돌연변이 유전자를 정상 유전자로 고치는 데 성공했으며, 배아는 산모의 자궁에 착상시키지 않고 폐기했다.

## 인류에게 득이 될까, 독이 될까

영화 '가타카'는 맞춤 아기 출생을 소재로 한다. 명석한 두뇌와 훌륭한 신체 조건을 가지고 태어난 맞춤 아기인 주인공은 교통사고로 하반신이 마비된 장애인이 된다. 그는 맞춤 아기가 일상화된 사회를 마주하며 사람들의 기호대로 유전자가 편집돼 아이가 태어나는 사회의 단상을 마주하게 된다.

영화 가타카는 디스토피아적인 사회를 그려내는데, 이는 더 이상 영화 속에 머무르지 않고 곧 현실이 될 수도 있을 것 같다. 크리스퍼 유전자 편집 기술은 인류가 손에 넣은 강력한 기술임에는 틀림없다. 그러나 어떤 기술이든 사용하는 방법에 따라 우리에게 득이 될 수도, 독이 될 수도 있다. 크리스퍼 유전자 편집 기술은 인간의 유전자를 건들 수 있을 만큼 위력이 크므로, 인류가 이 기술을 잘못 다룬다면 인류에게 독이 될 수도 있다는 우려가 제기된다.

크리스퍼 기술 사용에 대한 과학자들의 심도 높은 논의와 사회적 논의가 절실히 필요한 시점이다. 수많은 연구를 통해 크리스퍼 기술의 안전성이 입증돼야 하고, 이 기술을 책임감 있게 사용할 수 있는 제도 마련이 시급하다. 과연 우리는 맞춤 아기를 허용할 것인가? 우리는 맞춤 아기를 받아들일 준비가 돼 있는가? 이것이 우리 인류가 그리는 올바른 미래의 모습인가? 깊은 고민이 필요한 시점이다.

'맞춤형 아기'를 소재로 한 SF영화 '가타카'의 포스터.

ISSUE 4 화학

# 멘델레예프, 주기율표 제정 150주년

# 04

## 진정일

서울대 화학과 학사 및 석사 과정을 마치고 미국 뉴욕시립대에서 고분자화학 박사학위를 받았다. 지난 40여 년간 고려대 화학과에서 후학들을 가르쳐 왔으며, 동 대학원 원장을 역임한 바 있다. 액정 고분자의 세계적 개척자로 전도성 고분자, 전계발광고분자 및 DNA의 재료과학 등의 연구에서 420여 편의 논문을 세계적 학술지에 발표하는 등 학문적 성과를 국제적으로 인정받았다. 국제순수·응용화학연합회(IUPAC) 회장, 아시아고분자연합회장, 대한화학회장, 한국고분자학회장, 한국과학기술학회장, 한국과학문화진흥회 회장, 한국과학학술지편집인협의회 회장 등을 역임했다. 2016년 미국화학회(ACS) PMSE 석학회원으로 추대됐으며, 나노과학과 나노기술 발전에 대한 공로로 한국인으로는 처음으로 UNESCO 나노과학 기술메달을 수상했다. 현재 한국과학문화교육단체연합 이사장과 한국과학기술한림원 원로 펠로, 영국왕립화학회 및 아시아화학연합회의 펠로, 중국 길림대 및 북경화공대 명예교수, 고려대 명예교수로 활동하고 있다. 지은 책으로 『진정일 교수, 詩에게 과학을 묻다』 『진정일 교수, 소설에게 과학을 묻다』 『진정일 교수의 교실 밖 화학 이야기』 『진정일 교수가 풀어놓는 과학쌈지』 『오늘도 나는 과학을 꿈꾼다』가 있으며, 엮은 책으로 『과학자는 이렇게 태어난다』가 있다.

ISSUE 4
화학

# 우주에 숨겨진 가장 큰 비밀의 열쇠: 원소 주기율표의 탄생

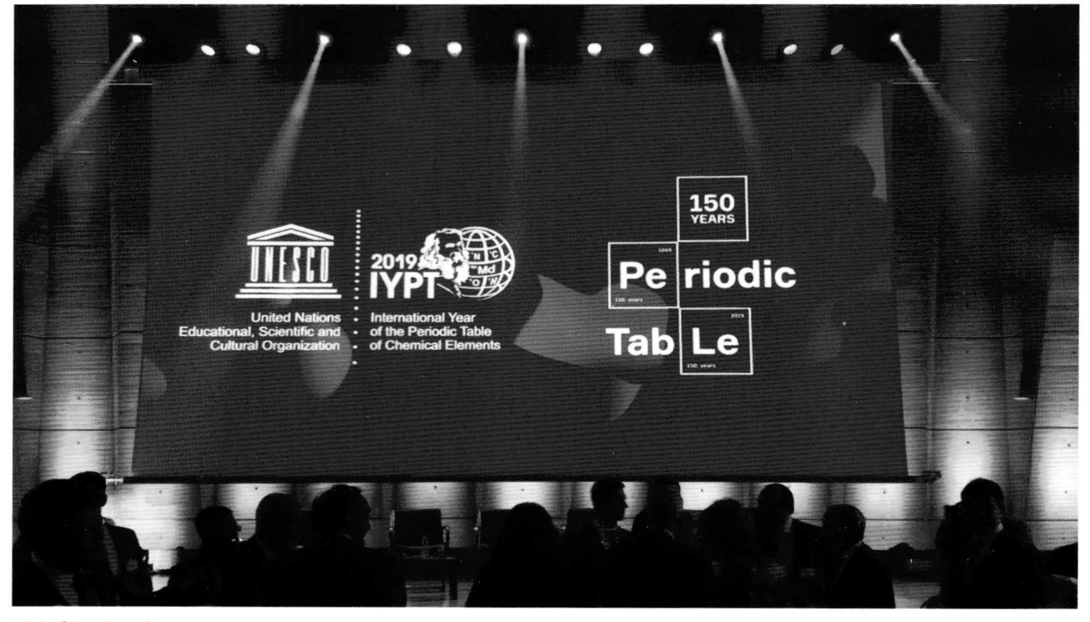


지난 1월 29일 프랑스 파리에서 유네스코 주최로 UN 제정 '국제주기율표의 해(International Year of Periodic Table)' 개막식이 진행되고 있다. ©IUPAC

지금으로부터 150년 전인 1869년 3월 18일*. 러시아 화학회가 열렸다. 의장은 개회를 하면서 다음과 같이 말했다.

"여러분! 안타깝게도, 우리 모두가 존경하는 멘델레예프 박사(1834~1907)가 몸이 불편해 오늘 이 모임에 참석하지 못했습니다. 따라서 '원자량과 화학적 친화력에 바탕을 둔 원소들의 체계에 대한 개요(An Outline of the System of the Elements, Based on Their Atomic Weights and Chemical Affinities)'라는 논문은 멘슈트킨(N. A. Menshutkin) 교수가 대독

*여러 날짜가 문헌에 나와 있으며, 1954년 러시아의 모스크바에서 발간된 『Dmitry Ivanovichi Mendeleyev(O. N. Pisarzhevsky)』에는 3월 18일로 되어 있다. 학술발표 전에 원소주기율표를 여러 과학자들에게 보낸 2월 17일부터 여러 날짜로 인용되고 있는 듯하다.

하겠습니다."

좁게는 화학이, 넓게는 이 우주의 구성물들이 품고 있는 가장 중요한 비밀이 세상에 발표되는 자리였다. 바로 우리가 현재 사용하고 있는 원소 주기율표가 공식적으로 탄생하는 순간이었다.

이 중요한 발견을 기념하기 위해 100년 전에 탄생한 세계 유일의 화학연합회인 국제순수 · 응용화학연합회(International Union of Pure and Applied Chemistry, IUPAC)가 주기율표 탄생 150주년 기념의 해를 맞이하여 여러 축하행사를 전개하고 있다. 유엔(UN)도 유네스코(UNESCO)를 통해 기념 사업에 적극 동참하고 있다. 금년(2019년) 1월 29일에는 프랑스 파리의 UNESCO 본부에서 기념행사를 개최하기도 했다.

2019년 '국제주기율표의 해'를 기념하는 로고에 멘델레예프 초상과 주기율표 일부가 포함돼 있다. © IUPAC

## 원소 주기율표란?

원소 주기율표란 도대체 무엇이길래, 이를 그리 중요시할까? 우리 인간, 특히 자연철학자 또는 과학자는 이 우주가 숨기고 있는 일정한 규칙이나 반복성, 일반성 또는 원리를 발견하기 위해 호기심을 동원한다. 그렇지 않으면 이 방대한 우주를 지배하고 있는 신비로운 원리들을 영원히 밝혀낼 수 없기 때문이다.

원소 주기율표는 어떤 정보를 포함하고 있기에, 앞에서 언급한 것처럼 전 세계가 150년 전의 발견을 지금도 축하하고 있을까?

이에 대한 답을 다른 각도에서 찾아보자. 우리가 보고 있는 원소 주기율표는 어떤 이유에서인지 점점 더 많은 원소들을 보여주고 있다. 현재는 원자번호 118인 오가네손(Oganesson, Og)까지 보여주고 있다. 이 글에서 원소 주기율표에 숨겨져 있는 모든 얘기를 하지는 않겠다. 그러나 복잡해 보이는 이 원소 주기율표가 말하고 있는 가장 중요한 점은 두 가지에 있다. 하나는 왼쪽 끝에서 오른쪽 끝으로 이어지는 '주기'를 따라 원소들의 특성이 꾸준히 변하며, 다음 주기로 옮겨가면 유사한 특성이 다시 나타난다. 바로 원소 특성이 '주기적'으로 나타난다는 점 때문에 '주기율'이라는 이름이 붙었다. 이 주기율을 표로 보여준 것이 '주기율표'이다. 또한 위에서 아래로 내려오는 일련의 원소들은 한 '족(가족이라는 뜻을 지녔다)'을 이룬다. 이들은 유사한 특성을 지닌다.

원소 주기율표는 원소를 이루는 원자들의 전자구조를 모르고 있던 시절에 만들어진 것이지만, 후에 이 표가 보여주는 신비로움을 그 원자들의 전자구조로 잘 설명할 수 있게 됐다. 특히 전이금속들의 특성을 잘 이해하려면 원자들의 전자구조를 잘 알아야 한다. 옛 과학자들이 원소 주기율을 원자량에 기준하여 만들었으나, 오늘에는 원자번호를 사용하고 있다.

## 멘델레예프, 꿈속에서 본 표

1897년 학술원 회원 미하일 슐츠의 사무실에 앉아 있는 드미트리 멘델레예프.

얼마 전까지만 해도 원소 주기율표에는 원자번호 100번인 페르뮴(Fm)이 끝에 있었다. 그다음 101번 원소는 멘델레예프의 업적을 기려 멘델레븀(Mendelevium, Md)이라 명했다. 왜 이런 변화가 생길까? 과학자들은 우주를 구성하고 있는 새로운 원소들을 지금도 계속해서 발견하고 있는 것일까? 그렇지 않다.

이 우주를 구성하고 있는 원소는 92개밖에 되지 않는다. 따라서 화학자들은 원자번호 92번(우라늄, U)까지만 있는 주기율표만 갖고 있어도 행복하다. 그 이후에 나오는 원소들은 인공적으로 합성된 원소들로, 자연 상태에서 발견되지는 않는다. 즉, 그 후에 나오는 원소들은 기존 원자에 중성자 등을 충격시켜 인공적으로 만든 원소들이다. 매우 불안정하여 쉽게 소멸한다. 새로운 원소의 발견은 최소 두 연구진에서 그 발견을 주장할 때 IUPAC과 IUPAP(국제순수응용물리학연합회)의 공동위원회가 그 진위를 판단한다. 그 발견이 증명되면 발견자들의 의견을 존중해 새 원소의 이름을 정한다. 물론 새 원소가 원소 주기율표에 차지할 자리도 결정한다.

물론 92개도 적은 숫자는 아니다. 그렇다면 화학자들은 92개 원소들의 특성을 각각 다 외우고 있을까? 또 화학을 제대로 공부하려면 92개 원소에 대해 훤히 다 알아야 할까? 다행히 그렇지는 않다. 원소들의 특성들이 주기적으로 나타나기 때문에 우리들의 짐을 크게 덜어준다.

더 깊은 설명에 앞서, 분명히 해야 할 점은 원소 주기율이 어느 날 갑자기 멘델레예프에 의해 발견되지 않았고, 그 이전에 이미 일련의 역사적 주장들이 있었다. 그러나 멘델레예프가 어찌나 전력을 다해 원소 주기율을 연구했는지 다음과 같은 일화도 전해진다.

슬로바키아의 수도 브라티슬라바에 있는, 멘델레예프와 주기율표를 기념하는 조각품. © mmmdirt

'나는 꿈속에서 모든 원소들이 제자리를 차지하고 있는 표를 보았다. 깨어나자 나는 즉시 그 표를 종이 한 장에다 그렸고, 후에 한 곳에만 정정이 필요한 듯했다.'

일부 과학자들은 한 가지 일에 집중하면서 꿈속에서도 계속 해답을 찾으려 한다. 독일의 케쿨레(Friedrich August Kekulé, 1829~1896)가 꿈속에서 뱀이 자기 꼬리를 무는 모습을 보고 벤젠이 고리 모양의 분자 구조를 지닌다고 제안했다는 일화도 유명하다.

## 라부아지에의 원소표

우리는 흔히 프랑스의 라부아지에(Antoine Laurent Lavoisier, 1743~1794)를 화학의 아버지라 부른다. 산소의 발견자라 알려져 있고(이 점에는 이론의 여지가 있다), 화학반응을 정량적으로 해석한 첫 번째 과학자이기 때문이다. 즉 그는 화학반응에 참여한 화합물(반응물)의 총질량은 반응 후 생긴 생성물의 총질량과 같음(질량 보존의 법칙)을 발견했다.

1789년 라부아지에는 『화학 원론(Traite Elementaire de Chimie)』에 원소표를 발표했다. 그림은 19세기 루이 들레스트르의 동판화. © Louis Delaistre

라부아지에는 1787년에 『화학 명명법(Method of Chemical

Nomenclature)』을 공동저자로 발간해 화합물의 올바른, 정리된 명명법을 제안했다. 이는 대단한 공로로, 당시만 해도 화합물을 구성하고 있는 원소들에 대한 인식과 지식이 지금 같지 못했다. 그럼에도 불구하고 라부아지에는 이전에 아일랜드의 보일(Robert Boyle, 1627~1691)이 내린 원소의 정의와 유사한 정의를 다시 제안했다. 즉 '어느 방법으로도 더 이상 분해할 수 없는 물질이 원소'라고 주장했다.

그는 한 발자국 더 나아가 1789년에 원소표를 『화학 원론(Traite Elementaire de Chimie)』에 발표했는데, 여기에 22개의 원소를 실었다. 그 중에는 마그네시아(산화마그네슘), 생석회(산화칼슘)를 비롯한 8개 화합물이 들어 있었고, 빛과 열(caloric)도 원소에 포함시켰다. 이 예는 230여 년 전의 화학에 대한 이해 정도를 잘 보여주고 있다. 이를 바꾸어 말하면, 화학의 역사는 그리 길지 않음을 가르쳐 준다.

## 되베라이너의 삼소조 법칙

삼소조 법칙을 제시한 되베라이너의 판화.


그 후 원소들이 갖는 비밀을 찾으려는 노력은 특히 유럽에서 꾸준히 계속됐다. 라부아지에 이후 발견되는 원소들의 개수가 늘어남에 따라 자연히 과학자들은 이들 사이에 어떤 규칙성이 존재하는지 의문을 갖게 됐다. 1829년에 독일의 되베라이너(Johann Wolfgang Döbereiner, 1780~1849)가 발표한 트리아드(triads, 삼소조) 법칙은 원소 간에 있는 규칙성 연구에 큰 진전을 주었다. 원소들을 세 개씩 그룹으로 만들었을 때, 가운데 원소의 원자량이 양옆 원소 원자량의 평균값과 거의 같다는 법칙이었다. 예컨대 리튬(Li)–소듐(Na)–포타슘(K), 염소(Cl)–브롬(Br)–요오드(I), 칼슘(Ca)–스트론튬(Sr)–바륨(Ba), 황(S)–셀레늄(Se)–텔루륨(Te)이 이 삼소조 법칙을 따른다. 구체적으로 계산해 보면, 염소 원자량(35.5)과 요오드 원자량(127)의 평균값은 81.25가 되는데, 이 값은 브롬의 원자량 80에 매우 가깝다. 이들은 할로겐 원소들이다. 되베라이너는 단지 원자량뿐만 아니라 밀도, 화학 반응성도 이 삼소조 법칙을 따른다고 주장했다. 예를 들어 리튬, 소듐, 포타슘이란 삼소조는 모두 낮은 온도에서 녹는 가볍고 무른 금속이며, 물과 접촉하면 격렬하게 폭발한다. 이들은 알칼리금속이라 부른다. 지금에 와서 봐도 옳은 주장이었다.

그런데 되베라이너는 그때까지 알려진 54개 원소 중 4개 삼소조, 즉 12원소만 이 법칙을 따름을 보여주어, 동료들은 우연의 일치일 따름이라고 무시했다. 하지만 독일의 하이델베르크대학 교수였던 그멜린(Leopold Gmelin, 1788~1853)은 되베라이너 삼소조 법칙을 계속 발전시켰다. 그는 1843년에 현대 주기율표에서 찾을 수 있는 삼소조 원소 55개를 표로 보여주었다. 대문호 괴테(Johann Wolfgang von Goethe, 1749~1832)가 되베라이너의 화학강의를 열심히 들었다는 일화는 서양 지식인들의 과학적 호기심을 잘 보여준다. 되베라이너는 화학을 독학으로 공부해 예나대학(University of Jena)의 교수가 된 노력파였다.

다행히 되베라이너의 삼소조 법칙을 당시 프랑스를 대표하던 뒤마(Jean Baptiste André Dumas, 1800~1884)가 더 확장했고, 뒤마는 1857년에 학술잡지 《Comptes Rendus》에 금속원소 그룹 간의 관계를 설명하는 논문을 발표했다. 이는 원소들을 그룹으로 나눌 수 있음을 보여주는 획기적 업적으로 꼽힌다. 훗날 멘델레예프가 주기율표를 만들고 있을 때 그의 요청에 응해 뒤마가 칼슘(Ca), 철(Fe), 아르신(As, 비소)과 스트론튬(Sr)의 정확한 원자량 값을 공급했다는 얘기도 유명하다. 기체 밀도의 측정에 의한 뒤마의 원자량과 분자량 결정방법은 지금도 중요하다.

1897년에 찍은 카니차로 사진. 카니차로는 당시 원자와 분자에 대한 혼란을 잠재운 과학자다. © Supplement to 《Nature》

## 카니차로, 원자와 분자에 대한 혼란을 잠재우다

사실 이때 과학계는 큰 혼란을 겪고 있었다. 원자와 분자의 개념이 명확히 정의되지 못했고, '원자'와 '분자'를 교체 가능케 사용하는가 하면, 돌턴 같은 유명한 과학자조차 분자를 '화학' 원자라고 불렀을 정도였다. 더러는 원자를 '기본 분자'라 칭하기도 했다. 이런 혼란기에 화학사에서 매우 중요한 국제 화학자 학술대회가 1860년 12월에 독일 카를스루에(Karlsruhe)에서 열렸다. 이는 첫 화학자 국제학술대회로 유럽 전역의 유명 화학자는 물론 멘델레예프도 참가했다.

이 회의에서 이탈리아의 제노바대 및 로마대 교수인 카니차로(Stanislao Cannizzaro, 1826~1910)가 우뚝했다. 카니차로는 이탈리아 토리노대 교수인 아보가드로(Amedeo Avogadro, 1776~1856)가 1811년에 발표했던 가설(모든 기체는 같은 압력과 온도에서 같은 부피에 같은 수의 분자를 포함한다)을 사용한 표준 원자량의 체계를 웅변적으로 주장했다. 문헌에 의하면 카니차로 연설은 영웅적이었던 모양이다. 멘델레예프도 카니차로 연설에 압도당했다 한다. 이 연설에서 카니차로는 분자량뿐만 아니라 원자량도 아보가드로 가설(후에 법칙이 됐다)을 따른다는 사실을 보여주었다.

카니차로는 회의 후 「제노바왕립대에 개설된 화학철학강좌」라는 소논문을 배포했다. 자기가 학생들에게 했던 강의들을 요약한 내용이었다. 그는 '하나의 원자량 세트'만이 있다며, 아보가드로 기체법칙이 분자량과 원자량 확립에 중요함을 강조했다. 더구나 원자는 원소의 가장 작은 단위이며, 분자는 화합물의 최소 단위라고 분명하게 정의해 화학계의 혼란을 잠재우려 했다. 멘델레예프는 카를스루에 학술대회에 참여해 여러 유럽 과학자들과 친교를 시작했고, 프랑스와 독일 학술지에 여러 논문을 투고해 그의 이름이 러시아 밖에서도 알려지기 시작했다.

## 젊은 제자가 발표한 멘델레예프 연구내용

러시아 화학회가 열렸던 1869년 당시 35살이었던 멘델레예프에게는 멘슈트킨(Nicolai N. Menshutkin, 1842-1907)이라는 젊은 제자가 있었다. 그는 멘델레예프의 큰 신망을 받고 있었다. 멘슈트킨은 병상의 멘델레예프를 대신하여 논문을 발표했다. 그의 나이 겨우 27세였다. 큰 학술대회에서 대화학자 멘델레예프를 대신해 발표한다는 무거움이 그를 긴장케 했음은 물론이다. 이 발표내용의 중요한 일부만 여기에 옮겨

본다.

“저는 원소들을 원자량이 가장 작은 것에서부터 시작하여 원자량 순서로 배열했습니다. 이렇게 했을 때, 단순물질(홑원소물질)의 성질에 주기성이 존재한다는 것을 봤습니다. 그리고 원소들의 원자량도 원자 크기의 산술적 서열과 같았습니다…….”

“……우리는 아주 유사한 연속적 순서를 보게 됩니다. 리튬, 소듐, 포타슘은 서로 연관되어 있는 것으로 나타났습니다. 마찬가지로 탄소, 규소가 그렇고, 또 질소와 인이 그렇습니다. 이는 원소들의 성질은 원소의 원자량에 의해서 표현될 수 있으며, 또한 체계도 원자량에 근거할 수 있음을 제시합니다. 이와 같은 체계에 대한 시도는 다음과 같습니다…….”

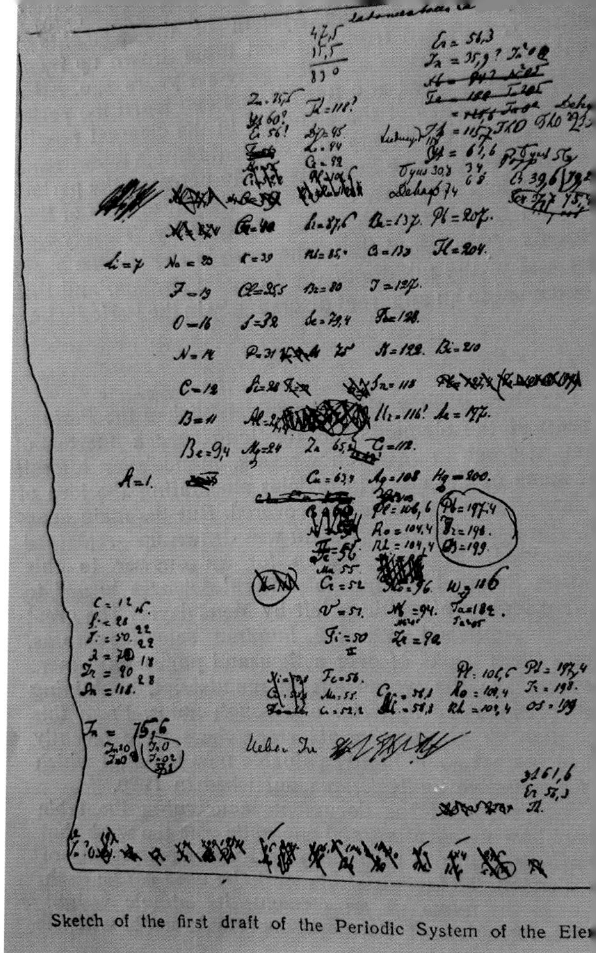

멘델레예프가 작성한 최초 주기율표 초안의 스케치.
ⓒ『Dmitry Ivanovich Mendeleyev: His Life and Work』(by O. N. Pisarzhevsky, Foreign Languages Publishing House, Moscow, Russia, 1954, p.78)

“……원자량에 따른 원소들의 배치가 원소들 간에 존재하는 자연적 유관성을 교란시키는 것이 아니며, 오히려 역으로 이를 직접 보여주는 것이라는 결론에 도달하게 됩니다. 이런 방향으로 제가 해본 모든 비교로부터 원자량의 크기가 원소의 특성을 결정한다는 결론에 도달하게 됐습니다.”

“결론적으로, 저는 지금까지의 결과를 다음과 같이 요약합니다. 첫째, 원소들을 원자량 크기 순서로 배열하면 분명한 주기적 성질을 보인다. 둘째, 화학적 성질이 유사한 원소들은 서로 비슷한 원자량을 가졌거나(백금, 이리듐, 오스뮴과 같이), 아니면 원자량이 증가하는 것을 보인다(포타슘, 루비듐, 세슘과 같이). 셋째, 원소 또는 원소 군을 원자량의 크기로 비교하면, 소위 말하는 원소들의 원자가(어떤 원자가 다른 원자와 이루는 화학결합의 수), 그리고 어느 정도까지는 화학적 특징의 차이를 확립하게 된다. Li, Be, B, C, N, O와 F에서 이를 볼 수 있다. 넷째, 자연계에 가장 널리 분포되어 있는 단순물질은 원자량이 작다. 다섯째,

원자량의 크기가 원소의 특성을 결정한다. 이는 분자의 크기가 화합물의 성질을 결정하는 것과 마찬가지이다. 여섯째, 우리는 알려지지 않은 여러 단순물질을 발견할 수 있음을 기대할 수 있다. 예를 들면 알루미늄과 유사한 것과 실리콘과 유사한 것으로, 이들의 원자량은 65에서 75 사이가 될 것이다. 일곱째, 원자들의 원자량 크기로부터 원소들의 성질이 예견된다."

## 멘델레예프의 예언이 맞았다!

멘델레예프의 최초 주기율표를 보면 물음표와 빈칸이 여기저기에 끼어 있다. 때로는 원소명은 없으면서도 예상 원자량이 기재되어 있다. 그는 실리콘(규소, Si)과 알루미늄 옆 칸과 칼슘 밑 칸은 물음표와 함께 예상되는 원자량을 제시했다. 그는 이들을 에카실리콘, 에카알루미늄, 에카불소(에카는 산스크리스어로 '1'을 뜻한다)라 임시로 칭했는데, 후에 게르마늄, 갈륨, 스칸듐이 발견되어 이 자리들을 차지했다. 놀랍게도 멘델레예프의 예언이 맞았던 것이다.

1871년에 멘델레예프의 책『화학의 원리』제2권이 출판됐고, 여기에 처음으로 주기율에 대한 전반적 내용이 포함됐다. 멘델레예프는 자신과 마찬가지로 카를스루에 세계 화학자 대회에서 카니차로로부터 영감을 얻은 마이어는 물론, 옥타브 법칙의 저자인 뉴랜즈, 나사선으로 원소들을 배열한 샹쿠르투아를 언급했다. 멘델레예프는 이들 세 사람에게 공적을 돌리면서, 다음과 같이 적었다.

"나는 자연의 법칙이 한 번에 확립된 적이 없음을 잘 보아왔다. 법칙의 인식은 항상

1869년 독일 《화학저널(Zeitschrift für Chemie)》에 공개된 멘델레예프의 최초 주기율표. 이는 멘델레예프의 주기율표가 러시아 밖에서 처음으로 출판된 사례다.



Ueber die Beziehungen der Eigenschaften zu den Atomgewichten der Elemente. Von D. Mendelejeff. — Ordnet man Elemente nach zunehmenden Atomgewichten in verticale Reihen so, dass die Horizontalreihen analoge Elemente enthalten, wieder nach zunehmendem Atomgewicht geordnet, so erhält man folgende Zusammenstellung, aus der sich einige allgemeinere Folgerungen ableiten lassen.

| | | | | | |
|---|---|---|---|---|---|
| | | | Ti — 50 | Zr — 90 | ? — 180 |
| | | | V — 51 | Nb — 94 | Ta — 182 |
| | | | Cr — 52 | Mo — 96 | W — 186 |
| | | | Mn — 55 | Rh — 104,4 | Pt — 197,4 |
| | | | Fe — 56 | Ru — 104,4 | Ir — 198 |
| | | | Ni — Co — 59 | Pd — 106,6 | Os — 199 |
| H — 1 | | | Cu — 63,4 | Ag — 108 | Hg — 200 |
| | Be — 9,4 | Mg — 24 | Zn — 65,2 | Cd — 112 | |
| | B — 11 | Al — 27,4 | ? — 68 | Ur — 116 | An — 197? |
| | C — 12 | Si — 28 | ? — 70 | Sn — 118 | |
| | N — 14 | P — 31 | As — 75 | Sb — 122 | Bi — 210? |
| | O — 16 | S — 32 | Se — 79,4 | Te — 128? | |
| | F — 19 | Cl — 35,5 | Br — 80 | J — 127 | |
| Li — 7 | Na — 23 | K — 39 | Rb — 85,4 | Cs — 133 | Tl — 204 |
| | | Ca — 40 | Sr — 87,6 | Ba — 137 | Pb — 207 |
| | | ? — 45 | Ce — 92 | | |
| | | ?Er — 56 | La — 94 | | |
| | | ?Yt — 60 | Di — 95 | | |
| | | ?In — 75,6 | Th — 118? | | |

1. Die nach der Grösse des Atomgewichts geordneten Elemente zeigen eine stufenweise Abänderung in den Eigenschaften.

2. Chemisch-analoge Elemente haben entweder übereinstimmende Atomgewichte (Pt, Ir, Os), oder letztere nehmen gleichviel zu (K, Rb, Cs).

3. Das Anordnen nach den Atomgewichten entspricht der *Werthigkeit* der Elemente und bis zu einem gewissen Grade der Verschiedenheit im chemischen Verhalten, z. B. Li, Be, B, C, N, O, F.

4. Die in der Natur verbreitetsten Elemente haben *kleine* Atomgewichte und alle solche Elemente zeichnen sich durch Schärfe des Verhaltens aus. Es sind also *typische* Elemente und mit Recht wird daher das leichteste Element H als typischer Massstab gewählt.

5. Die *Grösse* des Atomgewichtes bedingt die Eigenschaften des Elementes, weshalb beim Studium von Verbindungen nicht nur auf Anzahl und Eigenschaften der Elemente und deren gegenseitiges Verhalten Rücksicht zu nehmen ist, sondern auf die *Atomgewichte* der Elemente. Daher zeigen bei mancher Analogie die Verbindungen von S und Te, Cl und J, doch auffallende Verschiedenheiten.

6. Es lässt sich die Entdeckung noch vieler *neuen* Elemente vorhersehen, z. B. Analoge des Si und Al mit Atomgewichten von 65  75.

7. Einige Atomgewichte werden voraussichtlich eine Correction erfahren, z. B. Te kann nicht das Atomgewicht 128 haben, sondern 123—126.

8. Aus obiger Tabelle ergeben sich neue Analogien zwischen Elementen. So erscheint Bo (?) als ein Analoges von Bo und Al, was bekanntlich schon längst experimentell festgesetzt ist. (Russ. chem. Ges. 1, 60.)

좀 더 앞에서 얻은 여러 선행된 힌트에서 이루어진다."

1871년에 러시아 화학회지는 멘델레예프가 많이 보완한 주기율표와 함께 '원소들의 자연적 체계(The Natural System of the Elements)'라는 그의 논문을 게재했다. 수정된 주기율표에서 그는 처음 도표의 윤곽을 돌려 수평 기둥에는 원소들을 원자량이 증가하는 순서로, 그리고 수직 기둥에는 그들의 주기적 유사성의 순서로 실었다(이 형식을 후세대의 과학자들이 따라 지금도 그렇게 사용하고 있다). 그는 유사한 원소들로 구성된 수직 기둥을 '족'으로, 수평 기둥을 '주기'라고 불렀다.

멘델레예프는 자신의 1869년 표에서, 두 가지 원소에 대해 기존에 확립된 원자량을 새롭게 바꾸었고, 다른 여러 원소들의 원자량에 대해 의문을 제기하며 17가지나 더 변경했다. 텔루륨과 요오드의 원자량 순서를 바꾸어 텔루륨은 산소족에 들어가고, 요오드는 플루오르, 염소, 브롬이 들어 있는 할로겐족에 들어가도록 했다. 비슷한 이유로 코발트와 니켈은 물론 금과 백금의 순서도 바꾸었다. 가장 획기적인 변경은 토륨의 원자량을 116에서 232로, 우라늄의 원자량을 120에서 알려진 원소 중 가장 무거운 240으로, 각각 2배로 바꾼 것이었다. 그사이 시간이 흘러 이와 같은 변경이 모두 타당한 것으로 입증됐다. 또 우라늄보다 원자량이 큰 '초우라늄' 원소 5개를 예언했는데, 이는 그가 한 예언 중 가장 기막힌 것 가운데 하나였다.

외국 과학자들은 멘델레예프가 1871년에 발표한 논문의 독일 번역본을 읽었다(이 논문이 1879년까지는 영어로 번역되지 않았다). 멘델레예프의 업적 덕분에 러시아 화학회는 명성을 얻게 됐다. 영국화학회, 프랑스 과학 아카데미, 그리고 멀리 떨어진 미국 워싱턴의 스미소니언 협회에서도 과학적 간행물을 교환하자고 제안하는 편지를 차례로 보내왔다. 러시아 과학자들은 바깥 세계로부터 자신들이 인정받고 있다는 신호에 환호했다.

2009년 멘델레예프 탄생 175주년을 기념해 러시아에서 발행된 우표. 올해는 멘델레예프 탄생 185주년이 되는 해이기도 하다.

## 주기율표의 주기와 족

현재 세계적으로 표준이 되는 원소 주기율표를 살펴보자. 예를 들어 IUPAC이 2018년 12월 1일 자로 공표한 주기율표가 있다. 이 주기율표를 보면 각 원소 기호 위에는 원자 번호가, 밑에는 이름이 적혀 있고 그 밑에는 평균 원자량이 적혀 있다. 원자번호 93번의 넵투늄(Np)부터는 원자량이 기재되어 있지 않다. 그들은 매우 불안정하여 정확한 원자량 측정이 불가능하기 때문이다.

앞에서 언급했듯이 멘델레예프는 원자량 순으로 원소들을 나열한 주기율표를 제안했으나, 후에 원자구조와 전자배열에 관한 지식이 늘어나면서, 원자량 대신 원자번호(=원자핵의 양성자 수=원자가 지니는 전자 수)를 사용해야 원소 주기율을 더 잘 보여줄 수 있음을 알게 됐다. 이에는 영국 물리학자 모즐리(Henry G. J. Moseley, 1887~1915)의 공헌이 크다. 이 까닭에 우리들이 사용하는 원소 주기율표를 때때로 모즐리의 주기율표라 부른다.

**원자의 전자배열 순서와 전자궤도함수(오비탈) 모형**

왼쪽 그림은 원자에서 전자배치 순서를 도식적으로 보여주는데, s전자, p전자의 배치에 비해 d전자와 f전자의 배치는 꽤 복잡하다. s전자는 s궤도(오비탈)에 있는 전자를 말하며, s궤도는 원자핵 주위에 구대칭으로 분포한다. 예를 들어 수소 원자나 알칼리 금속 원자에서 단 1개의 원자가전자는 각각 1s, 2s, 3s 등으로 s궤도를 차지하는 s전자다. p전자는 p궤도에 있는 전자이며, p궤도는 원자핵을 중심으로 아령형을 이루며 세 방향 분포한다. 각각 2개씩 전자가 들어갈 수 있다. 이 외에 d전자, f전자 등도 각각 d궤도, f궤도 등에 위치하는 전자를 뜻한다.

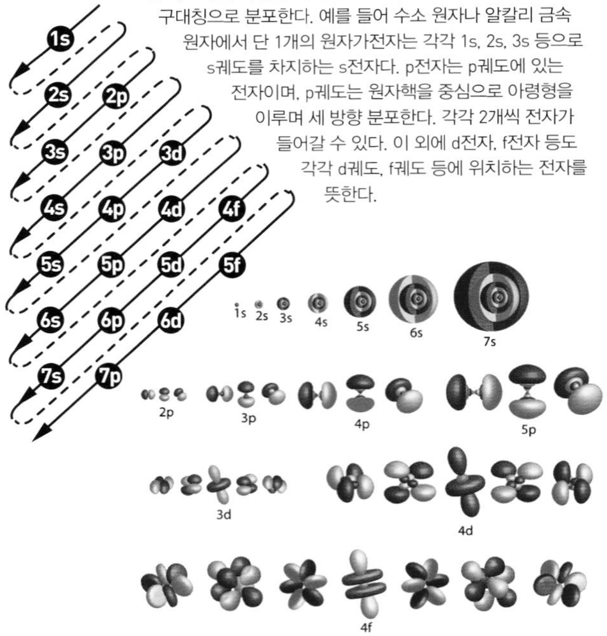

주기율표에서 가로줄을 주기라 부르며, 1주기(수소, 헬륨)부터 7주기까지 있다. 2주기와 3주기에는 원소가 8개씩 있고, 4주기와 5주기에는 18개의 원소가 있다. 6주기와 7주기에는 너무 많은 원소가 들어가게 되어, 따로 떼어서 란타넘족과 악티늄족을 만들었다.

**첫 20개 원소의 전자구조**

| 원소명 | 원자번호 | 전자구조 |
| --- | --- | --- |
| 수소 | 1 | $1s^1$ |
| 헬륨 | 2 | $1s^2$ |
| 리튬 | 3 | $1s^22s^1$ |
| 베릴륨 | 4 | $1s^22s^2$ |
| 붕소 | 5 | $1s^22s^22p^1$ |
| 탄소 | 6 | $1s^22s^22p^2$ |
| 질소 | 7 | $1s^22s^22p^3$ |
| 산소 | 8 | $1s2^2s^22p^4$ |
| 플루오르(불소) | 9 | $1s^22s^22p^5$ |
| 네온 | 10 | $1s^22s^22p^6$ |
| 소듐(나트륨) | 11 | $1s^22s^22p^63s^1$ |
| 마그네슘 | 12 | $1s^22s^22p^63s^2$ |
| 알루미늄 | 13 | $1s^22s^22p^63s^23p^1$ |
| 규소 | 14 | $1s^22s^22p^63s^23p^2$ |
| 인 | 15 | $1s^22s^22p^63s^23p^3$ |
| 황 | 16 | $1s^22s^22p^63s^23p^4$ |
| 염소 | 17 | $1s^22s^22p^63s^23p^5$ |
| 아르곤 | 18 | $1s^22s^22p^63s^23p^6$ |
| 포타슘(칼륨) | 19 | $1s^22s^22p^63s^23p^64s^1$ |
| 칼슘 | 20 | $1s^22s^22p^63s^23p^64s^2$ |



주기율표의 세로줄을 족이라 하며, 흔히 1족(수소는 제외)은 알칼리 금속족, 2족은 알카리토(류) 금속족, 14족은 탄소족, 15족은 질소족, 16족은 산소족, 17족은 할로겐족, 18족은 불활성기체족이라 부른다.

1주기 두 원소의 원자는 s전자만 가질 수 있어 2개 원소가 한 주기를 만들며, 2주기와 3주기 원소들은 s전자(최대 2개)와 p전자(최대 6개)를 가질 수 있어 8개 원소가 한 주기를 만든다. 4주기와 5주기 원소의 원자들은 s전자, p전자에 덧붙여 d전자(최대 10개의 전자를 수용한다)까지 가질 수 있어 18개의 원소가 한 주기를 이룬다. 6주기와 7주기에는 s전자, p전자, d전자 외에 f전자(최대 14개의 전자)를 추가적으로 수용할 수 있기 때문에 32개의 원소가 한 주기를 만든다. 작년(2018년)에 오가네손(Og)이 7주기 마지막 자리를 차지했다. 흔히 d와 f 궤도함수(오비탈) 전자를 지니는 원소들을 전이(금속)원소라 부른다.

원소의 원자들이 지니는 전자의 배열과 특성은 그들의 화학적 특성을 결정하는 중요한 정보이나, 이 글에서 그것들을 더 이상 다루기란 불가능하다. 때로는 한 주기의 원소들이 지닐 수 있는 최대 전자 수는 $2n^2$(여기서 n은 주기 수)을 따른다는 실험법칙이 유용하다.

## 원소의 주기적 성질

주기율표가 보여주는 같은 주기와 족의 원소들은 몇 가지 주요한 주기적 성질을 보여준다. 다음 현상들이 왜 관찰되는지는 독자들이 더 깊이 탐구해 보길 바란다. 다음 현상들을 이해하는 것이 화학의 바닥 기

# IUPAC 원소 주기율표

## IUPAC Periodic Table of the Elements

| Key: | 표기법 |
|---|---|
| atomic number<br>**Symbol**<br>name<br>conventional atomic weight<br>standard atomic weight | 원자 번호<br>**기호**<br>원소명(국문, 영문)<br>일반 원자량<br>표준 원자량 |

| 1 | 2 | 3 | 4 | 5 | 6 | 7 | 8 | 9 | 10 | 11 | 12 | 13 | 14 | 15 | 16 | 17 | 18 |
|---|---|---|---|---|---|---|---|---|---|---|---|---|---|---|---|---|---|
| 1<br>**H**<br>수소 hydrogen<br>1.008<br>[1.0078, 1.0082] | | | | | | | | | | | | | | | | | 2<br>**He**<br>헬륨 helium<br>4.0026 |
| 3<br>**Li**<br>리튬 lithium<br>6.94<br>[6.938, 6.997] | 4<br>**Be**<br>베릴륨 beryllium<br>9.0122 | | | | | | | | | | | 5<br>**B**<br>붕소 boron<br>10.81<br>[10.806, 10.821] | 6<br>**C**<br>탄소 carbon<br>12.011<br>[12.009, 12.012] | 7<br>**N**<br>질소 nitrogen<br>14.007<br>[14.006, 14.008] | 8<br>**O**<br>산소 oxygen<br>15.999<br>[15.999, 16.000] | 9<br>**F**<br>플루오린 fluorine<br>18.998 | 10<br>**Ne**<br>네온 neon<br>20.180 |
| 11<br>**Na**<br>소듐 sodium<br>22.990 | 12<br>**Mg**<br>마그네슘 magnesium<br>24.305<br>[24.304, 24.307] | | | | | | | | | | | 13<br>**Al**<br>알루미늄 aluminium<br>26.982 | 14<br>**Si**<br>규소 silicon<br>28.085<br>[28.084, 28.086] | 15<br>**P**<br>인 phosphorus<br>30.974 | 16<br>**S**<br>황 sulfur<br>32.06<br>[32.059, 32.076] | 17<br>**Cl**<br>염소 chlorine<br>35.45<br>[35.446, 35.457] | 18<br>**Ar**<br>아르곤 argon<br>39.95<br>[39.792, 39.963] |
| 19<br>**K**<br>포타슘 potassium<br>39.098 | 20<br>**Ca**<br>칼슘 calcium<br>40.078(4) | 21<br>**Sc**<br>스칸듐 scandium<br>44.956 | 22<br>**Ti**<br>타이타늄 titanium<br>47.867 | 23<br>**V**<br>바나듐 vanadium<br>50.942 | 24<br>**Cr**<br>크로뮴 chromium<br>51.996 | 25<br>**Mn**<br>망가니즈 manganes<br>54.938 | 26<br>**Fe**<br>철 iron<br>55.845(2) | 27<br>**Co**<br>코발트 cobalt<br>58.933 | 28<br>**Ni**<br>니켈 nickel<br>58.693 | 29<br>**Cu**<br>구리 copper<br>63.546(3) | 30<br>**Zn**<br>아연 zinc<br>65.38(2) | 31<br>**Ga**<br>갈륨 gallium<br>69.723 | 32<br>**Ge**<br>저마늄 germanium<br>72.630(8) | 33<br>**As**<br>비소 arsenic<br>74.922 | 34<br>**Se**<br>셀레늄 selenium<br>78.971(8) | 35<br>**Br**<br>브로민 bromine<br>79.904<br>[79.901, 79.907] | 36<br>**Kr**<br>크립톤 krypto<br>83.798(2) |
| 37<br>**Rb**<br>루비듐 rubidium<br>85.468 | 38<br>**Sr**<br>스트론튬 strontium<br>87.62 | 39<br>**Y**<br>이트륨 yttrium<br>88.906 | 40<br>**Zr**<br>지르코늄 zirconium<br>91.224(2) | 41<br>**Nb**<br>나이오븀 niobium<br>92.906 | 42<br>**Mo**<br>몰리브데넘 molybdenum<br>95.95 | 43<br>**Tc**<br>테크네튬 technetium | 44<br>**Ru**<br>루테늄 ruthenium<br>101.07(2) | 45<br>**Rh**<br>로듐 rhodium<br>102.91 | 46<br>**Pd**<br>팔라듐 palladium<br>106.42 | 47<br>**Ag**<br>은 silver<br>107.87 | 48<br>**Cd**<br>카드뮴 cadmium<br>112.41 | 49<br>**In**<br>인듐 indium<br>114.82 | 50<br>**Sn**<br>주석 tin<br>118.71 | 51<br>**Sb**<br>안티모니 antimony<br>121.76 | 52<br>**Te**<br>텔루륨 tellurium<br>127.60(3) | 53<br>**I**<br>아이오딘 iodine<br>126.90 | 54<br>**Xe**<br>제논 xenon<br>131.29 |
| 55<br>**Cs**<br>세슘 caesium<br>132.91 | 56<br>**Ba**<br>바륨 barium<br>137.33 | 57-71<br>란타넘족 lanthanoids | 72<br>**Hf**<br>하프늄 hafnium<br>178.49(2) | 73<br>**Ta**<br>탄탈럼 tantalum<br>180.95 | 74<br>**W**<br>텅스텐 tungsten<br>183.84 | 75<br>**Re**<br>레늄 rhenium<br>186.21 | 76<br>**Os**<br>오스뮴 osmium<br>190.23(3) | 77<br>**Ir**<br>이리듐 iridium<br>192.22 | 78<br>**Pt**<br>백금 platinum<br>195.08 | 79<br>**Au**<br>금 gold<br>196.97 | 80<br>**Hg**<br>수은 mercury<br>200.59 | 81<br>**Tl**<br>탈륨 thallium<br>204.38<br>[204.38, 204.39] | 82<br>**Pb**<br>납 lead<br>207.2 | 83<br>**Bi**<br>비스무트 bismuth<br>208.98 | 84<br>**Po**<br>폴로늄 polonium | 85<br>**At**<br>아스타틴 astatine | 86<br>**Rn**<br>라돈 radon |
| 87<br>**Fr**<br>프랑슘 francium | 88<br>**Ra**<br>라듐 radium | 89-103<br>악티늄족 actinoids | 104<br>**Rf**<br>러더포듐 rutherfordium | 105<br>**Db**<br>더브늄 dubnium | 106<br>**Sg**<br>시보귬 seaborgium | 107<br>**Bh**<br>보륨 bohrium | 108<br>**Hs**<br>하슘 hassium | 109<br>**Mt**<br>마이트너륨 meitnerium | 110<br>**Ds**<br>다름슈타튬 darmstadtium | 111<br>**Rg**<br>뢴트게늄 roentgenium | 112<br>**Cn**<br>코페르니슘 copernicium | 113<br>**Nh**<br>니호늄 nihonium | 114<br>**Fl**<br>플레로븀 flerovium | 115<br>**Mc**<br>모스코븀 moscovium | 116<br>**Lv**<br>리버모륨 livermorium | 117<br>**Ts**<br>테네신 tennessine | 118<br>**Og**<br>오가네손 oganesson |

| | | | | | | | | | | | | | | |
|---|---|---|---|---|---|---|---|---|---|---|---|---|---|---|
| 57<br>**La**<br>란타넘 lanthanum<br>138.91 | 58<br>**Ce**<br>세륨 cerium<br>140.12 | 59<br>**Pr**<br>프라세오디뮴 praseodymium<br>140.91 | 60<br>**Nd**<br>네오디뮴 neodymium<br>144.24 | 61<br>**Pm**<br>프로메튬 promethium | 62<br>**Sm**<br>사마륨 samarium<br>150.36(2) | 63<br>**Eu**<br>유로퓸 europium<br>151.96 | 64<br>**Gd**<br>가돌리늄 gadolinium<br>157.25(3) | 65<br>**Tb**<br>터븀 terbium<br>158.93 | 66<br>**Dy**<br>디스프로슘 dysprosium<br>162.50 | 67<br>**Ho**<br>홀뮴 holmium<br>164.93 | 68<br>**Er**<br>어븀 erbium<br>167.26 | 69<br>**Tm**<br>툴륨 thulium<br>168.93 | 70<br>**Yb**<br>이터븀 ytterbium<br>173.05 | 71<br>**Lu**<br>루테튬 lutetium<br>174.97 |
| 89<br>**Ac**<br>악티늄 actinium | 90<br>**Th**<br>토륨 thorium<br>232.04 | 91<br>**Pa**<br>프로트악티늄 protactinium<br>231.04 | 92<br>**U**<br>우라늄 uranium<br>238.03 | 93<br>**Np**<br>넵투늄 neptunium | 94<br>**Pu**<br>플루토늄 plutonium | 95<br>**Am**<br>아메리슘 americium | 96<br>**Cm**<br>퀴륨 curium | 97<br>**Bk**<br>버클륨 berkelium | 98<br>**Cf**<br>캘리포늄 californium | 99<br>**Es**<br>아인슈타이늄 einsteinium | 100<br>**Fm**<br>페르뮴 fermium | 101<br>**Md**<br>멘델레븀 mendelevium | 102<br>**No**<br>노벨륨 nobelium | 103<br>**Lr**<br>로렌슘 lawrencium |

## 주기율표 원소의 다양한 쓰임새

주기율표에 배치된 원소는 알칼리금속, 알칼리토금속, 전이금속, 불활성기체 등으로 분류되며, 각 원소마다 다양한 쓰임새를 갖는다. 각 원소 위치에 함께 그려진 그림에 주목해 보자.

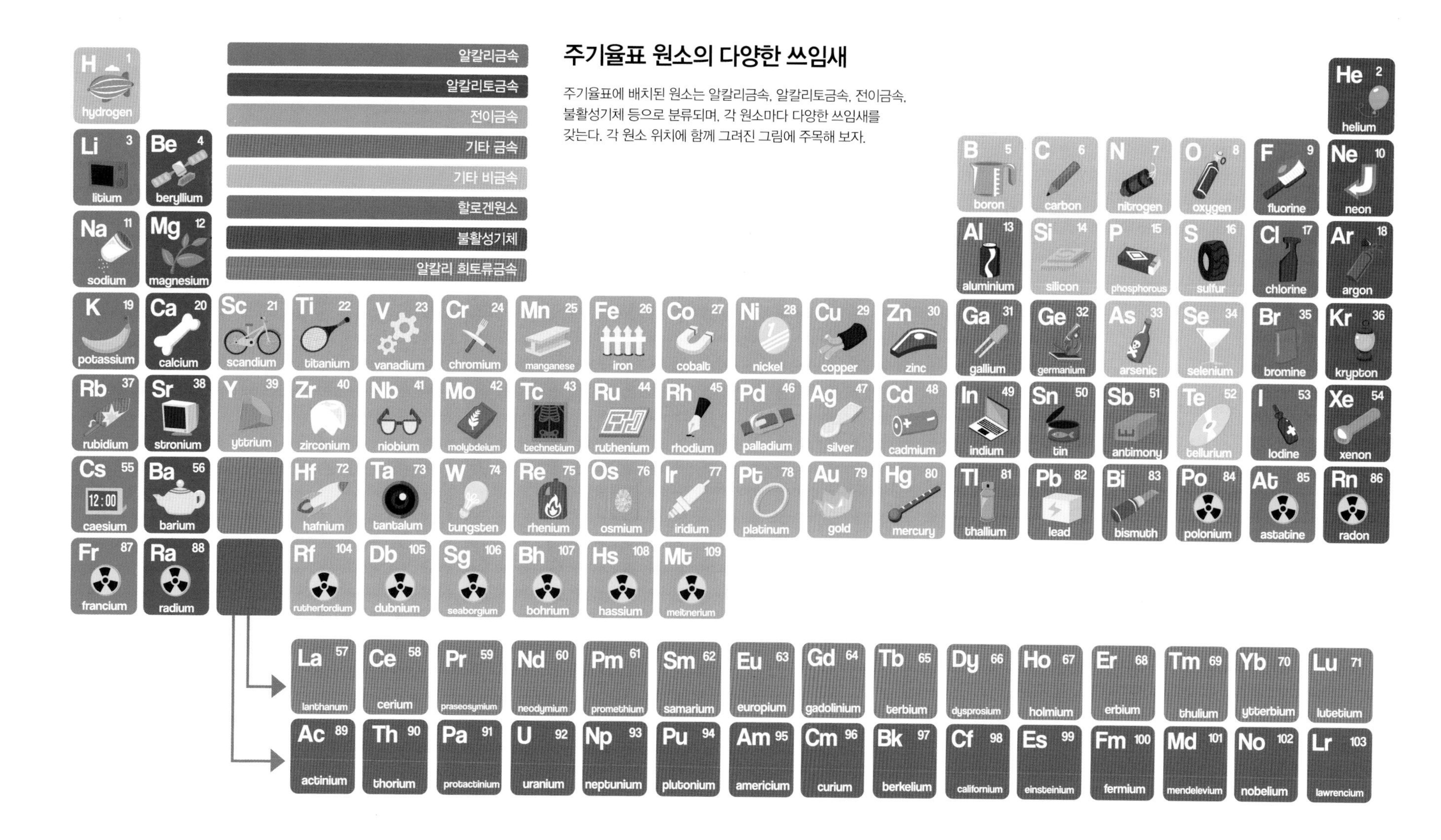

초가 된다.

첫째, 같은 주기에서 원자번호가 클수록 원자의 반지름이 작다. 같은 원자 두 개가 결합했을 때 두 원자핵 사이 거리의 반(1/2)을 '원자 반지름'이라 부르는데, 같은 주기에서 원자번호가 클수록, 즉 오른쪽으로 갈수록 유효핵전하(양성자 수)가 커지므로 원자반지름이 작아진다.

둘째, 같은 족에서 원자번호가 클수록 원자의 반지름은 커진다. 같은 족에서 원자번호가 클수록, 즉 주기율표에서 아래로 갈수록 전자 껍질 수가 많아지기 때문에 원자반지름이 커진다.

셋째, 같은 주기에서 원소의 원자번호가 클수록 양이온 반지름은 작다. 또 원자번호가 클수록 음이온 반지름도 감소한다. 단, 음이온의 반지름은 양이온 반지름보다 크다. 왜 그럴까? 원자가 전자를 잃으면 양이온이 된다. 이때 전자껍질 수가 감소하고 유효핵전하가 증가하므로 양이온 반지름은 원자반지름보다 작다. 반대로 전자를 얻으면 음이온이 된다. 이때 전자구름이 커지고 유효핵전하가 감소하므로, 같은 주기에서 이온 반지름의 변화는 첫 번째 성질의 설명에 따른다.

넷째, 같은 족에서 원자번호가 클수록 양이온이나 음이온의 반지름도 크다. 같은 족에서 이온 반지름 크기의 변화는 두 번째 성질의 설명에 따른다.

다섯째, 같은 주기에서 원자번호가 증가할수록 이온화 에너지가

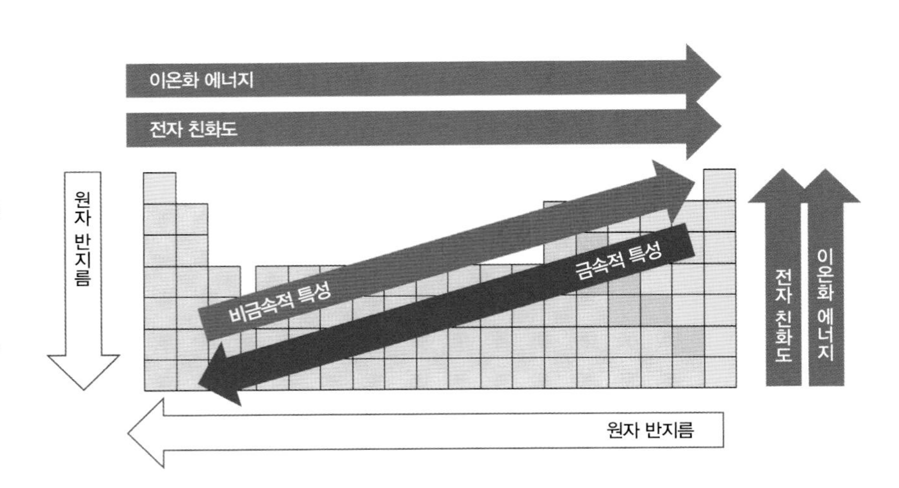


**주기율표에 나타나는 원소의 주기적 성질**

같은 주기에서 원자번호가 클수록 원자의 반지름이 작고, 같은 족에서 원자번호가 클수록 원자의 반지름은 커진다. 같은 주기에서 원자번호가 증가할수록 이온화 에너지와 전자 친화도(전기음성도)가 커지고, 같은 족에서는 원자번호가 클수록 이온화 에너지와 전자 친화도가 작아진다.

ⓒSandbh

커진다. 같은 족에서는 원자번호가 클수록 이온화 에너지가 작아진다. 이온화 에너지는 기체상태의 원자(1몰(mol))에서 전자(1몰)를 떼어내어 +1가 양이온(1몰)을 만들 때 소요되는 에너지(kJ/mol)라 정의한다. 같은 주기에서 원자번호가 커질수록 유효핵전하(양성자 수)가 커져 전자를 제거하려면 더 큰 에너지가 필요하므로 이온화 에너지가 커진다. 그러나 같은 족에서는 원자번호가 커질수록 전자껍질 수가 증가해 원자핵과 전자 사이의 인력이 약해지므로, 이온화 에너지는 감소한다.

여섯째, 같은 주기에서 원자번호가 클수록 전자 친화도가 커진다. 즉, 전기음성도가 커진다. 같은 족에서는 원자번호가 커지면 전자 친화도는 감소한다. 즉, 전기음성도가 감소한다. 전자 친화도는 기체 원자 1몰에 전자 1몰을 첨가해 −1가의 음이온 1몰을 만들 때 발생하는 에너지를 말한다. 같은 주기에서 원자번호가 커지면 유효핵전하가 증가해 원자핵과 전자 간 인력이 커지므로, 전자가 핵에 더 강하게 끌린다. 따라서 전자 친화도가 커진다. 같은 족의 경우는 원자번호가 커질수록 전자껍질 수가 증가해 원자핵으로부터 평균 거리가 멀어진다. 따라서 원자핵과 전자 사이 인력이 약해지므로, 전자 친화도가 줄어든다.

## 현 주기율표에 숨겨져 있는 과학적 발견

원자의 구조도 모르던 시대의 화학자들이 원소 주기율표를 만들어가던 역사는 그들의 끈질김과 천재성을 함께 엿볼 수 있게 한다. 그중에서 특히 멘델레예프의 노력은 눈부시다. 유럽의 다른 나라들과 교류도 원만치 않아 그는 최신 정보에 비교적 어두운 상태였다. 그런 역경을 극복하고(일부 변화는 있었으나) 우리가 현재 사용하고 있는 원소 주기율표의 바탕을 만들었음은 정말 놀라운 업적이었다. 그는 벨기에(스타스), 프랑스(뒤마), 영국(크룩스), 스웨덴(닐손), 체코(브라우너) 과학자들을 접촉해 여러 원소들의 가장 믿을 만한 원자량 값을 얻어 주기율표를 완성했다. 국제적 협업을 추구한 열린 마음의 소유자였다. 물론 자신도 원자량 측정에 매진해, 그때까지 알려진 원자량 값을 검증했다.

멘델레예프가 아니라 독일의 마이어(Julius Lothar Meyer)가 원소 주기율표를 가장 먼저 발견했다는 주장도 있다. 분명히 마이어의 주기율표(1868년경)가 멘델레예프의 주기율표와 일부 유사점이 있었으나, 마이어는 자기 아이디어를 출판(발표)하지도 않았고 그가 죽은 1895년에야 그 사실이 알려졌다. 이 밖에도 프랑스의 상쿠르투아(Alexandre-Émile Béguyer de Chancourtois), 영국의 오들링(William Odling), 독일-미국의 힌리치즈(Gustavus D. Hinrichs) 등이 멘델레예프보다 일찍 원소 주기율에 관한 아이디어를 발표하기도 했으나, 모두 멘델레예프의 주기율표에 비해 완벽도가 뒤져 있었다. 누가 무엇을 먼저 발견했다는 사실보다는 그 과학자의 인성, 영향력, 지식을 제대로 표현하고 전달할 수 있는 능력으로 과학발전에 참다운 기여를 했는가가 중요함을 원소 주기율표의 역사에서 볼 수 있다.

많은 사람들은 왜 멘델레예프가 노벨화학상 수상자가 되지 못했는지 의아하게 생각한다. 사실 멘델레예프는 1905년 왕립 스웨덴 과학학술원 회원이 됐다. 다음 해에 노벨 화학상 위원회는 노벨상 후보자로 그를 추천했다. 스웨덴 학술원의 화학부도 이를 지지했다. 스웨덴 학술원의 최종 결정만이 남아 있었다. 대부분의 경우 학술원은 화학부의 추천을 받아들여 왔으나, 이번에는 이변이 생겼다. 갑자기 노벨위원회의 한 회원이 반기를 들었고, 멘델레예프와 거북한 관계였던 아레니우스(Svante Arrhenius, 노벨 화학 위원회 위원도 아니었으나, 스웨덴에서 그의 영향력은 지대했다)도 멘델레예프가 노벨상 수상자가 되는 것을 막았다. 결국 프랑스의 무아상(Henri Moissan, 1852~1907)이 처음으로 플루오르를 분리한 공로(1886년에 이플루오르화 수소 포타슘($KHF_2$)을 전기분해하여 플루오르($F_2$)를 얻었다)로 1906년 노벨화학상 수상자가 됐다. 신기하게도 무아상과 멘델레예프는 다음 해 1907년 2월에 사망했다. 멘델레예프는 73세, 무아상은 55세였다.

20세기 들어서면서 원자의 구조, 특히 원자 내의 전자 배열에 관한 지식이 확장됨에 따라 원소 주기율표는 더욱 정리되어 갔다. 원소들은 원자량이 아니라 원자번호 순으로 배열하게 됐고, 주기와 족도 더 세분화됐다. 따라서 원소 주기율표는 점점 복잡해졌다. 원소들의 특성을 더욱 확실하게 보여줄 수 있도록 세분화된 셈이다. 원자가 지닐 수 있는 전자궤도 함수가 원자의 크기에 따라 s, p, d, f로 확장됐고, 이런 과학적 발견이 현 원소 주기율표에 숨겨져 있다.

다행히 전 세계가 IUPAC이 인정한 단 하나의 원소 주기율표를 사용하고 있어, 세계 화학자들 사이의 소통에 문제가 없다. 이 얼마나 다행한 일인가?! 나는 오늘도 책상 위에 붙여 놓은 IUPAC 원소 주기율표를 유심히 쳐다본다. 아니, 우주를 읽어 본다.

ISSUE 5 건강·의학
홍역의
역습

# 05

## 김청한

인하대학교 컴퓨터공학과를 졸업하고, 《파퓰러 사이언스》 한국판 기자와 동아사이언스 콘텐츠사업팀 기자를 거쳐 현재는 《사이언스 타임즈》 객원 기자로 활동하고 있다. 음악, 영화, 사람, 음주, 운동처럼 세상을 즐겁게 해 주는 모든 것과 과학 사이의 흥미로운 연관성에 주목하고 있으며, 최신 기술이 어떤 식으로 사람들의 삶을 변화시키는지에 대해 관심이 많다. 지은 책으로는 『과학이슈 11 시리즈(공저)』가 있다.

ISSUE 5
건강·의학

# 홍역의 전 세계적 확산? 백신 불신의 부메랑!

Certificate of Verification

The Regional Verification Commission (RVC) for Measles Elimination in the Western Pacific, established by the World Health Organization Office for the Western Pacific, verified that the

Republic of Korea

has interrupted endemic measles virus transmission for a period of at least 36 months since July 2010, which greatly contributes to the region-wide elimination of measles. Annual review will confirm maintenance of elimination.

21st of March 2014

RVC Members:
Dr Maria Rosario Capeding
Dr Kee Tai Goh
Dr Dukhyoung Lee
Dr Wilina Wei Ling Lim
Dr Phan Trong Lan
Dr Bounpheng Philavong
Dr Paghmiabyn Nymadawa
Dr Mark James Papania
Dr Paul Rota
Dr Soo Thian Lian
Dr John David Vince
Dr Xu Aiqiang
Dr Hiroshi Yoshikura

On behalf of the RVC Members

Professor David Durrheim
Acting Chair

**대한민국 홍역 퇴치 인증서**
2014년 3월 21일 우리나라는 세계보건기구(WHO)의 홍역퇴치 인증기준에 부합해 홍역퇴치국가로 인증을 받았다. 사진은 WHO 홍역퇴치 인증서.
ⓒ 질병관리본부

"그러나 이번 시상식은 공정성 문제로 한바탕 홍역을 치렀다."

"매년 선거철만 되면 온 나라가 편을 나눠 한바탕 홍역을 치른다."

뉴스나 신문 기사를 읽다 보면 자주 접하는 표현이다. 심하게 애를 먹거나 어려움을 겪는 상황을 빗대어 표현할 때 흔히 '한바탕 홍역을 치르다'라고 한다. 이는 '홍역'이라는 질병이 그만큼 우리에게 두렵고 끈질긴 재앙이었다는 의미다. 특히 홍역이 무서웠던 것은 확산 속도가 무시무시하게 빠르기 때문이다. '홍역은 평생에 안 걸리면 무덤에서라도 앓는다'라는 속담이 나왔을 정도다.

그러나 백신이 개발된 이후 인류는 더 이상 홍역을 두려워하지 않게 됐다. 우리나라에서는 2001년 '국가 홍역 퇴치 5개년 계획'을 수립하고 이를 강력하게 추진한 결과, 2006년 11월 세계보건기구(WHO)가 제시하는 퇴치국 기준(홍역 발병률이 100만 명 중 1명 미만)을 충족시킬 수 있었다. 이후 2014, 2015년에는 WHO로부터 공식적인 '홍역퇴치국가' 인증도 받았다.

WHO로부터 '홍역퇴치국가' 인증을 받았다는 점은 국내 요인(토착 홍역 바이러스)으로 인한 홍역 환자 발생이 없고 예방 접종률이 95% 이상을 유지했다는 것을 의미한다. 한 마디로 우리나라는 홍역 바이러스가 외부에서 유입되지 않는 한 홍역 환자가 발생하지 않는 청정국가라는 뜻이다.

그런데 최근 이런 입지가 위험해지고 있다. 2018년 12월부터 2019년 5월까지 홍역 발생 사례가 150건이 넘어가면서 홍역 발생이 늘어나고 있기 때문이다(물론 국내 홍역 발생은 해외 유입이 주원인이었다). 참고로 2017년에는 홍역 발생 건수가 7건에 불과했다.

비단 우리나라만의 이야기가 아니다. 세계 곳곳에서 홍역이 다시 맹위를 떨치고 있다. 질병관리본부 자료에 따르면 2019년 3월 기준으로 홍역 유행국가는 총 74개국이나 된다(2019년 5월 기준으로는 62개국으로 다소 감소했다). 이는 해당 국가에 여행할 경우 미리 예방 백신을 접종하는 식으로 주의해야 할 정도로 홍역이 퍼져 있다는 뜻이다.

## 우리나라는 홍역퇴치국인데, 왜 자꾸 홍역이 유행하나?

우리나라는 2014년 WHO로부터 홍역퇴치인증을 받았지만, 홍역 환자가 국내에서 전혀 발생하지 않는다는 뜻은 아니다. 해외 여행객 등을 통해 국내 전파 가능성은 존재한다. 실제 2014년 홍역퇴치인증을 받은 이후, 해외 유입 등으로 산발적으로나 3~4년 주기로 소규모 유행이 일어나고 있다. 그래서 질병관리본부를 중심으로 이에 대한 지속적인 감시와 관리를 하고 있다. WHO의 홍역퇴치국가 기준은 다음의 3가지가 있다. 첫째, 풍토적인 홍역의 발생이 마지막 환자로부터 최소 36개월 동안 없음을 증명해야 하고, 둘째, 국외 유입 환자 및 관련 환자들을 발견하기에 충분한 민감도와 특이도를 갖춘 고도의 감시체계가 있어야 하며, 셋째, 풍토적인 홍역이 근절됐다는 실험실적 근거가 있어야 한다는 것이다.

## 홍역, 전염성 강하지만 치사율은 낮아

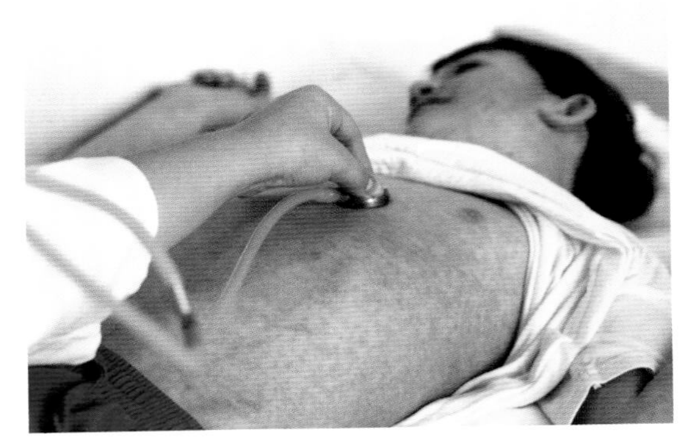

2018년 말부터 홍역이 수십 개국에서 발생하며 전 세계적으로 유행하고 있다. 사진은 홍역에 걸린 환자.

이렇게 홍역이 전 세계적으로 유행하고 있는 까닭은 무엇일까? 그 이유를 알아보기 전에 일단 홍역에 대해 간단히 살펴보자.

홍역은 홍역 바이러스(Measles virus)에 감염돼 나타나는 급성 질환이다. 공기감염을 통해 호흡기로 전염될 수 있기에 그 전파력이 매우 높은 편에 속한다. 감염된 후 8일~13일 정도가 지나면 발진, 고열, 콧물, 기침, 눈병 등의 증상이 생기며 중이염, 폐렴, 뇌염, 단백질 결핍, 기관지염, 모세기관지염, 설사 · 구토 등의 합병증이 나타나기도 한다. 특히 생후 12개월 전후의 신생아들에게 위협적인데, 이는 홍역 바이러스가 태반을 통과할 수 있기 때문이다. 이 때문에 엄마로부터 태아가 감염되어 선천성 홍역을 일으키는 경우도 종종 발생한다.

보통 신생아들은 엄마에게 받은 항체를 바탕으로 면역을 유지하는데, 시간이 지나며 점차 그 효과가 떨어져 12개월 전후로는 면역력이 약한 상태가 된다. 그런데 적정한 1차 백신 접종 시기는 12개월 이후이기 때문에 이즈음 아이들의 감염 확률이 올라가는 것이다. 병원, 보육시설 등을 통해 접촉이 많은 시기이기도 하다.

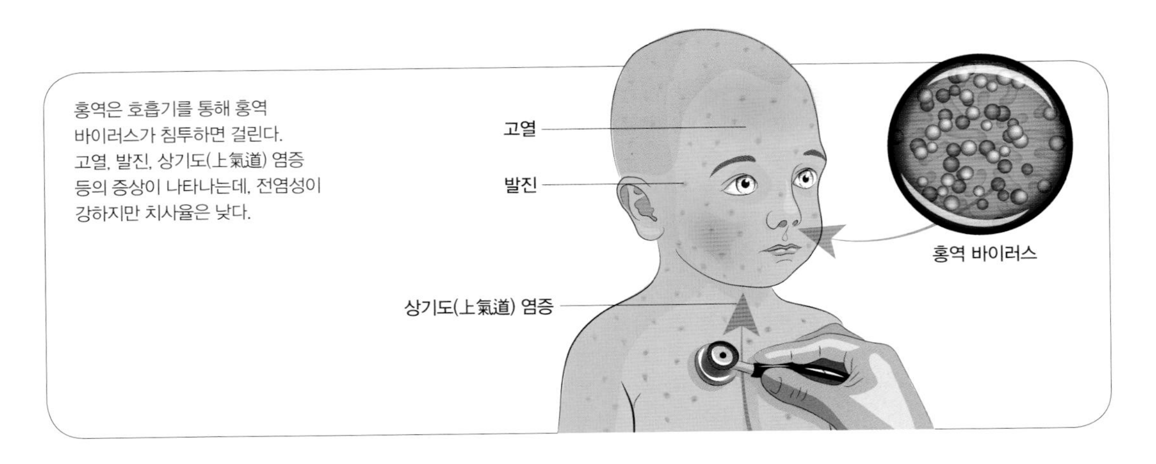


홍역은 호흡기를 통해 홍역 바이러스가 침투하면 걸린다. 고열, 발진, 상기도(上氣道) 염증 등의 증상이 나타나는데, 전염성이 강하지만 치사율은 낮다.

실제로 2006년 100만 명 중 1명 미만의 홍역 질환자를 기록했던 우리나라는 바로 다음 해 상반기에만 88명 이상의 환자를 기록해 홍역 퇴치국으로서의 지위를 잃어버리기도 했다. 이때 질병관리본부에 신고된 환자들 상당수가 1세 전후의 아이들이었다. 특히 아이들은 홍역으로 인한 합병증에도 매우 취약하기에 각별히 주의해야 한다.

다행인 것은 이러한 점을 감안하더라도, 홍역이 그 전염성에 비해 치사율이 매우 높은 질병은 아니라는 사실이다. 치료법 역시 복잡하지 않고, 감기와 비슷한 수준이다. 충분한 휴식을 취하고 수분을 공급하는 한편, 비타민 A 등의 영양분을 꾸준히 보충하면 큰 어려움 없이 2~3주 안에 회복할 수 있다.

물론 환자는 철저히 격리해야 한다. 성인 역시 합병증으로 사망에 이를 수 있기에 방심은 금물이다.

## 홍역은 후진국병? 선진국에서도 확산!

문제는 저소득 국가에서는 그 위험성이 급격히 올라간다는 점이다. 위생, 보건 체계가 현저히 부실하기 때문에 홍역이 빠르게 확산되는 것은 물론 합병증으로 인한 사망 사례까지 종종 일어난다. 실제 저소득 국가의 홍역 치사율은 3~15% 수준이며, 관련 인프라가 열악할 경우 20%까지 올라가는 것으로 파악되고 있다.

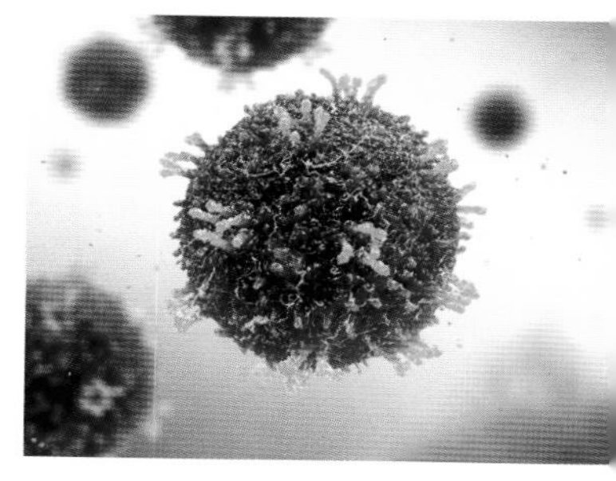

입체적으로 그린 '홍역 바이러스(Measles virus)'. 인체의 점막을 통해 호흡기에 감염을 일으키며 홍역을 유발한다.

이와 같은 특징 때문에 홍역은 흔히 수두 등과 함께 전형적인 '후진국형 질병'으로 알려져 있다. 그런데 최근 전 세계적인 홍역의 확산은 조금 얘기가 다르다. 대륙과 소득 수준, 의료 인프라 등을 가리지 않고 전 세계적으로 공평하게(?) 유행하고 있기 때문이다.

2019년 3월 말 기준으로 질병관리본부의 홍역유행국가 자료를 보면 이 점을 좀 더 직관적으로 이해할 수 있다. 총 74개 유행국의 절반 이상인 40개국이 유럽 대륙에 몰려 있으며, 나머지 유행국이 아시아, 아메리카, 아프리카 등으로 대륙을 가리지 않고 골고루 분포돼 있다. 또한 미국, 일본, 영국처럼 의료체계가 잘 잡혀 있는 선진국들이 우간다, 필리핀처럼 상대적으로 관련 인프라가 미약한 나라들과 사이좋게 홍역유행국가 리스트에 올라가 있다. 홍역이 후진국형 질병이라는 세간의 평가가 무색해지는 것이다.

그런데 좀 더 세부적으로 들여다보면 이 국가들의 공통점을 하나 찾을 수 있다. 바로 백신 미접종이다. 홍역은 그 치료법이 간단한 것과 마찬가지로 예방법도 쉬운 편이다. 1, 2차 백신만 제때에 접종하면 큰 어려움 없이 홍역 확산을 막을 수 있다. 다만 백신을 맞지 않는다면 이야기는 달라진다. 공기감염을 통해 감염되고, 전염성이 높기 때문에 순식간에 퍼져 나갈 수 있다. 의료 인프라와 지역을 막론하고 세계적으로 홍역이 퍼져 나가는 이유도 바로 여기서 찾을 수 있다.

## 백신 불신이 부른 홍역의 세계화

2019년 3월 말 기준으로 집계된 홍역 환자 대다수는 백신 미접종자로 알려져 있다. 이런 사실을 가장 극명하게 드러내 주는 지역이 베트남이다. 호찌민, 하노이를 중심으로 홍역이 유행하고 있는데, 환자의 95%(호찌민), 89.1%(하노이)가 백신 미접종자로 조사됐다.

특히 홍역 확산의 직격타를 맞은 곳이 동아프리카의 섬나라 마다가스카르 공화국이다. 작년 10월 4일부터 올해 2월 23일까지 이곳에서 발생한 홍역 환자는 약 6만 8912명이다. 그중 926명이 사망한 것으로 밝혀졌다. 전체 인구가 약 2550만 명임을 고려하면 상당한 수치다. 이 중 환자의 55%가 백신을 접종하지 않았거나, 접종 여부를 알 수 없는 것으로 나타났다.

대륙별로는 단연 유럽이 눈에 띈다. 작년 기준으로 유럽의 홍역 발생 건수는 8만 2596건인데, 이는 전 세계 홍역 발생 건수(약 22만 9000명 추산)의 1/3 수준이다. 2019년 3월 말 기준으로 홍역 유행국가로 분류된 74개국 중 무려 40개국이 유럽 국가인 것을 감안하면, 사실

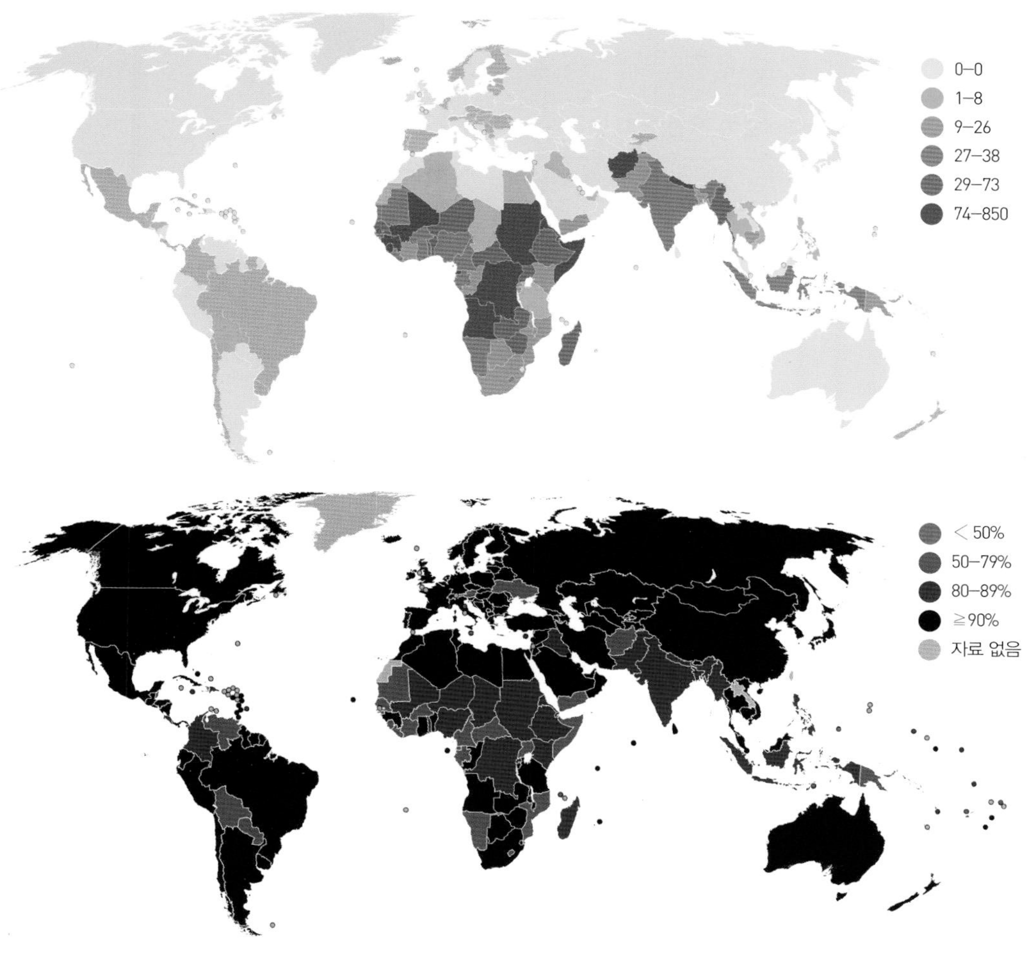


국가별로 홍역 사망률(위, WHO 2012)과 홍역 백신 접종률(아래, WHO 2010)을 보여주는 세계 지도. 빨간색에 가까울수록 100만 명당 홍역 사망률이 높은 것이다. 일반적으로 백신 접종률이 높을수록 사망률이 낮음을 알 수 있다. ©WHO

상 유럽 대륙 전역이 홍역 유행 상태라 해도 큰 과장이 아니다. 당시 유럽 내 홍역 유행국가는 알바니아, 오스트리아, 벨라루스, 벨기에, 보스니아, 헤르체고비나, 불가리아, 크로아티아, 체코, 덴마크, 에스토니아, 핀란드, 프랑스, 독일, 그리스, 헝가리, 아일랜드, 이탈리아, 코소보, 라트비아, 리투아니아, 룩셈부르크, 마케도니아, 몰타, 몰도바, 몬테네그로, 네덜란드, 노르웨이, 폴란드, 포르투갈, 루마니아, 러시아, 세르비아, 슬로바키아, 슬로베니아, 스페인, 스웨덴, 스위스, 우크라이나, 영국이었다.

**홍역 유행국가 현황**(2019년 3월 말 기준)

| 대륙별 | 유행국가 | 출처 |
|---|---|---|
| 아시아(11개국) | 중국, 일본, 말레이시아, 싱가포르, 베트남, 이스라엘, 인도네시아, 필리핀, 태국, 카자흐스탄, 몰디브 | Measles and Rubella monthly reports to WHO by December 2018/각국 보건부 |
| 유럽(40개국) | 알바니아, 오스트리아, 벨라루스, 벨기에, 보스니아, 헤르체고비나, 불가리아, 크로아티아, 체코, 덴마크, 에스토니아, 핀란드, 프랑스, 독일, 그리스, 헝가리, 아일랜드, 이탈리아, 코소보, 라트비아, 리투아니아, 룩셈부르크, 마케도니아, 몰타, 몰도바, 몬테네그로, 네덜란드, 노르웨이, 폴란드, 포르투갈, 루마니아, 러시아, 세르비아, 슬로바키아, 슬로베니아, 스페인, 스웨덴, 스위스, 우크라이나, 영국 | 1. 캐나다 보건부 "Travel health notices"<br>2. 미국CDC "Travel Health Notices"에서 홍역유행국으로 지정한 국가(위험수준 Level 1*) 기준 |
| 아메리카(11개국) | 앤티가 바부다, 아르헨티나, 브라질, 칠레, 콜롬비아, 에콰도르, 과테말라, 멕시코, 페루, 베네수엘라, 미국(뉴욕주 허드슨밸리, 뉴욕시 브루클린, 록클랜드, 워싱턴주 클락카운티, 킹카운티, 뉴저지주) | |
| 아프리카(12개국) | 차드, 콩고민주공화국, 에티오피아, 기니, 케냐, 라이베리아, 마다가스카르, 말리, 모리셔스, 나이지리아, 시에라 리온, 우간다 | |

* **Level 1** - 일반적 예방 조치: 일반적인 예방조치로 여행 전 정기 예방접종, 손 씻기의 중요성 강조

이 역시 백신을 불신하는 풍조가 그 원인이다. 2016년 영국 연구진이 조사한 결과, 백신 거부 풍조가 가장 강한 10개국 중 무려 7개국이 유럽 국가인 것으로 나타나기도 했다. 그중 가장 강경하게 백신 반대 움직임을 보이고 있는 국가가 이탈리아다. 이탈리아 상원 의회는 작년 8월 기존에 있던 '로레진 법'을 보류시켰다. 2017년 도입된 해당 법에 따르면, 홍역 백신을 포함한 10종의 예방백신 접종을 받지 않은 어린이의 부모는 큰 벌금을 물어야 하며, 교육 기관은 백신 미접종 아이들을 거부할 수 있다. 이 밖에도 프랑스, 그리스, 루마니아, 우크라이나 등 많은 유럽 나라들은 백신의 2차 접종률이 85% 이하 수준이라서 홍역 확산의 거점이 되고 있다.

2000년 보건당국이 홍역 소멸을 선언한 미국도 비슷한 처지다. 특히 뉴욕주에서 크게 확산되고 있는데, 작년 10월부터 올해 2월 20일까지

집계된 바에 따르면, 약 270명의 환자가 발생했다고 한다. 대부분 어린이가 홍역에 걸렸으며, 이 중 백신 미접종자가 대다수다. CNN 등 외신은 이에 대해 “미국 내에서 백신을 접종하지 않는 만 2세 이하 유아들의 비율이 갈수록 증가하고 있다”며 우려를 표하고 있다. 실제 2001년 0.3%에 불과하던 백신 미접종 유아의 비율은 2015년 기준으로 1.3%에 달해 미국에서 백신 불신 풍조가 갈수록 늘어가고 있음을 보여주고 있다.

한편 우리나라의 경우 국내 백신 접종률은 95% 이상으로 유지되고 있어 국내 인자로 인한 홍역 발생은 거의 없는 것으로 분석된다. 질병관리본부에 따르면, 5월 13일 기준으로 개별사례 59건 중 2건만이 발생원인이 불명확한 상태이며, 나머지 57건은 해외 유입과 관련된 것으로 파악됐다. 그러나 증가하는 해외여행객으로 인해 접종 전 연령이나 면역저하자와 같은 고위험군을 대상으로 홍역 전파 가능성이 충분하다. 실제 집단 발생으로 인해 확진된 환자 수는 5월 13일 기준으로 98건에 이른다.

## 백신 거부 신드롬, 어떻게 생겼을까

사실 1962년 미국의 모리스 힐만 박사가 개발한 홍역 백신은 20세기 최고의 발명 중 하나라 해도 손색이 없다. 그 전까지 70만 명이 넘어가던 홍역 감염자 수가 백신 등장 이후로 1/10 아래로 현저히 떨어졌기 때문이다. 현재는 홍역(Measles), 볼거리(Mumps), 풍진(Rubella)을 한 번에 예방하는 일명 MMR 혼합 백신이 사용되며, 단 2번만 접종하면 된다. 비용, 안전성 모두 알맞은 수준이기에 2001년까지 전 세계에서 5억 건 이상 투여될 정도로 널리 퍼졌다.

그렇다면 이런 백신을 거부하는 이유는 무엇일까? 물론 나름의 근거는 있다. 그 대표적인 것이 영국 대장외과 전문의 앤드루 웨이크필드 박사가 1998년 저명한 의학저널 《랜싯(Lancet)》에 발표한 논문이다. 논문명은 ‘Ileal-lymphoid-nodular hyperplasia, non-specific colitis, and

EARLY REPORT

Early report

**Ileal-lymphoid-nodular hyperplasia, non-specific colitis, and pervasive developmental disorder in children**

A J Wakefield, S H Murch, A Anthony, J Linnell, D M Casson, M Malik, M Berelowitz, A P Dhillon, M A Thomson, P Harvey, A Valentine, S E Davies, J A Walker-Smith

**Summary**

**Background** We investigated a consecutive series of children with chronic enterocolitis and regressive developmental disorder.

**Methods** 12 children (mean age 6 years [range 3–10], 11 boys) were referred to a paediatric gastroenterology unit with a history of normal development followed by loss of acquired skills, including language, together with diarrhoea and abdominal pain. Children underwent gastroenterological, neurological, and developmental assessment and review of developmental records. Ileocolonoscopy and biopsy sampling, magnetic-resonance imaging (MRI), electroencephalography (EEG), and lumbar puncture were done under sedation. Barium follow-through radiography was done where possible. Biochemical, haematological, and immunological profiles were examined.

**Findings** Onset of behavioural symptoms was associ[illegible] by the parents, with measles, mumps, and rub[illegible] vaccination in eight of the 12 children, with meas[illegible] infection in one child, and otitis media in [illegible]. All 12 children had intestinal abnormalities, [illegible] from lymphoid nodular hyperplasia to a[illegible] ulceration. Histology showed patchy chronic infla[illegible] in 11 children and reactive ile[illegible] hyperplasia in seven, but no granulomas. Be[illegible] disorders included autism (nine), disintegrati[illegible] (one), a[illegible] possible postviral or vaccinal encephalitis [illegible]. There were no focal neurological abnormalities and [illegible] and EEG tests were normal. Abn[illegible] laboratory results were significantly raised urinary [illegible] acid compared with age-matched contro[illegible], low haemoglobin in four children, [illegible] low [illegible] IgA in [illegible] children.

**Interpretation** [illegible] associated gastrointestinal disease and developmental regression in a group of previously [illegible], which was generally associated in time [illegible] possible environmental triggers.

Lancet 199[illegible] 351: 637–41
See Commentary page

**Inflammatory Bowel Disease Study Group, University Departments of Medicine and Histopathology** (A J Wakefield FRCS, A Anthony MB, J Linnell PhD, A P Dhillon MRCPath, S E Davies MRCPath) **and the University Departments of Paediatric Gastroenterology** (S H Murch MB, D M Casson MRCP, M Malik MRCP, M A Thomson FRCP, J A Walker-Smith FRCP), **Child and Adolescent Psychiatry** (M Berelowitz FRCPsych), **Neurology** (P Harvey FRCP), **and Radiology** (A Valentine FRCR), **Royal Free Hospital and School of Medicine, London NW3 2QG, UK**

**Correspondence to:** Dr A J Wakefield

**Introduction**

We saw several children who, after a [illegible] of apparent normality, lost acquired skills, inclu[illegible] communication. They all had gastrointestinal [illegible], including abdominal pain, diarrhoea, and [illegible] and, in some cases, food intolerance. We describe [illegible] clinical findings, and gastrointestinal featu[illegible] these children.

**Patients and methods**

12 children, con[illegible] to the department of paediatric gastroenterology [illegible] a history of a pervasive developmental [illegible] with loss [illegible] skills and intestinal symptoms [illegible] abdominal [illegible], bloating and food intolerance), were inv[illegible]. All children were admitted to the ward [illegible], accomp[illegible] by their parents.

*Clinical investigations*

[illegible] took histor[illegible] including details of immunisations and exposure to infect[illegible] diseases, and assessed the children. In 11 ca[illegible] the history was obtained by the senior clinician (JW-S). Neur[illegible] psychiatric assessments were done by consultant staff (PH, MB) with HMS-4 criteria.[1] Developmental [illegible] included a review of prospective developmental records from parents, health visitors, and general practitioners. Four children did not undergo psychiatric assessment in hospital; all had been assessed professionally elsewhere, so these assessments were used as the basis for their behavioural diagnosis.

After bowel preparation, ileocolonoscopy was performed by SHM or MAT under sedation with midazolam and pethidine. Paired frozen and formalin-fixed mucosal biopsy samples were taken from the terminal ileum; ascending, transverse, descending, and sigmoid colons, and from the rectum. The procedure was recorded by video or still images, and were compared with images of the previous seven consecutive paediatric colonoscopies (four normal colonoscopies and three on children with ulcerative colitis), in which the physician reported normal appearances in the terminal ileum. Barium follow-through radiography was possible in some cases.

Also under sedation, cerebral magnetic-resonance imaging (MRI), electroencephalography (EEG) including visual, brain stem auditory, and sensory evoked potentials (where compliance made these possible), and lumbar puncture were done.

*Laboratory investigations*

Thyroid function, serum long-chain fatty acids, and cerebrospinal-fluid lactate were measured to exclude known causes of childhood neurodegenerative disease. Urinary methylmalonic acid was measured in random urine samples from eight of the 12 children and 14 age-matched and sex-matched normal controls, by a modification of a technique described previously.[2] Chromatograms were scanned digitally on computer, to analyse the methylmalonic-acid zones from cases and controls. Urinary methylmalonic-acid concentrations in patients and controls were compared by a two-sample t test. Urinary creatinine was estimated by routine spectrophotometric assay.

Children were screened for antiendomysial antibodies and boys were screened for fragile-X if this had not been done

THE LANCET • Vol 351 • February 28, 1998 637



**랜싯 논문**

《랜싯(Lancet)》에 게재됐던 웨이크필드 박사의 논문. 랜싯 홈페이지에서 확인할 수 있다. 논문이 철회됐음(retracted)을 뜻하는 빨간 글씨가 눈에 띈다.

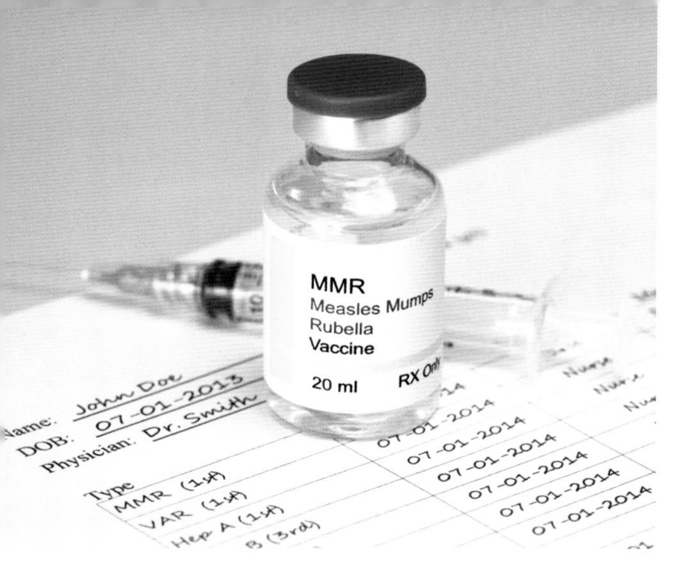


홍역(Measles), 볼거리(Mumps), 풍진(Rubella)을 한 번에 예방하는 MMR 혼합 백신. 단 2번만 접종하면 된다.

pervasive developmental disorder in children'. 이 논문에서 웨이크필드 박사는 MMR 백신이 자폐증을 유발한다고 주장했다. 자폐아 12명을 조사한 그는 이 중 8명이 MMR 백신을 맞은 지 2주 안에 자폐증세를 보였다고 밝혔다. 논문에 따르면 해당 자폐아들은 정상적인 발달과정에 있는 아동이었다. 다만 어떠한 환경적 요인 때문에 자폐증이 발현됐고, MMR 백신이 그 원인일 가능성이 있다는 분석이다.

여기에 더해, 당시 사람들은 '한꺼번에 여러 백신을 접종하는 것'에 대해 두려움을 갖고 있었다. 백신은 기본적으로 미약한 바이러스를 체내에 주입해 항체를 형성토록 함으로써 해당 바이러스에 대한 면역을 갖게 하는 것이다. 접종을 전후해 아주 약한 증상을 보일 수 있지만, 몸에 무리가 갈 정도는 아니다. 그런데 만약 3종류의 바이러스를 한꺼번에 주입한다면 어떻게 될까? 미약한 바이러스이지만 면역력이 약한 아이들에게는 치명적일 수 있다는 의구심을 가질 만하다.

이 때문에 웨이크필드 박사는 기자회견을 진행했고, 이를 언론들이 대서특필하면서 바야흐로 백신 거부 신드롬이 일어나기 시작했다. 1998년 당시 90%가 넘던 영국의 MMR 백신 접종률이 2003년에는 무려 61%까지 대폭 감소해 버렸다. 결국 영국은 몇 차례의 홍역 대유행을 겪으며 현재까지도 대표적인 홍역 유행국가 중 하나로 자리 잡았다.

이후 해당 논문의 진위를 검증하기 위한 연구가 수차례 진행된 것은 당연한 일이다. 그런데 수많은 연구에도 불구하고, MMR 백신과 자폐증과의 명확한 상관관계가 밝혀지지 않으면서 웨이크필드 박사의 발표에 대해 많은 학자들이 점차 의구심을 가지기 시작했다.

여기에 쐐기를 박은 것이 브라이언 디어라는 한 저널리스트의 끈질긴 취재다. 2004년 그는 웨이크필드 박사가 연구 과정에서 의도적인 조작을 했을뿐더러 백신 반대 소송과 관련된 변호사들로부터 거액의 사례비를 받은 사실을 밝혀냈다.

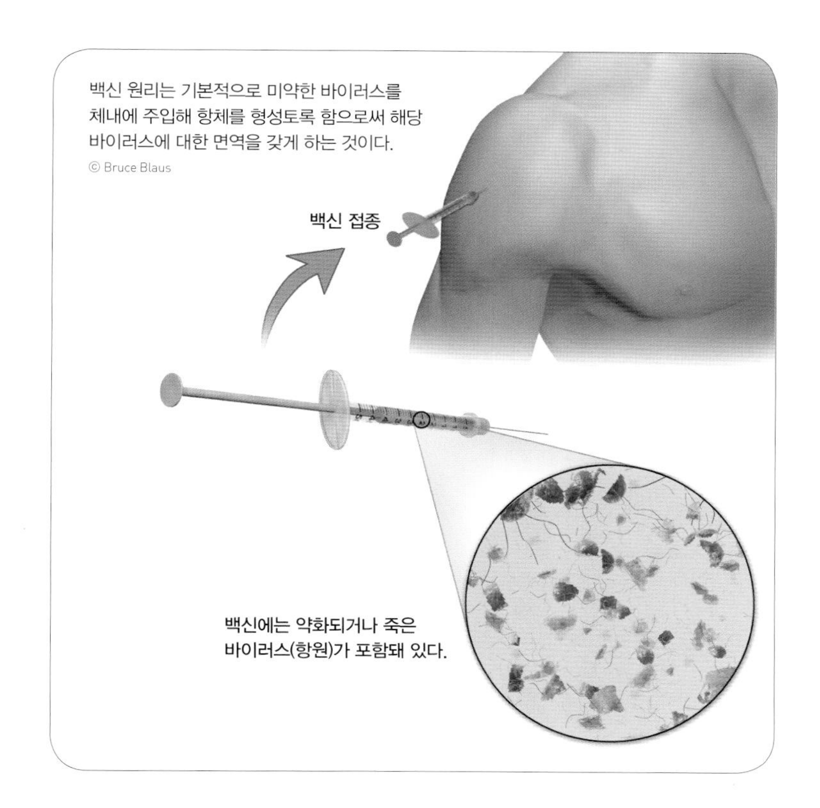

1962년 홍역 백신을 개발한 미국의 모리스 힐만 박사. 덕분에 이전까지 70만 명이 넘어가던 홍역 감염자 수가 백신 등장 이후로 1/10 아래로 현저히 떨어졌다. © Walter Reed Army Medical Center

급기야는 2008년 영국일반의학위원회(General Medical Council)에서 대대적인 특별조사에 착수하기에 이르렀다. 그리고 2년 반 동안 이를 조사한 위원회는 최종적으로 'MMR 백신과 자폐증은 상관관계가 없다'는 결론을 내리게 됐다. 결국 웨이크필드 박사는 2008년 영국 일반의학위원회로부터 의사 면허를 박탈당했으며, 《랜싯》에 실린 그의 논문 역시 2010년 철회됐다.

## 백신 안전성, 수많은 연구로 증명

이후 수많은 연구를 거쳐 백신의 안정성이 입증됐지만, 한번 궤도에 오른 '공포'는 좀처럼 수그러들지 않고 퍼져 나갔다. 이 과정에서 '비타민 A, 비타민 C를 복용하면 백신과 같은 효과를 낼 수 있다'는 등의 거짓 정보들까지 혼재되면서 괴담은 더욱 커져 갔다.

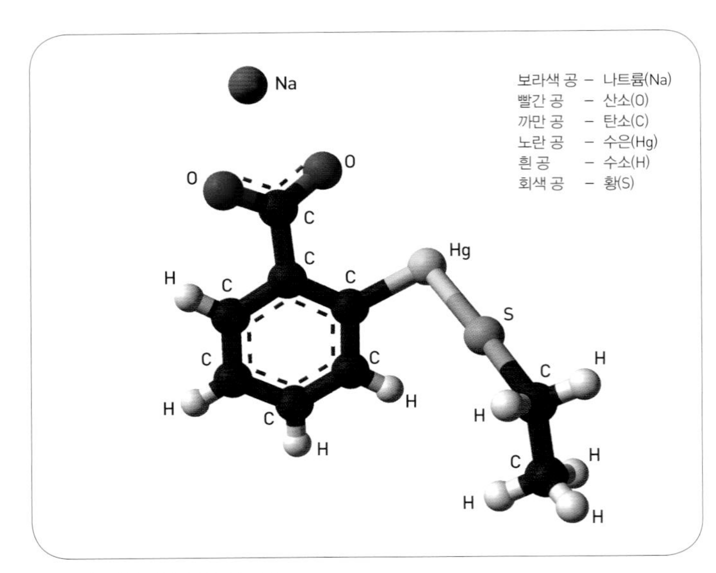


많은 백신 반대론자들이 문제 삼고 있는 백신 첨가물 중 하나인 티메로살(thimerosal, $C_9H_9HgNaO_2S$). 백신에 세균과 곰팡이가 서식하는 것을 막으며, 자폐증과 무관하다. © Ben Mills

특히 많은 백신 반대론자들은 백신에 함유된 여러 첨가물을 문제 삼고 있다. 그 대표적인 성분이 수은화합물 티메로살(thimerosal, $C_9H_9HgNaO_2S$)이다. 이는 백신에 세균과 곰팡이균이 서식하는 것을 방지하기 위해 주입된 것으로서, 체내에 쌓여 신경조직 형성을 방해할 수 있다는 논리다. 이 역시 많은 논란을 낳았고, 다양한 연구가 진행됐다. 그리고 1999년 미국 소아과학회(AAP)는 '티메로살은 소아자폐증을 유발하지 않는다'는 결론을 내렸다. 심지어 2001년부터는 북미 지역에 아예 티메로살을 배제한 MMR 백신이 도입되기에 이르렀다. 그러나 자폐증 발생률은 그대로였기에 티메로살과 자폐증과의 상관관계는 없다는 것이 증명됐다.

한편 MMR 백신을 둘러싼 또 다른 논란 중 하나가 한꺼번에 여러 바이러스를 주입하는 것에 대한 우려다. 이는 지금까지도 많은 부모들이 갖고 있는 불안 중 하나다. 어떻게 보면 부모들의 우려가 자연스러워 보인다. 결핵 백신, B형 간염 백신, 폐렴구균 백신처럼 아기들이 맞아야 하는 백신의 종류는 생각보다 많으며, 접종 간격 역시 지나치게 좁아 보인다.

그러나 결론만 이야기하면, 이 역시 기우에 지나지 않는다. 어린 아이의 몸이라도 백신을 통해 주입된 항원(바이러스 및 유사 바이러스)들을 상대하기에는 큰 문제가 없기 때문이다. 원래 우리 몸의 면역체계는 1년에도 수차례씩 침입하는 세균이나 바이러스 정도는 쉽게 이겨낼 정도로 준비돼 있다. 단지 자주 인체를 공격하지 않는 홍역 바이러스 같은 일부 바이러스들의 경우, 이에 대비해 면역체계를 준비할 시간이 없기에 치명적으로 다가오는 것이다. 이를 보완하기 위한 것이 바로 백신이다. 애초에 백신에 들어가는 항원은 인체 유해 정도를 고려해 굉장히

약화된 상태로 제작됐으며, 이 때문에 다소 중복이 되더라도 그 위험도가 높아지지 않는다.

이를 뒷받침하는 연구 결과도 많다. 대표적인 것이 2013년에 발표된 미국질병통제예방센터(CDC) 의학자들의 연구 결과다. 이들은 생후 2년 된 자폐아 256명, 비자폐아 753명을 대상으로 자폐증과 각종 백신 항원 간의 상관관계를 분석했다. 그 결과 둘 사이의 유의미한 상관관계를 발견할 수 없었다. 미국 콜로라도대 연구진 역시 2014년 비슷한 연구 결과를 발표했다. 해당 연구의 대상은 무려 32만 3247명. 발작과 백신 접종과의 연관성을 분석한 이 연구 역시 백신의 안정성을 입증해 준다.

최근에는 MMR 백신 접종자가 백신 미접종자보다 자폐증에 걸릴 확률이 더 낮다는 연구 결과도 나왔다. 덴마크 국립혈청연구소 안데르스 비드(Anders Hviid) 박사 연구팀이 학술지 《내과학 연보(Annals of Internal Medicine)》에 발표한 논문이다. 비드 박사 연구팀이 무려 65만 7461명의 데이터를 분석한 결과, MMR 백신 미접종자의 자폐증 확률이 백신 접종자보다 7% 더 높은 것으로 나타났다. 이는 부모 연령, 임신 중 흡연 여부, 출생 시 머리둘레 등 다양한 변수들을 모두 감안한 결과다.

## 일부 부작용은 사실, 자연면역과 비교는 금물

물론 백신이라고 완벽한 물질은 아니다. 백신은 백신 항원으로 이루어진 활성 성분(active component), 면역반응을 증가시키는 보강제(adjuvant), 백신을 안정적으로 유지하기 위한 안정제(stabilizer), 백신의 오염을 막는 보존제(preservative) 등 다양한 성분으로 구성돼 있는데, 이로 인해 알레르기 반응 같은 부작용이 나타날 수 있다. 알루미늄, 젤라틴처럼 백신에 들어가는 다양한 첨가물에 대해 논란이 나오고 있는 것도 이 때문이다.

실제로 주사 부위의 통증, 가려움, 미세출혈, 일시적 두통, 어지럼

증, 식욕 부진 등의 간단한 부작용이 간혹 나오는 것은 사실이다. CDC에 따르면 MMR 백신 접종 후 6명 중 1명꼴로 미열이 발생하고, 20명 중 1명꼴로 경미한 발진이 생기는 것으로 알려졌다.

열 경기, 발작 등 중증 이상 반응이 나타날 수도 있다. 이와 같은 증상은 주로 접종 후 30분 이내 발생하므로, 이상이 나타나는 경우 약 30분간 의료기관에 머물면서 주의 깊게 관찰해야 한다. 특히 문제가 되는 것이 젤라틴, 효모, 라텍스 등의 성분에 의한 아나필락시스(anaphylaxis), 즉 알레르기 쇼크다. 이는 초기에 적절히 치료하지 않으면 생명을 잃을 수도 있는 위험한 질환이다.

다만 이를 모두 고려하더라도 백신의 위험성은 높지 않다. 스위스 취리히대학병원(University Hospital Zurich) PJ 프리체(Fritsche) 교수의 연구에 따르면, 백신에 대한 이상 반응은 10만 건당 83건 이하로 매우 드물며, 거의 대부분이 접종 부위에 발생하는 국소 이상 반응이다. 아나필락시스 발생 역시 150만 건당 1건 수준이다.

또한 백신 피부검사나 혈청검사를 통해 아나필락시스 같은 백신 부작용을 예측할 수 있으며, 거의 대부분의 경우 안전한 백신으로 대체하는 것이 가능하다. 중요한 것은 백신이 그 안전성을 높이기 위해 지속적으로 개선되고 있다는 점이다. 실제로 티메로살 같은 위험을 유발할 수 있는 성분들은 갈수록 줄어들거나 대체되고 있으며, 백신의 부작용에 대한 연구 역시 지속적으로 진행되고 있다.

물론 백신을 맞지 않고도 실제 질병에 걸린 뒤 회복되어 '자연면역'을 얻게 되는 경우도 있다. 실제 홍역 등의 질병을 앓은 사람은 평생 면역을 얻기에, 이를 바탕으로 일부에서는 '백신 무용론'을 펼치기도 한다.

그러나 이는 턱없이 위험한 주장이다. 수두, 소아마비, 볼거리 같은 전염병의 부작용은 폐렴, 청력 상실, 뇌 손상 등이 나타나는데, 이는 백신의 부작용과는 비교 불가 수준이다. 게다가 백신 도입 이후 해당 질병으로 인한 사망자가 급감했다.

애초에 자연면역을 주장하는 자연요법 자체가 대부분 백신과 그

메커니즘이 같다. 천연두 환자의 딱지를 갈아서 흡입하거나 우두 걸린 소의 고름을 바늘로 팔에 주사하는 식으로 오랫동안 이어져 온 민간요법의 원리는 약한 항원을 미리 인체에 투입해 면역체계를 준비한다는 점에서 백신의 원리와 정확하게 일치한다. '수두 파티'처럼 수두에 걸린 아이와 함께 모여 해당 질병에 강제로 노출되게 하는 기상천외한 요법 역시 따지고 보면 백신과 같은 원리를 활용하는 것이다.

특히 '백신(vaccine)'이라는 이름 자체가 라틴어로 암소를 뜻하는 '바카(vacca)'에서 나왔다는 점은 시사하는 바가 크다. 이런 민간요법에 주목한 에드워드 제너라는 영국 의사가 소젖 짜는 여성의 손에 생긴 물집에서 고름을 짜내 남자 아이에게 넣는 실험을 공개적으로 진행함으로써 백신의 효용이 널리 퍼지게 된 것이다. 이것이 바로 천연두 백신의 일종인 우두법이다.

의학이 고도로 발달한 현대에는 수많은 데이터를 바탕으로 인체의 면역력에 맞춰 어떤 백신을 언제 접종해야 최고의 효과를 발휘할 수 있는지가 상세히 분석돼 있다. 이 시기를 놓칠 경우 백신을 맞더라도 그 효과가 떨어질 수 있으니 적정 시기에 맞춰 예방접종을 하는 것이 좋다. 참고로 MMR 백신의 권장 접종 시기는 1차가 생후 12~15개월이고, 2차가 4~6살이다.

## 불어나는 백신 반대, 그 이유는?

사실 인류의 역사는 전염병의 역사라 해도 과언이 아니다. 농경사회가 시작되자 본격적으로 토지 대비 인구밀도가 늘어났고, 돼지 등 가축과 같이 생활하게 되면서 전염병은 인류와 떼려야 뗄 수 없는 사이가 됐다.

지금까지 살펴봤듯이, 백신은 이런 전염병으로부터 인류를 지켜주는 가장 강력한 예방법이다. 실제로 백신 접종이 확산되면서 인류는 수많은 전염병의 공포로부터 자유로워질 수 있었다. 그런데 이런 백신

Follow

I am being proven right about massive vaccinations—the doctors lied. Save our children & their future.

10:30 PM - 3 Sep 2014

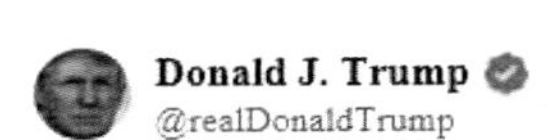


Healthy young child goes to doctor, gets pumped with massive shot of many vaccines, doesn't feel good and changes - AUTISM. Many such cases!

13K 9:35 PM - Mar 28, 2014

19.4K people are talking about this

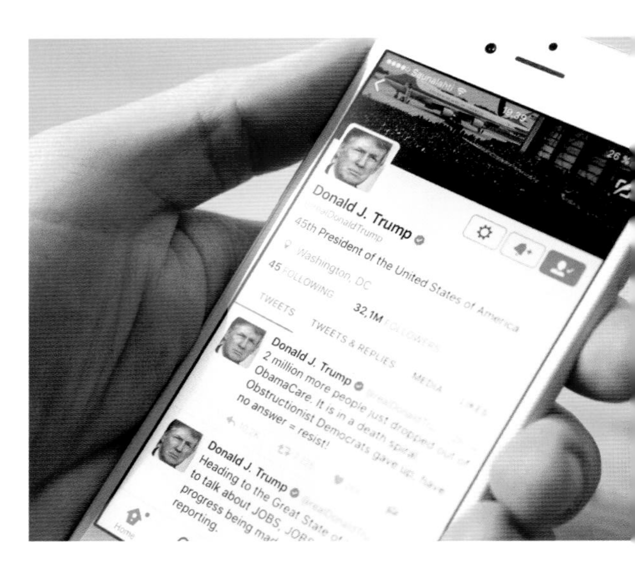


**트럼프 트위터**
도널드 트럼프 미국 대통령은 대표적인 백신 반대론자다. 그는 백신의 효용을 부정하는 수많은 발언을 해 왔다. 사진은 트럼프 대통령의 트위터 계정과 트윗.

에 대한 불신은 왜 줄어들지 않을까?

여기에는 다양한 요인이 있다. 이 중 가장 먼저 생각해 볼 수 있는 것이 수많은 유명인들의 발언이다. 현재 백신 반대론자 중 가장 유명한 이가 바로 도널드 트럼프 미국 대통령이다. 그는 2015년 진행된 대선후보 2차 TV토론회에서 "백신을 맞은 한 아이가 고열에 시달리다 결국 자폐증 환자가 됐다"고 말하며 공개적으로 백신에 대한 불신을 내비쳤다. 이후에도 시시때때로 백신에 대한 부정적 발언을 이어가고 있다.

백신 불신을 외치는 정치인은 트럼프 대통령뿐만이 아니다. 프랑스의 극우파 정치인 마린 르펜, 이탈리아의 극우파 정치인 마시밀리아노 페드리가 역시 백신의 안전성에 의문을 제기하면서 의무 접종에 반대하는 대표적인 정치인들이다. 이런 정치적 거물들의 지속적 발언에 더해 로버트 드 니로, 짐 캐리, 제니 매카시 등 유명 배우들까지 백신 반대에 가세하고 있기에 대중들로서는 그 물결에 휩쓸리기 쉽다.

여기에 정부 및 제약회사에 대한 불신, '백신 접종 강제화는 자유권 침해'라며 일부 자유 중시 사상을 주장하는 목소리, 실제 백신의 부작용 사례 공유 등이 합세해 백신 불신 풍조가 널리 퍼지게 되는 것이다. 반대론자들의 입맛에 맞는 일부 거짓 뉴스나 부정확한 정보 등은 불

**제너카툰**
백신은 그 등장에서부터 숱한 반대에 부딪혔다. 사진은 백신의 창시자인 에드워드 제너와 그를 비난하는 사람들의 모습을 담은 1808년의 한 만평.

난 집에 기름을 뿌리는 격이 된다.

이런 분위기를 타고 백신 반대로 유명한 인물들이 이슈를 끌며 활발한 활동을 펼치기도 한다. 거짓 논문으로 의사면허를 박탈당한 웨이크필드 박사가 미국 워싱턴DC에서 열린 트럼프 대통령의 취임식 파티에 초청을 받을 정도다. 이미 과학계에서는 논문의 허구성이 입증된 지 오래지만, '백신의 위험성을 증명한 전설적인 인물'로서 반대론자들에게 추앙받고 있는 것이다.

한편 SNS 등 소통 수단이 많아지면서 관련 내용이 빠르게 번질 수 있는 것도 백신 반대 풍조의 한 이유가 될 수 있다. '삼인성호(三人成虎, 세 명이 이야기를 하면 없는 호랑이도 있다고 믿게 만든다)'라는 고사성어처럼 백신에 대한 부정적 인식이 없었던 사람들도 영향을 받을 수 있다는 분석이다.

실제 2016년 12월 질병관리본부가 12세 이하 자녀를 둔 보호자 1068명에게 조사한 결과는 이를 잘 보여준다. 조사에서 응답자의 약 1/3인 33.4%가 "백신 무용론을 접한 경험이 있다"고 밝혔으며, 이 중에서 47%가 "해당 정보로 인해 백신에 대한 부정적인 태도가 형성됐다"고 답했다.

## 홍역은 인재(人災), 집단면역으로 막아야

무엇보다 백신 불신의 위험한 점은 집단면역을 약화시킨다는 사실이다. 집단면역(herd immunity)이란 한 집단의 구성원 대부분이 백신을 맞아 한 사람이 감염되더라도 병원체가 면역력이 없는 사람에게 옮겨가지 못하고 전염병이 퍼지지 않는 현상을 말한다. 인류가 홍역, 천연두, 수두 등의 무시무시한 질병들로부터 구원받을 수 있었던 원동력이 바로 집단면역의 힘이다.

다만 그 효용이 너무 좋기에 백신 반대의 근거를 제시해주는 우스꽝스러운 일도 종종 나타난다. 집단면역이 형성된 곳에서는 백신을 맞지 않은 사람들도 일종의 '무임승차'를 할 수 있고, 이는 '우리 아이는 백신을 맞지 않았지만, 아무 문제 없이 자라났다'는 주장으로 이어지기 때문이다.

문제는 집단의 일정 비중 이상이 백신을 접종하지 않는 경우 이 집단면역이 무너질 수 있다는 점이다. 최소 92%, 안정적으로는 95% 이상의 인원이 백신을 접종해야 한다. 이에 WHO에서는 '세계 홍역 및 풍진 전략 계획(2012~2020)'을 바탕으로 2020년까지 1, 2차 홍역 백신 접종률을 모두 95% 이상으로 달성하겠다는 목표를 세우기도 했다. 홍역 같

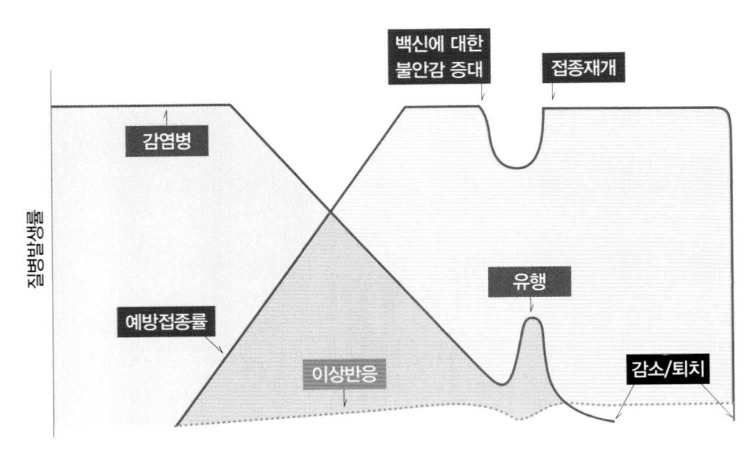


예방접종률과 질병발생률의 관계 ⓒ 식약처

## 집단면역의 효과

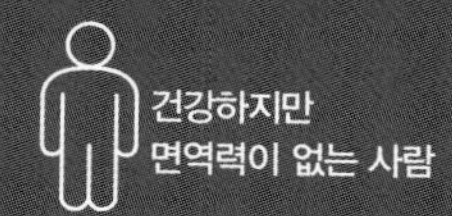


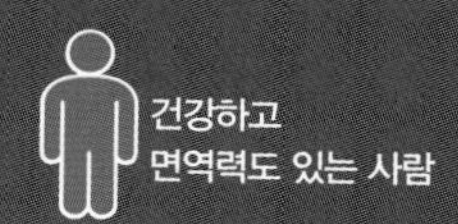

**면역력이 없는 집단**

면역력이 없는 사람들 사이에 감염원이 유입될 경우 감염병이 빠르게 퍼진다.

**면역력이 다소 있는 집단**

면역력이 있는 사람이 다소 있으면, 감염원이 유입될 경우 면역력이 있는 사람을 제외하고 감염병이 빠르게 퍼진다.

**면역력이 충분한 집단**

면역력이 충분할 땐 감염원이 유입되더라도 대부분 감염되지 않고 면역력이 없는 사람까지 감염되지 않을 수 있다. 집단 생활을 하는 사회에는 일정 수준의 집단면역이 필요하다.

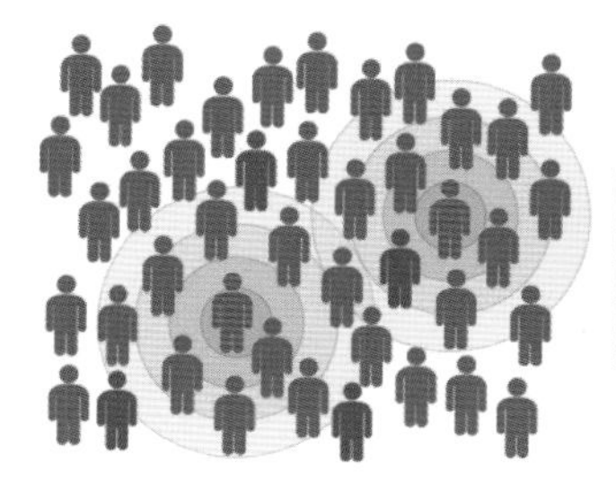

집단의 면역력에 따라 감염병의 확산 정도가 달라진다. 집단의 대부분이 감염병에 대한 면역력을 가진 상태(집단면역)가 되면, 면역력이 없는 사람까지 감염되지 않을 수 있다. 예방접종은 나의 건강뿐 아니라 우리 모두의 안전을 위한 배려인 셈이다. © 질병관리본부

World Health Organization | Health Topics | Countries | News | Emergencies | About Us

## Vaccine hesitancy

Vaccine hesitancy – the reluctance or refusal to vaccinate despite the availability of vaccines – threatens to reverse progress made in tackling vaccine-preventable diseases. Vaccination is one of the most cost-effective ways of avoiding disease – it currently prevents 2-3 million deaths a year, and a further 1.5 million could be avoided if global coverage of vaccinations improved.

Measles, for example, has seen a 30% increase in cases globally. The reasons for this rise are complex, and not all of these cases are due to vaccine hesitancy. However, some countries that were close to eliminating the disease have seen a resurgence.

The reasons why people choose not to vaccinate are complex; a vaccines advisory group to WHO identified complacency, inconvenience in accessing vaccines, and lack of confidence are key reasons underlying hesitancy. Health workers, especially those in communities, remain the most trusted advisor and influencer of vaccination decisions, and they must be supported to provide trusted, credible information on vaccines.

In 2019, WHO will ramp up work to eliminate cervical cancer worldwide by increasing coverage of the HPV vaccine, among other interventions. 2019 may also be the year when transmission of wild poliovirus is stopped in Afghanistan and Pakistan. Last year, less than 30 cases were reported in both countries. WHO and partners are committed to supporting these countries to vaccinate every last child to eradicate this crippling disease for good.

WHO는 2019년 세계 건강을 위협하는 10대 위협 중 하나로 백신 기피 현상을 꼽았다. 사진은 관련 내용을 담은 WHO 홈페이지. © WHO

이 그 발병이 줄어든 질병의 경우 집단면역이 더욱 중요해진다. 과거에는 홍역 등에 시달리다 자연면역을 얻은 인구가 어느 정도 있었지만, 현재로서는 그렇지 않기에 홍역 바이러스가 퍼지면 그 피해를 고스란히 감당해야 한다. 이 때문에 아예 집단면역을 쌓아 해당 질병이 발을 붙이지 못하도록 하는 것이 최선의 방법이다.

다만 집단면역을 오랫동안 유지하는 것은 쉽지 않은 일이다. 사회의 구성원이라는 것은 언제나 유동적이다. 새로 태어나는 인구, 외부에서 이주해오는 인구 등이 있기에 각 국가의 보건담당자들은 집단면역을 유지하기 위해 갖은 대책을 세우고 있다.

특히 우리나라는 일정 연령군에서 집단면역에 구멍이 뚫린 상태이기에 더욱 위험하다. 실제 작년 12월부터 우리나라에서 발병됐던 홍역 환자들 상당수가 여기에 해당된다. 현재 20~30대가 일종의 취약계층인데, 이는 백신 도입 시기 때문이다. 우리나라에 홍역 백신이 도입된 것은 1965년이었지만, 본격적으로 백신 접종이 권고된 것은 20년이 지난 1985년부터였는데, 그나마 1번 접종이 일반적이었다. 이후 지금과 같은 2번 접종이 시행된 시기는 1997년이다. 이 때문에 그 사이에 태어난 연령대는 MMR 백신을 1번만 접종했거나 아예 접종하지 않았을 가능성이 높다.

실제 2014년 질병관리본부가 3500명을 대상으로 연령별로 실시한 조사는 이런 우려가 기우가 아님을 보여준다. 당시 16세~19세 사이 연령대의 홍역 항체 양성률(항체 보유 비율)은 약 50%로 절반 수준에 불과했고, 당시 20세~24세의 항체 양성률도 70%에 불과했다. 이 때문에 정부는 비록 성인일지라도 1회 이하의 백신을 접종한 인구에게 추가 접종을 당부하고 있다.

백신 접종은 나 자신만의 건강을 위한 것이 아니라 사회 구성원 전체를 위한 '배려'와 '의무'에 가깝다. 이유가 어떻든 간에 백신을 불신하고 거부하는 행위는 홍역이라는 부메랑이 되어 전 세계를 휩쓸고 있다. WHO가 지난 1월 발표한 보고서를 통해서 백신 기피 현상을 '2019년 세계 건강 10대 위협'으로 꼽을 정도다. 백신 기피 현상이 기후변화, 에이즈, 대기 오염과 같은 수준의 위험요소라는 의미다.

결과적으로 전 세계적인 홍역 확산은 대응 불가능한 천재지변(天災地變)이 아니라 충분히 막을 수 있었던 인재(人災)라 할 수 있다. 유행은 돌고 도는 것이라지만, 굳이 지나간 전염병마저 부활시켜 유행시킬 필요는 없는 듯하다.

# 질량 단위 재정의

# 06

## 이호성

서울대학교 사범대학 물리교육과를 졸업하고, KAIST 물리학과에서 석사 및 박사학위를 취득했다. 1986년부터 한국표준과학연구원 시간주파수연구실에서 약 20년간 우리나라 최초의 세슘원자시계를 개발했다. 2007년부터 약 2년간 한국연구재단 나노융합단장을, 2012년부터 약 2년간 독일 소재 KIST 유럽연구소 소장을 역임했다. 현재 시간표준센터 책임연구원으로서 시간눈금, 한국표준시, 기본물리상수 등에 관한 연구를 하고 있다. 저서로 『기본상수와 단위계』, 『시간눈금과 원자시계』 등이 있다.

ISSUE 6
물리

# 재정의된 4개 기본단위, 올해 5월부터 발효

지난해 11월 16일 프랑스 베르사유에서 열린 제26차 국제도량형총회(CGPM)에서 국제단위계(SI) 기본단위 7개 중에서 질량, 전류, 온도, 물질량 4개의 기본단위가 재정의됐다. ©A. Nicolaus/PTB

지난해 11월 16일 프랑스 베르사유에서 열린 제26차 국제도량형총회(CGPM)에서 국제단위계(SI) 역사상 가장 혁신적인 결의안이 의결됐다. 미터협약에 가입한 59개국의 대표들이 참석한 가운데, SI 기본단위 7개 중에서 질량, 전류, 온도, 물질량 4개의 기본단위를 재정의했던 것이다. 즉 킬로그램(kg), 암페어(A), 켈빈(K), 몰(mol)이 각각 기본상수인 플랑크 상수($h$), 기본 전하($e$), 볼츠만 상수($k$), 아보가드로 상수($N_A$)를 기반으로 재정의됐다. 재정의된 SI 단위들은 올해 5월 20일 '세계 측정의 날'부터 전 세계적으로 발효됐다.

## 도량형 제도의 통일, 미터협약

도량형(度量衡)이란 길이를 재는 자, 부피를 재는 되, 무게를 재는 저울을 일컫는 말이다. 기원전 221년 중국 진나라의 시황제가 여섯 개 나라를 정복하고 최초로 통일국가를 세웠다. 통일 후 그가 맨 처음 시행한 일이 바로 도량형과 화폐의 통일이었다.

조선 시대(1392~1897)에는 세금으로 곡물이나 포목을 납부하는 제도가 있었다. 세금을 공정하게 거두어들이기 위해서는 나라 안에서 통일된 도량형을 사용하는 것이 필요했다. 물건을 사고파는 상거래에서도 마찬가지였다. 조선 시대의 도량형 제도를 '척근법(또는 척관법)'이라고 부르는데, 이것은 그 당시 길이의 단위 '척'과 무게의 단위 '근' 또는 '관'에서 나온 말이다.

영국에서는 1824년에 길이의 단위인 야드와 무게의 단위인 파운드를 바탕으로 하는 '야드파운드법(일명 제국 단위계)'이 만들어졌다. 그 후 1965년부터 정부 차원에서 미터법으로 전환하기 시작했지만, 일부 '제국 단위'들은 오늘날에도 여전히 공식적으로 허용되고 있다. 야드파운드법에서는 길이의 단위만 하더라도 인치, 피트, 야드, 마일 등 여러 단위가 있다. 단위 사이의 관계는, 12 인치가 1 피트이고, 3 피트가 1 야드이며, 1760 야드가 1 마일이다. 그래서 단위를 환산하려면 환산 인자를 곱하거나 나누어야 하는 불편함이 있다.

미터법이 도입된 지 5년 만인 1800년에 프랑스에서 합법적 표준이 된 새로운 십진 단위를 소개하는 목판화. 그림에서 리터, 그램, 미터, 아르(100 평방미터), 프랑, 스테르(목재 1 입방미터)를 소개하고 있다.



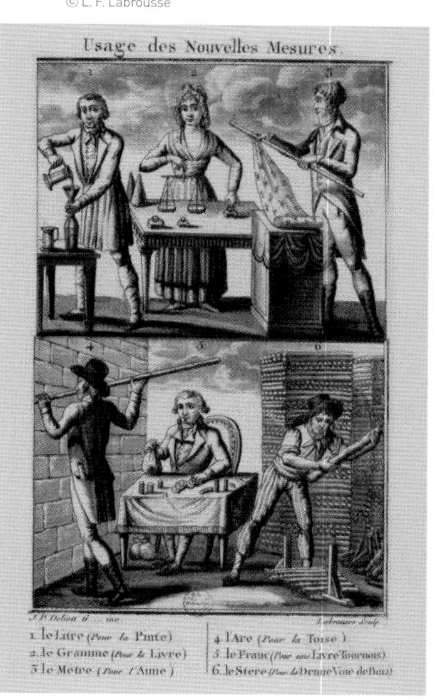


나라별, 지역별로 다양하고 복잡한 단위를 국제적으로 통일시키자는 조약이 1875년에 체결된 '미터협약'이다. 미터협약은 프랑스의 주도하에 17개 나라가 미터법에 근간을 둔 단위를 사용한다는 국제조약이다. 이에 앞서 프랑스는 1789년에 시작된 혁명을 계기로 국가 내에서 사용되던 수많은 단위들을 통일시켜야 한다는 주장이 대두됐다. 통일된 길이 단위를 만들기 위해 프랑스의 천문학자들은 지구의 북극에서 파리 천문대를 거쳐 적도에 이르는 자오선을 따라 대륙에서 약 1000 킬로미터를 측량하여 1 미터라는 길이를 결정했다. 다시 말하면, 지구 둘레를 4000만 미터(즉 4만 킬로미터)라고 먼저 정해놓고, 전체 둘레의 대략 40분의 1을 재서 그것으로부터 1 미터라는 길이를 정한 것이다. 사람의 팔이나 발과 같은 인체의 크기를 기준으로 정했던 길이의 단위를 지구의 둘레라는, 지구인들에게 보편적인 대상을 이용하여 최초로 정의한 것이다.

미터협약에 의해 세 개의 국제기구가 설립됐으니, 국제도량형총회(CGPM), 국제도량형위원회(CIPM), 국제도량형국(BIPM)이다. 이 중 CGPM은 3개 기구 중 최상위 기구로서 미터협약에 가입한 회원국으로 구성되며 4년마다 개최되는데, 국제도량형 관련 주요 안건 및 결의안을 최종 의결한다. CIPM은 몇몇 나라의 도량형 관련 기관을 대표하는 사람들의 모임으로 매년 개최되며, 각종 결의안 및 권고안을 검토하고 조정하는 일을 주로 한다. 단위별로 전문적인 일은 CIPM 산하에 있는 10개의 자문위원회(CC)에 소속된 여러 나라의 과학자들이 수행한다. BIPM은 건물과 인력을 갖춘 사무국으로 파리 외곽에 위치하며, 국제도량형 관련 사안에 대한 회의를 개최하고, 일부 단위에 대해서는 전문가들이 직접 연구를 수행한다.

2018년 11월 현재 미터협약에 가입한 회원국은 총 59개국이고, 준회원은 총 42개 나라 및 경제주체이다. 이처럼 전 세계 대부분의 나라가 미터협약에 가입해 있고, 미터법에 근간한 단위를 사용하고 있다. 그런데 미국은 미터협약의 회원국이고 CIPM 산하 여러 단위별 CC에서 활발하게 활동하고 있지만, 일반 미국인은 미터법을 사용하지 않고, 미국항공우주국(NASA)을 포함한 과학기술계에서만 미터법을 사용하고 있다. 우리나라는 1959년에 미터협약에 가입했고, 1961년에는 미터법만을 사용하도록 법을 제정했다. 이에 앞서 1905년 대한제국 시대에 고종 황제는 대한제국 법률 제1호로 도량형 규칙을 제정해 공포했다. 도량형이란 말은 길이, 부피, 무게에 한정된 의미가 아니라 이제는 모든 측정단위와 측정표준에 관한 의미로 확대됐다.

제1차 CGPM은 1889년에 개최됐다. 이 회의에서 미터법에 근거하여 만들어진 두 개 단위인 미터와 킬로그램의 정의가 인준됐다. 미터는 국제미터원기(IPM)의 길이로 정의됐고, 킬로그램은 국제킬로그램원기(IPK)의 질량으로 정의됐다. 이 두 단위는 원기 자체가 '단위의 정의'이면서 동시에 '단위의 구현'이다. 단위를 구현한다는 것은 실제 비교하는 기준의 역할을 한다는 뜻이다. 구체적으로 말하면, 어떤 표준잣대나 표준분동이 1 미터 또는 1 킬로그램에서 어느 정도 벗어나 있는지 확인하려면 최종에는 IPM이나 IPK와 비교해야 한다는 얘기다. 그런데 IPM과 IPK는 세계에서 유일한 국제원기이기 때문에 함부로 사용할 수 없다. 혹시 파손되거나 분실되면 단위 자체가 사라지기 때문이다. 한번 사라지면 완전히 똑같은 것을 만들 수 없다. 그래서 그것들은 지난 세월의 대부분을 BIPM 지하 창고의 금고 속에서 보냈다. 그와 함께 복사본을 여러 개 만들어 일부는 원기와 같이 보관했고, 또 일부는 미터협약 회원국에서 국가원기로 사용할 수 있도록 배포했다. 이 원기들은 백금(90 %)과 이리듐(10 %)의 합금으로 만들어졌다.

## 국제단위계(SI)의 등장과 발전

국제미터원기(IPM)와 국제킬로그램원기(IPK)는 같은 날 동시에 태어났지만 역사적으로 전혀 다른 길을 걸어 왔다. IPM은 미터 단위가 1960년에 재정의되면서 폐기됐다. 이에 비해 IPK는 2018년까지 130년 동안 킬로그램을 정의하는 인공물로 남아 있었다. 미터 단위는 역사적으로 두 번에 걸쳐 재정의됐는데, 두 번째 재정의는 1983년에 '진공에서의 빛의 속력'이라는 기본상수를 바탕으로 이루어졌다. 킬로그램은 IPK를 대체할 다른 방법을 찾지 못하다가 2018년에서야 미터와 비슷한 원리로 재정의됐다. 즉 '플랑크 상수'라는 기본상수로부터 재정의된 것이다. 이와 함께 다른 3개 단위(전류의 단위 암페어, 온도의 단위 켈빈, 물질량의 단위 몰)도 각각의 기본상수를 바탕으로 재정의됐다.

국제단위계(SI)의 고향인 국제도량형국(BIPM) 건물. 이곳에 국제킬로그램원기(IPK)가 있다. © Brynn Hibbert

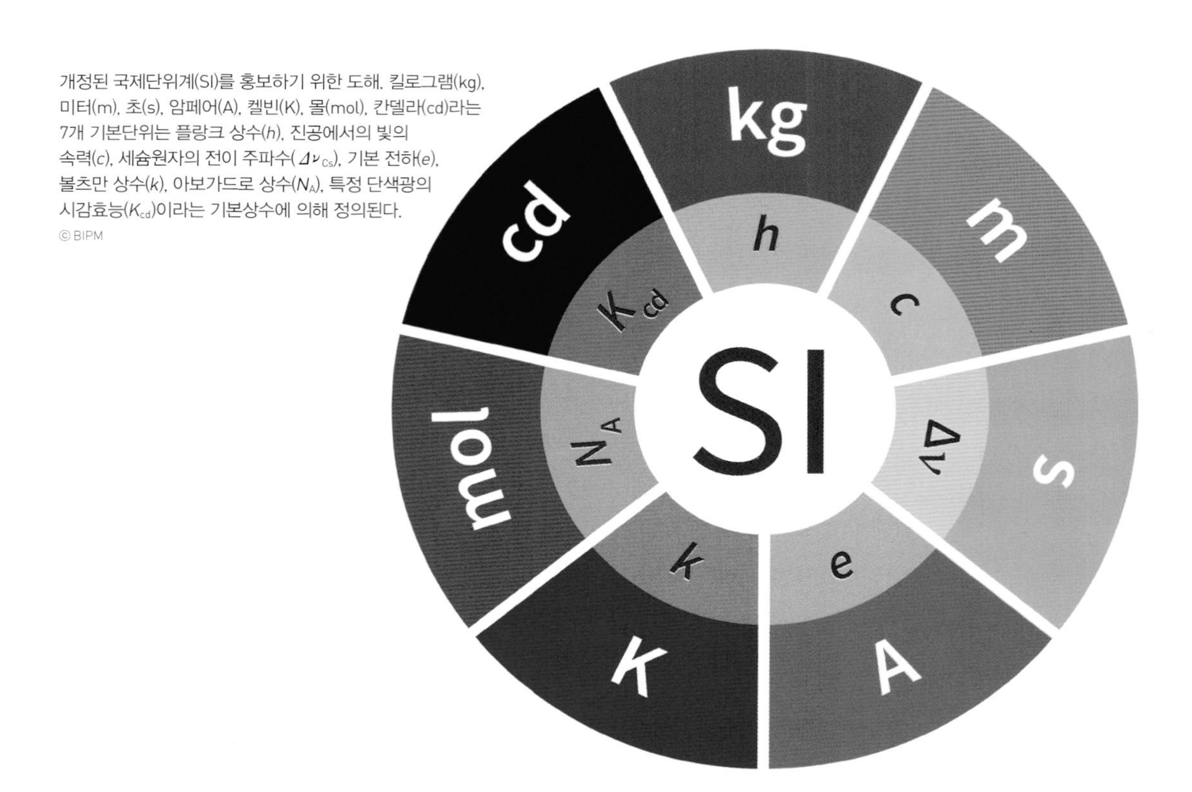


개정된 국제단위계(SI)를 홍보하기 위한 도해. 킬로그램(kg), 미터(m), 초(s), 암페어(A), 켈빈(K), 몰(mol), 칸델라(cd)라는 7개 기본단위는 플랑크 상수($h$), 진공에서의 빛의 속력($c$), 세슘원자의 전이 주파수($\Delta\nu_{Cs}$), 기본 전하($e$), 볼츠만 상수($k$), 아보가드로 상수($N_A$), 특정 단색광의 시감효능($K_{cd}$)이라는 기본상수에 의해 정의된다.


국제단위계(SI)는 1960년에 만들어졌다. 처음에는 미터(m)와 킬로그램(kg), 암페어(A), 켈빈(K) 외에 시간의 단위 초(s), 광도의 단위 칸델라(cd)를 합쳐서 6개의 기본단위를 포함하고 있었다. 1971년에 물질량의 단위인 몰(mol)이 합류하면서 국제단위계는 현재와 같이 7개의 기본단위와 그것들의 조합으로 구성된 유도단위들을 갖추게 됐다.

국제단위계는 진화하는 단위계이다. 단위가 정의된 후 과학기술이 발전하면 단위의 정의도 변해 왔다. 또한 단위의 명칭과 기호 표기법을 정하고, SI 접두어 등도 채택했다. 특히 SI 접두어는 기본단위보다 $10^3$배(=1000배), $10^6$배, $10^9$배 등으로 양이 커지면 각각 k(킬로), M(메가), G(기가) 등의 접두어를 기본단위 앞에 붙여서 큰 단위를 나타내도록 한다. 기본단위보다 작은 단위도 접두어를 붙여 사용하는데, m(밀리), μ(마이크로), n(나노) 등은 각각 $10^{-3}$(=0.001), $10^{-6}$, $10^{-9}$ 등을 나타낸다. 이렇게 함으로써 인치, 피트, 야드, 마일과는 달리 단위를 환산하기 위해 1 이외의 인자를 곱하거나 나누어야 하는 불편함을 없앴고, 기본단위의 기호가 항상 포함되도록 했다.

2018년 이전까지의 국제단위계는 하나의 일관된 원리에 의해 구성된 것이 아니라 과학기술 및 산업 분야에서 널리 사용하던 단위들을 모아서 만든 것이었다. 그런데 2018년 제26차 CGPM에서 의결된 '국제단위계(SI) 개정'에 관한 결의안에서는 모든 기본단위가 기본상수(일명 정의 상수)로부터 유도된다는 점에서 완전히 새로운 체계와 일관성을 갖추게 됐다. 국제단위계 역사에서 대변화가 일어난 것이다.

## 미터 단위, 빛의 파장으로 재정의

약 70년 동안 미터 단위를 정의하는 지위에 있었던 국제미터원기에는 1 미터 간격을 나타내는 두 개의 눈금이 그어져 있다. 그래서 1 미터는 정확히 정의됐지만 그보다 짧은 길이나 긴 길이는 1 미터 간격을 등간격으로 나누거나 곱하여 구할 수밖에 없었다. 예를 들어 똑같은 길이의 블록을 100개 만들어 이어 붙였을 때 1 미터가 된다면 그 블록 하나는 1 센티미터가 될 것이다. 더 잘게 나눌 수 있으면 더 정밀한 측정을 할 수 있겠지만, 이런 식으로 나누는 데는 한계가 있다.

백금(90 %)과 이리듐(10 %)의 합금으로 만든 국제미터원기(IPM).
ⓒ NIST

그런데 19세기 말경에 앨버트 마이켈슨이라는 과학자가 빛의 파장을 정확히 측정할 수 있는 '마이켈슨 간섭계'를 발명했다. 그 무렵 원자가 들어 있는 방전관에서 나오는 빛의 파장을 이 간섭계로써 정밀하게 측정할 수 있었다. 이런 과학기술의 발전을 반영하여, 1933년 제8차 CGPM에서는 빛의 파장을 이용해 미터를 재정의하는 연구를 수행할 것을 권고했다. 1952년에는 '미터 정의 자문위원회'가 CIPM 산하에 구성되어 본격적인 논의가 시작됐다. 몇몇 원자들에서 발생하는 분광 스펙트럼을 조사한 뒤, 크립톤-86 원자에서 나오는 오렌지 색깔의 빛이 선정됐다. 1960년에 개최된 제11차 CGPM에서는 미터를 재정의했는데, 약식으로 표현하면 다음과 같다.

> "미터는 크립톤-86 원자에서 나오는 복사선의
> 1 650 763.73 파장과 같은 길이이다."

이 말은 이 빛의 파장을 약 165만 개 이어 붙이면 1미터가 된다는 뜻이다. 따라서 이 빛의 파장은 1 미터를 165만으로 나눈 값, 즉 606 나노미터(nm)이다. 단, 1 nm= $1\times10^{-9}$ m이다.

미터의 정의를 이렇게 바꿈으로써 원한다면 어디에서나 미터를 구현할 수 있게 됐다. 다시 말해 크립톤-86 원자가 든 방전관을 만들고, 거기서 나오는 오렌지 색깔의 파장을 앞의 숫자만큼 세면 1미터가 되는 것이다. 빛의 파장을 세는 데는 마이켈슨 간섭계가 사용된다. 이것이 가능한 것은 동일한 원자는 같은 환경 조건(예: 온도)에서 항상 같은 특성(여기서는 파장)을 나타내기 때문이다. 정의가 이렇게 바뀜으로써 국제미터원기가 갖고 있던 불안감, 즉 파손이나 손실로 인해 단위 자체가 사라진다는 불안감이 해소됐다. 그와 동시에 길이를 나노미터 수준에서 정확하게 측정할 수 있게 됐다. 이제 미터를 구현할 때 우리가 기억해야 할 것은 새 정의에 포함된 숫자와 방전관을 동작시키는 조건 등이다.

## 진공에서 빛의 속력으로 미터 재정의

19세기 과학의 위대한 업적으로 꼽는 것에는 제임스 맥스웰이 집대성한 맥스웰 방정식이 있다. 이 방정식을 통해 그 이전에 여러 과학자들이 별도로 연구했던 전기와 자기에 관한 여러 현상들이 결국 같은 원리에 바탕을 둔 것이라는 사실이 밝혀졌다. 맥스웰은 1865년에 빛도 전자기파의 일종이라는 것과 진공에서의 빛의 속력이 일정하다는 것을 이론적으로 증명했다(이 글에서 말하는 빛의 속력은 전부 '진공에서의 빛의 속력'을 의미한다. 빛의 속력은 일반적으로 물질 속에서 전파할 때 느려지고, 또 물질에 따라 달라진다). 아인슈타인은 1905년에 특수상대성 이론을 발표했는데, 이 이론은 '광속 불변의 원리'를 바탕으로 만들어진 것이다. 즉 빛의 속력은 어떤 관성계에서 재더라도 항상 일정하다는 것이다. 빛의 속력을 측정하는 실험은 16~17세기 갈릴레오 갈릴레이 시절에도 수행됐지만, 두 걸출한 과학자에 의해 이론적으로 빛의 속력이 일정하다는 것이 밝혀졌기에 많은 실험 과학자들은 그 빛의 속력을 알아내기 위해 여러 가지 방법으로 측정을 시도했다. 여기서는 현대에 수행된 몇 가지 방법을 소개한다. 이 중 한 실험에서 그 당시의 미터 단위가 갖고 있던 문제점이 노출됐다.

속력이란 일정 시간 동안 움직인 거리를 뜻하므로, 그 단위는 기본단위로 표현하면 [m/s]이다. 빛의 속력을 재기 위해 제일 간단한 방법은 일정한 거리를 빛이 갔다가 오는 데 걸리는 시간을 재는 것이다. 그런데 빛의 속력이 워낙 빠르므로 거리가 웬만큼 길지 않으면 시간 차이를 측정하기 어렵다. 마이켈슨 간섭계를 발명한 앨버트 마이켈슨은 거울을 약 37 킬로미터 떨어진 곳에 두고 빛이 그 거리를 갔다가 오는 데 걸리는 시간을 쟀다. 눈으로는 보이지 않을 만큼 멀리 떨어진 거리지만 빛이 갔다 오는 데는 약 250 마이크로초밖에 걸리지 않는다. 1924년에 이 방법으로 구한 빛의 속력은 299 796±4 km/s였다. 여기서 ±4 km/s는 평균값 299 796 km/s의 불확실도를 나타낸다. 다시 말해 빛의 속력을 나타내는 숫자의 마지막 자리 6은 6+4와 6−4 사이에서 왔다 갔다 한다는 뜻이다. 여기서 불확실도(4)를 평균값(299 796)으로 나눈 것을 '상대불확실도'라고 부른다. 상대불확실도는 단위가 없기 때문에 서로 다른 단위의 불확실도를 비교하기에 좋다. 측정을 정밀하게 한다는 것은 이 불확실도를 줄인다는 뜻이다. 과학기술이 발전하면서 이전보다 더 정밀한 측정방법이 나오고, 그 결과 일반적으로 불확실도는 줄어든다.

빛의 속력을 측정하는 새로운 방법은 영국의 국립물리연구소

미터는 진공에서의 빛의 속력을 이용해 재정의됐다. 1970년대 미국 국립표준연구소(NBS, 현 NIST)의 켄 이벤슨, 존 홀 등이 헬륨–네온 레이저의 파장과 주파수를 동시에 재는 실험을 통해 역사상 가장 정확한 빛의 속력을 구했다. 사진은 연구진의 일원인 존 홀.



(NPL)에서 나왔다. 루이스 에센이라는 과학자는 마이크로파 공진기 속에서 진동하는 마이크로파의 파장($\lambda$)과 주파수($f$)를 동시에 측정하고 그 둘을 곱하여 빛의 속력을 구했다. 즉 빛의 속력은 $c = \lambda \times f$이다. 그가 1950년에 발표한 빛의 속력은 299 792.5±3.0 km/s였다. 그런데 마이크로파보다 주파수가 1만 배가량 더 높은 적외선 빛을 사용하여 같은 실험을 하면 더 정밀한 값을 얻는 것이 가능하다. 단, 빛의 파장을 측정하기 위해 앞에서 언급한 마이켈슨 간섭계를 사용했다.

미국 국립표준연구소(NBS, 현 NIST)의 켄 이벤슨, 존 홀 등은 파장이 3.39 μm(주파수로는 약 88 THz = $88 \times 10^{12}$ Hz)인 헬륨–네온 레이저의 파장과 주파수를 동시에 쟀다. 그들은 이 실험을 통해 역사상 가장 정확한(불확실도가 가장 작은) 빛의 속력을 구했는데, $c$ = 299 792 456.2±1.1 m/s였다. 그런데 이 실험에서 어려운 점은 빛의 주파수를 측정하는 것이었다. 그 당시 마이크로파 영역의 주파수(~수 GHz)는 쉽게 측정할 수 있었다. 하지만 빛의 주파수를 측정하기 위해서는 주파수를 단계적으로 낮추어 마이크로파 영역으로 끌어내려야 했다. 여기에 위상 잠금이라는 기술이 사용됐다. 각 단계마다 주파수를 나누거나 빼서 주파수를 낮추는데, 빛의 주파수는 이 과정을 역으로 계산하여 알아냈다. 이 실험에는 여러 대의 각기 다른 파장의 레이저와 서로 다른 주파수의 마이크로파 발생기가 사용됐다. 그래서 이 실험을 하기 위한 장비가 실험실 하나를 가득 채울 만큼 많았다.

이 실험 결과, 특히 불확실도를 분석하면서 미터 단위가 갖고 있는 문제점이 발견됐다. 빛의 주파수 측정은 복잡한 단계를 거치지만 주파수 측정의 기준은 세슘원자시계였고, 그것의 상대불확실도는 $10^{-11}$ 수준이었다. 이에 비해 마이켈슨 간섭계로 빛의 파장을 측정할 때 사용한 기준은 그 당시 미터의 정의였던 크립톤-86 방전관에서 나오는 오렌지 색깔의 빛이었다. 그것의 상대불확실도는 $10^{-9}$ 수준이었다. 따라서 빛의 주파수와 빛의 파장을 곱하여 구한 빛의 속력의 상대불확실도는 결국 빛의 파장 측정의 불확실도에 의해 결정됐다(앞에서 구한 빛의 속력의 상대불확실도는 1.1/299 292 456.2 = $3.7 \times 10^{-9}$이다). 이 상황을 다른 말로 하면, 미터 단위를 구현하는 데 따른 불확실도 때문에 빛의 속력을 더 이상 정확하게 구할 수 없다는 것이다. 이제 빛의 속력 값을 결정해야 하는 상황에 이른 것이다.

국제킬로그램원기(IPK). © BIPM

1975년에 개최된 제15차 CGPM에서는 진공에서의 빛의 속력을 다음과 같이 결정했다.

$$c = 299\ 792\ 458\ \mathrm{m/s}.$$

이 숫자는 고정된 것으로 여기에는 불확실도가 없다. 진공에서의 빛의 속력은 분명 하나의 숫자를 가질 것이므로, 그 숫자를 이와 같이 결정한 것이다.

숫자가 고정됐으므로 c로부터 미터(m)를 다음과 같이 쓸 수 있다.

$$\mathrm{m} = c \cdot 1/299\ 792\ 458 \cdot \mathrm{s}.$$

이것을 말로 풀어 쓰면 다음과 같은데, 이것이 바로 1983년 제17차 CGPM에서 채택한 '미터의 정의'이다.

"미터는 빛이 진공에서 1/299 292 458 초 동안
진행한 경로의 길이다."

이처럼 미터는 진공에서의 빛의 속력이라는 기본상수로부터 정의

됐다. 그러면 미터를 어떻게 구현할 수 있을까? 다시 말하면 어떻게 미터라는 단위로 길이를 측정할 수 있을까? 앞의 정의는 $c = \lambda \times f$ 공식으로부터 시작된 것이다. 빛의 주파수($f$)는 빛의 파장($\lambda$)보다 훨씬 정확하게(불확실도가 작게) 측정할 수 있다. 그리고 빛의 속력 값은 고정되어 있다. 그러므로 파장 값은 $\lambda = c/f$ 식을 이용하면 주파수의 불확실도로(주파수 측정의 정확도만큼) 얻을 수 있다. 이처럼 단위의 정의와 단위의 구현을 분리하면 새로운 과학기술이 등장하여 더 정확한 방법이 나오는 경우 단위의 정의를 바꾸지 않고도 단위를 더 정확히 구현해 낼 수 있다. 다른 말로 하면, 해당 물리량(여기서는 길이)을 그 단위(여기서는 미터)로 정확히 측정할 수 있다.

CIPM은 1983년과 2002년에 각각 미터 정의의 구현에 관한 권고사항을 발표했다. 즉 어떤 레이저든 그 주파수가 세슘원자시계를 기준으로 측정하여 알게 되면 미터 정의의 구현에 사용될 수 있다는 것이다(세슘원자시계 덕분에 시간의 단위 초와 주파수의 단위 헤르츠는 이전에도 그랬지만 현재도 어떤 단위나 물리량보다 가장 정확히 잴 수 있다. 현재 가장 정확한 원자시계는 세슘원자분수시계로서 그 상대불확실도는 $2 \times 10^{-16}$에 이른다). 미터를 구현하는 장치로서 1980년대부터 개발되어 길이의 표준으로 가장 널리 사용되고 있는 것은 빨간빛(633 nm)을 내는 요오드 안정화 헬륨-레온 레이저인데, 상대불확실도는 $2.1 \times 10^{-11}$이다. 이에 비해 최근에 개발된, 이트븀-171 원자에 안정화된 578 nm 레이저의 상대불확실도는 $5 \times 10^{-16}$이다. 이 결과에서 보듯 레이저 파장의 불확실도는 약 4만 배 줄어들었다. 바로 이런 점이 이번 단위 재정의가 추구하는 주요 목적이다.

## 킬로그램 단위의 문제점

미터 단위가 승승장구하듯 새로운 방식으로 재정의의 길을 걸어온 반면, 킬로그램 단위는 옛날 모습 그대로 지하 창고 속에 보관되어 있었다. 아니, 그대로 유지된 것이 아니라 긴 세월 동안 천천히 변하고 있었다. IPK는 일생 동안 딱 네 번 바깥으로 나와서 다른 분동들과 비교하기 위한 기준으로 활동했다. 비교 대상은 여러 나라에서 국가원기로 활동하던 표준 분동들과 금고 속에 같이 보관되어 있던 6개의 공식 복제본이었다. 그런데 지난 130여 년 동안 비교한 결과를 보면 비교 대상들이 모두 질량이 증가하는 것으로 나타났다. 평균적으로 대략 50 마이크로그램이 증가한 것이었다. 똑같이 만들어 같은 장소에 보관되어 있던 복제본도 증가한 것으로 나타났다. 이것을 다른 관점에서 보면 IPK의 질량이 감소한 것이다.

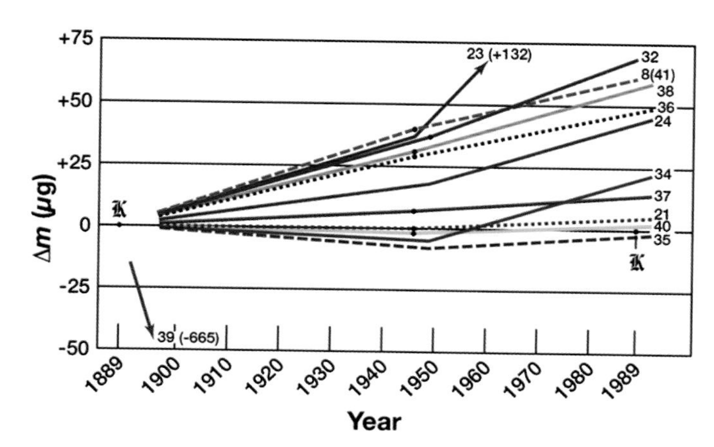


국제킬로그램원기를 기준으로 여러 나라의 표준 분동을 비교한 결과, 표준 분동 대부분의 질량이 커지고 있는 것으로 드러났다.

50 마이크로그램은 전체 질량 1 킬로그램에 대해 상대적으로 $5 \times 10^{-8}$의 변화에 해당한다. 현대 산업에서 이 수준의 질량 측정이 필요한 곳은 아직 없다. 그런데 정밀 측정을 연구하는 과학자들에게는 결코 무시할 수 없는 큰 값이다. 그래서 킬로그램의 정의를 바꿔야 한다는 주장이 오래전부터 나왔다. 하지만 IPK를 대신할 만한 새로운 방법이나 기술이 나타나지 않았다.

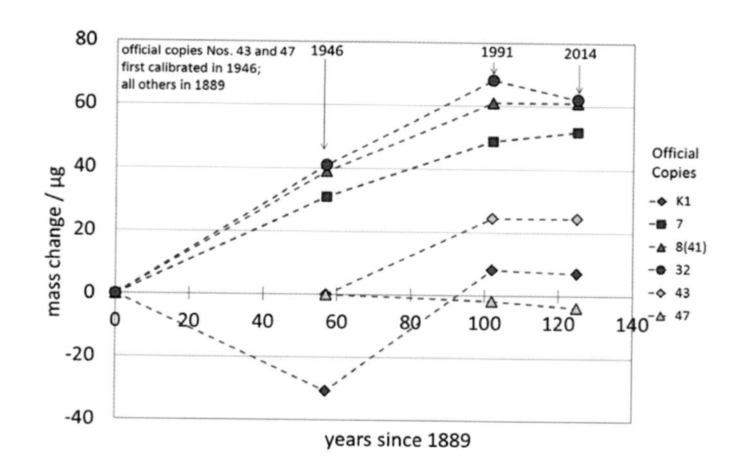


국제킬로그램원기를 기준으로 공식 복제본 6개의 질량 변화. 똑같이 만들어 같은 장소에 보관되어 있던 복제본도 증가한 것으로 나타났다.

질량 변화의 원인은 여러 가지가 있을 수 있다. 오염물질이 분동의 표면에 달라붙거나 표면이 산화하거나 탄화하면서 질량이 달라질 수 있다. 그래서 비교 실험을 하기 전에 표면을 세척하는 과정을 거치게 되는데, 이 과정에서 IPK의 질량이 줄어들었을 가능성이 있다. IPK를 대신할 새로운 기술은 영국 NPL의 과학자인 브라이언 키블이 1975년에 키블 저울에 대한 아이디어를 제안하면서 개발되기 시작했다.

## 불변의 기준은 자연 법칙에 나오는 기본상수

변화무쌍한 이 세상에서 변하지 않는 것이 과연 있을까?

17세기 유럽에서 과학혁명이 시작되면서 자연에 대한 이해가 급격하게 높아지기 시작했다. 밤하늘에 갑자기 나타나는 혜성이 신이 인간에 내리는 재앙이 아니라는 사실을 알게 된 것은 뉴턴 덕분이다. 그가 만든 운동방정식과 중력의 법칙(일명 만유인력의 법칙)으로 혜성의 궤도와 혜성이 나타날 시기를 예측할 수 있게 됐다. 19세기에 맥스웰이 만든 방정식은 전자기파의 존재에 대해 예측했고, 오늘날과 같은 통신과 방송이 등장하게 되는 출발점이 됐다. 20세기에 아인슈타인이 상대성 이론을 제시하면서, 완벽한 것으로 여겼던 뉴턴의 법칙이 설명하지 못하던 현상(예를 들어 수성의 세차운동)을 설명할 수 있게 됐을 뿐만 아니라 자연을 한 단계 더 높은 차원에서 이해할 수 있게 됐다. 보어를 비롯한 여러 과학자들의 공동 연구로 이룩한 양자역학은 눈에 보이지 않는 미시 세계에 대한 이해를 높이는 계기가 됐고, 현대 전자 산업, 반도체 산업과 정밀 측정과학의 밑바탕이 되고 있다.

'자연의 법칙'으로 불리는 여러 과학 법칙들은 대부분 방정식으로 나타낼 수 있다. 그리고 그 방정식 속에는 기본상수라고 불리는 물리량이 들어 있다. 기본상수는 방정식에서 등호의 좌변과 우변이 같아지도록 만드는 비례 상수로서, 숫자와 단위로 이루어져 있다. 뉴턴의 중력 법칙에 나오는 기본상수는 중력 상수 $G$이다. 열역학 또는 통계역학에서 나오는 열역학방정식에는 볼츠만 상수 $k$가 들어 있다. 플랑크의 흑체복사 방정식에는 플랑크 상수 $h$가 들어 있다. 이상기체 상태방정식에는 아보가드로 상수 $N_A$와 볼츠만 상수(또는 이상기체 상수 $R$)가 들어 있다. 이 기본상수들은 측정을 통해 그 값을 알아내야 한다. 그래서 그 값에는 항상 측정에 따른 불확실도가 따라다닌다. 이런 기본상수들의 값은 과학기술데이터위원회(CODATA)라고 불리는 기구에서 대략 4년마다 발표한다. CODATA는 세계 여러 나라 연구실에서 실험과 이론으로 구한 과학기술 데이터들을 모아서 분석하고 통계 처리하여 가장 믿을 만한 값을 발표한다. 세월이 흐름에 따라 이 값들의 불확실도는 대개의 경우 줄어들고 있다.

과학자들은 세월이 흘러도 자연의 법칙은 변하지 않을 것이라고 믿고 있다. 구체적으로 말하면, 자연의 법칙을 표현하는 방정식에 포함된 기본상수들이 변하지 않는다는 의미다. 만약 이것이 변한다면 자연의 법칙이 될 수 없다. 현대 과학은 기본상수의 값이 시간에 대해 변하지 않는다는 전제 위에 이룩된 것이다. 그 기본상수의 값은 분명 어떤 하나의 고정된 숫자일 것이다. 측정값의 불확실도가 점점 줄어들고 있다는 사실에서 예상할 수 있다. 그런데 이 불확실도를 어떻게 하면(또는 어떤 상황에서) 없앨 수 있을까? 앞에서 살펴본 진공에서의 빛의 속력은 그 시점(1970년대)에서 더 이상 정확히 측정할 수 없는 상황에 이르렀기에 그 값을 고정시켰던 것이다.

킬로그램의 문제점에 대해서는 이미 앞에서 이야기했다. 다른 단위 중에도 이전 단위의 정의에 문제점이 있는 것이 몇 개 있었다. 암페어의 경우 이전 정의는 고전 전자기학의 '앙페르의 회로 법칙'에 근간을 둔 것으로 다음과 같다. "암페어는 무한히 길고 무시할 수 있을 만큼 작은 원형 단면적을 가진 두 개의 평행한 직선 도체가 진공에서 1 미터 간격으로 유지될 때, 두 도체 사이에 1 미터당 $2 \times 10^{-7}$ 뉴턴의 힘을 생기게 하는 일정한 전류이다." 그런데 이 정의는 비현실적이어서 실제 암페어는 '옴의 법칙'으로 구현하고 있다. 즉 '전류=전압/저항'으로부터 [암페어=볼트/옴]의 관계식에서 구한다. 볼트(V)와 옴(Ω)은 모두 유도단위이지만, 기본단위인 암페어보다 더 정확히 구현할 수 있다. 볼트는

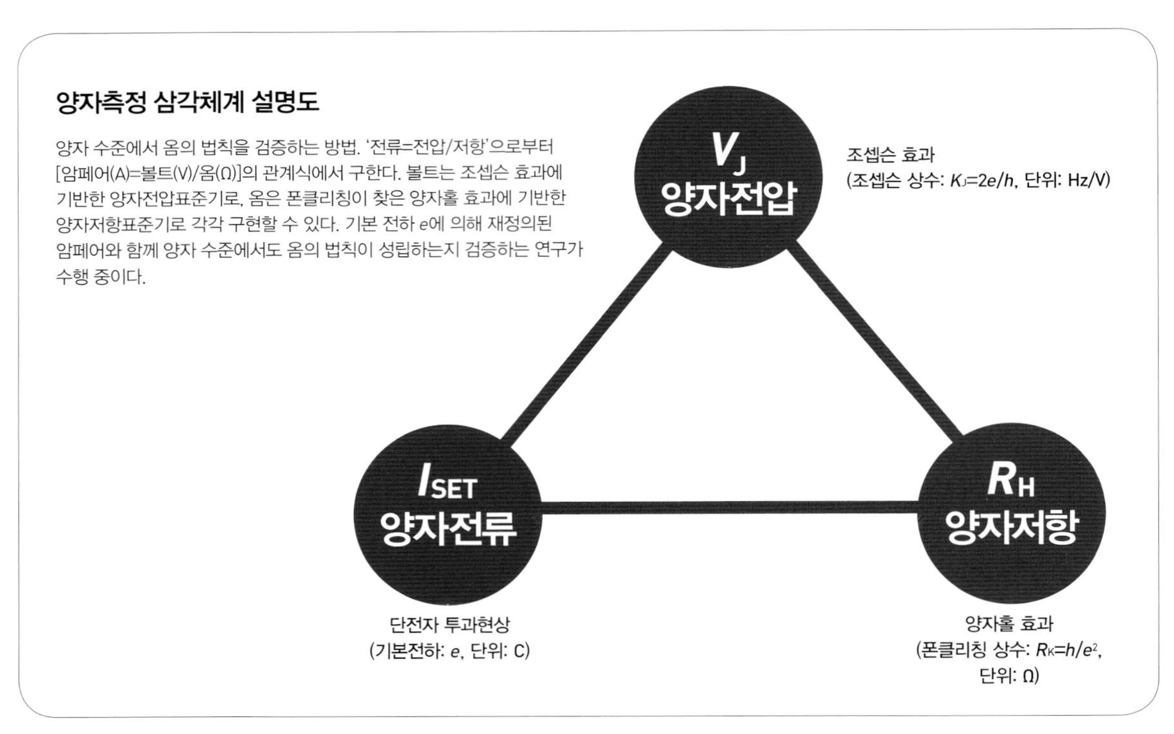


조셉슨 효과에 기반한 양자전압표준기로, 옴은 폰클리칭이 찾은 양자홀 효과에 기반한 양자저항표준기로 각각 구현할 수 있다. 이런 상황에서 기본상수인 기본 전하 $e$의 값을 고정시키고 그로부터 암페어를 재정의할 것을 CIPM은 2005년에 권고했다.

온도의 단위 켈빈의 경우에는 '물의 삼중점'인 273.16 K(=0.01 ℃)에서 정의되어 있었다. 딱 한 점의 온도에서 정의됐기 때문에 온도가 이것에서 벗어나면 불확실도는 점점 커지는 문제가 있었다. 그래서 과학기술계와 산업체에서는 실용적인 온도눈금으로 '국제온도눈금-1990'을 별도로 정하고 고온에서 온도의 기준점으로 여러 금속들의 어는점(녹았다가 다시 고체가 되는 온도)을 사용해 왔다.

## 4개의 기본상수 값을 정확히 측정하다

각 단위에 해당하는 기본상수의 값을 정확히 측정하기 위해 여러 나라의 측정표준연구기관에서는 20년 이상 연구를 수행해 왔다. 기본상수를 측정한다는 것은 기존 단위의 정의를 기준으로 기본상수의 값을 알아내는 것을 의미한다. 이를 위한 측정장치를 개발하고 그 장치를 사용해 기본상수의 값을 구하는데, 그 불확실도가 어떤 요구조건을 만족시켜야만 해당 단위의 재정의가 가능했다. 이 요구조건은 CIPM 산하에 있는 해당 단위의 자문위원회(CC)에서 권고안으로 제시됐다. 권고안이라고 말하지만, 사실은 그 조건을 만족시키지 못하면 단위 재정의가 불가능한 상황이었다. 권고안에 제시된 조건은 2014년에 CODATA가 발표한 기본상수의 불확실도보다 더 작거나 적어도 같은 불확실도로 기본상수 값을 얻을 수 있어야 한다는 것이었다(2014년은 CODATA에서 기본상수 값을 발표한 가장 최근 해이다). 또한 하나의 기본상수에 대해 몇 군데 이상의 연구기관에서 서로 다른 방법으로 측정을 해야 하고, 그 값들이 일정 불확실도 이내에서 서로 일치해야 한다.

CODATA는 2017년에, 그동안 여러 연구기관에서 측정한 값을 기반으로 4개 단위를 재정의하기 위한 4개 기본상수의 값과 불확실도를 결정하기 위해 특별 회의를 개최했다. 그때 발표된 기본상수의 조정값과 상대불확실도는 다음 표와 같다.

**기본단위를 재정의하기 위한 기본상수에 대한 CODATA 2017의 조정값 및 상대불확실도**

| 기본상수 명칭 | 기호 | 값 (수치 + 단위) | 상대불확실도 |
|---|---|---|---|
| 플랑크 상수 | $h$ | $6.626\,070\,150(69) \times 10^{-34}$ J s | $1.0 \times 10^{-8}$ |
| 기본 전하 | $e$ | $1.602\,176\,6341(83) \times 10^{-19}$ C | $5.2 \times 10^{-9}$ |
| 볼츠만 상수 | $k$ | $1.380\,649\,03(51) \times 10^{-23}$ J K$^{-1}$ | $3.7 \times 10^{-7}$ |
| 아보가드로 상수 | $N_A$ | $6.022\,140\,758(62) \times 10^{23}$ mol$^{-1}$ | $1.0 \times 10^{-8}$ |

여기서 플랑크 상수의 값에 포함된 단위 J s(줄 초)는 에너지 단위 줄과 시간 단위 초의 곱을 의미한다. 기본 전하의 단위 C(쿨롬)는 전기량의 단위이고, 볼츠만 상수에 포함된 K(켈빈)는 온도의 단위이다. 그리고 아보가드로 상수에 포함된 mol(몰)은 물질량의 단위이다. 각 기본상수의 값에서 괄호 속의 숫자는 마지막 두 자리의 불확실도를 나타낸

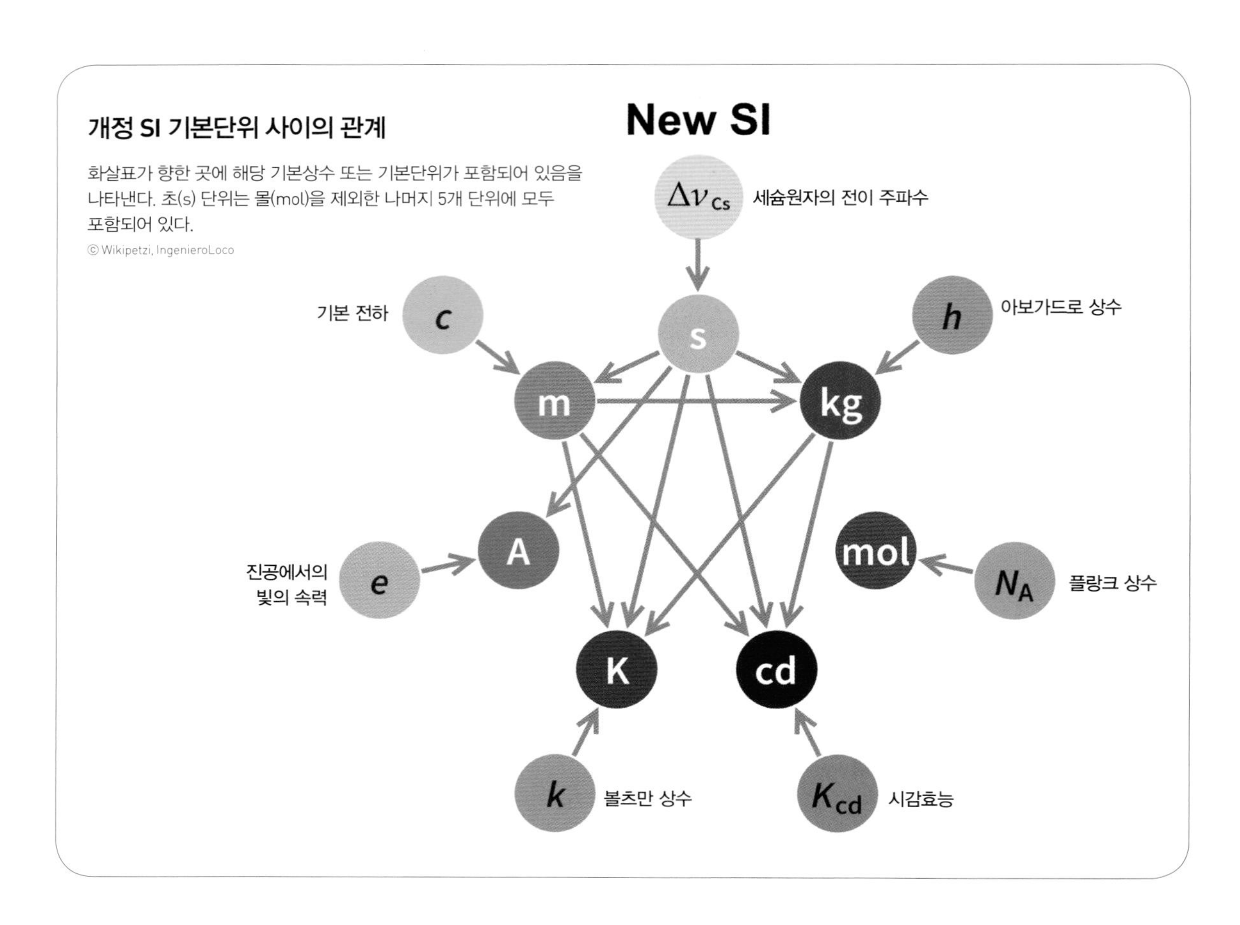


### 개정 SI 기본단위 사이의 관계

화살표가 향한 곳에 해당 기본상수 또는 기본단위가 포함되어 있음을 나타낸다. 초(s) 단위는 몰(mol)을 제외한 나머지 5개 단위에 모두 포함되어 있다.

© Wikipetzi, IngenieroLoco

킬로그램(kg) 정의에 포함된 기본상수들. 즉 킬로그램은 플랑크 상수($h$), 진공에서의 빛의 속력($c$), 세슘원자의 전이 주파수($\Delta\nu_{Cs}$)를 통해 정의된다. © cim

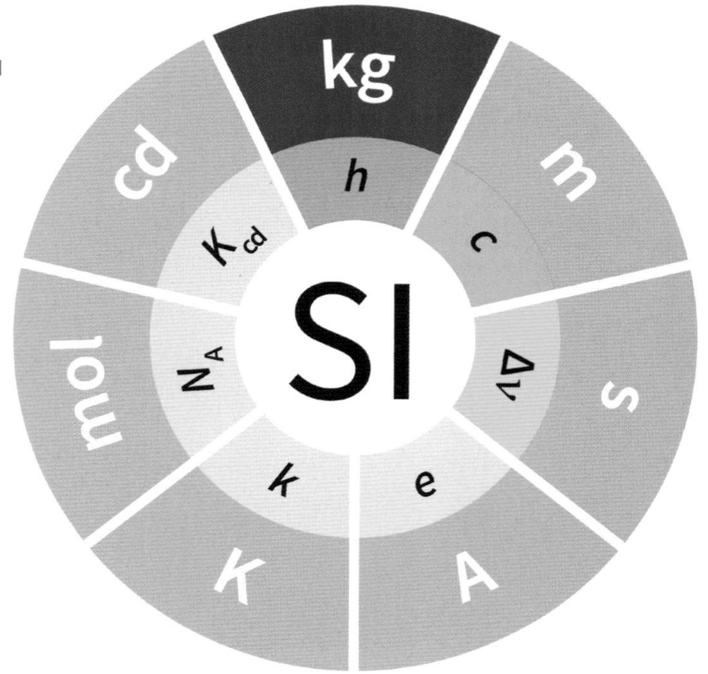

다. 상대불확실도는 기본상수에 따라 다르다. 그런데 플랑크 상수와 아보가드로 상수의 상대불확실도는 같은데, 이것은 두 상수가 서로 연결되어 있다는 뜻이다. 즉 플랑크 상수를 구하면 두 상수 사이의 관계식으로부터 아보가드로 상수를 계산으로 구할 수 있고, 그 역도 성립한다.

4개 기본상수의 값과 상대불확실도를 정하는 데 사용된, 여러 연구기관에서 얻은 측정값들은 각 단위 자문위원회(CC)가 단위를 재정의하기 위해 제시했던 요건을 충족시켰다. 그래서 단위 재정의가 이루어지게 됐다.

## 기본상수에 기반해 SI 기본단위 재정의

2018년 11월 16일 프랑스 베르사유에서 개최된 제26차 CGPM 회의에서 '국제단위계(SI) 개정'에 관한 결의안은 예상했던 대로 만장일치로 채택됐고, 지난 130년 동안 킬로그램 단위를 정의했던 국제킬로그램원기(IPK)가 퇴임하는 이벤트도 있었다. 이 결의안은 하나의 본문과 3개의 부록으로 구성되어 있다. 본문에서는 기본상수라는 표현 대신에 단위를 정의하는 상수라는 의미로 '정의 상수(defining constants)'라는 말을 사용하고 있다. 본문에는 주요 결정 사항으로 7개 기본단위의 정의 상수의 값이 나온다. 다음은 그 내용을 정리한 것이다.

한국표준과학연구원(KRISS) 소속 연구자들이 제26차 국제도량형총회에 한국 대표로 참석했다. © KRISS

- 세슘-133 원자의 섭동이 없는 바닥 상태의 초미세 전이 주파수 $\Delta\nu_{Cs}$는 9 192 631 770 Hz이다.
- 진공에서의 빛의 속력 $c$는 299 792 458 m/s이다.
- 플랑크 상수 $h$는 $6.626\ 070\ 15 \times 10^{-34}$ J s이다.
- 기본 전하 $e$는 $1.602\ 176\ 634 \times 10^{-19}$ C이다.
- 볼츠만 상수 $k$는 $1.380\ 649 \times 10^{-23}$ J/K이다.
- 아보가드로 상수 $N_A$는 $6.022\ 140\ 76 \times 10^{23}$ $mol^{-1}$이다.
- 주파수 $540 \times 10^{12}$ Hz인 단색광의 시감효능 $K_{cd}$는 683 lm/W이다.

여기서 헤르츠(Hz), 줄(J), 쿨롬(C), 루멘(lm), 와트(W)는 각각 초(s), 미터(m), 킬로그램(kg), 암페어(A), 켈빈(K), 몰(mol)과 관련되며, $Hz=s^{-1}$, $J=kg\ m^2\ s^{-2}$, $C=A s$, $lm=cd\ m^2\ m^{-2}=cd\ sr$, $W=kg\ m^2\ s^{-3}$이다.

플랑크 상수의 값을 살펴보면, 앞의 표에 나타나 있던 불확실도가 사라졌고 마지막 자리가 15로 끝난 것을 알 수 있다. 다른 3개의 정의 상수들도 마지막 자리가 하나 또는 두 개 줄어들었다. 그리고 각 정의 상수가 갖는 단위는 기본단위 및 유도단위의 조합으로 표현되어 있다. 또한 하단에는 그 유도단위들을 기본단위로 나타낸 것이 나와 있다. 기본단위들에 관한 정의는 결의안 부록 3에 있는데, 모두 정의 상수로부터 해당 단위를 유도해내는 식으로 정의되어 있다. 여기서는 플랑크 상수로부터 유도한 킬로그램의 정의를 예로 보인다.

> 킬로그램(kg)은 질량의 SI 단위이다. 킬로그램은 플랑크 상수 $h$를 J s 단위로 나타낼 때 그 수치를 6.626 070 15 × $10^{-34}$으로 고정함으로써 정의된다. 여기서 J s는 kg $m^2$ $s^{-1}$과 같고, 미터(m)와 초(s)는 $c$와 $\Delta\nu_{Cs}$를 통하여 정의된다.

이것을 좀 쉽게 설명하면 다음과 같다. 킬로그램의 정의는 플랑크 상수를 나타내는 다음 식에서 유도됐다. $h$ = 6.626 070 15 × $10^{-34}$ J s. 그런데 J s는 kg $m^2$ $s^{-1}$과 같으므로 다음과 같이 쓸 수 있다. $h$ = 6.626 070 15 × $10^{-34}$ kg $m^2$ $s^{-1}$. 이 식을 kg에 대해 쓰면 다음과 같다.

$$\mathrm{kg} = h\ \mathrm{m}^{-2}\ \mathrm{s}/(6.626\ 070\ 15 \times 10^{-34}) \approx 1.475\ 5214 \times 10^{40} h\, \Delta\nu_{Cs}/c^2.$$

여기서 초(s)는 세슘원자의 전이 주파수 $\Delta\nu_{Cs}$에 의해 정의됐다. 다시 말해 $\Delta\nu_{Cs}$ = 9 192 631 770 Hz이고, Hz=$s^{-1}$이므로 s = 9 192 631 770/$\Delta\nu_{Cs}$이다. 미터(m)는 진공에서의 빛의 속력 $c$와 초(s)에 의해 정의됐으므로, m = $c$ s/299 792 458이다. 이 두 식을 위 식에 대입한 것이 두 번째 등호 뒤의 식이다. 결국 킬로그램은 플랑크 상수($h$)와 세슘원자의 전이 주파수($\Delta\nu_{Cs}$)와 진공에서의 빛의 속력($c$)의 조합으로 정의된다.

## 기본단위 구현하는 '1차 표준기'

한국표준과학연구원(KRISS)에서는 기본단위를 구현하는 장치를 개발하는 연구를 수행하고 있다. 단위의 정의를 구현하는 장치를 '1차 표준기(primary standard)'라고 부른다.

시간의 단위 초를 구현하는 1차 표준기는 세슘원자시계이다. 세슘원자시계는 역사적으로 발전해 왔는데, 초기에 선진국에서 개발했던 것은 영구자석 방식이었다. KRISS에서는 광펌핑 방식으로 개발하여 그 정확도를 개선했고, 다시 세슘원자분수시계로 발전하면서 오늘날 정확도는 $\sim 2 \times 10^{-16}$ 수준에 이른다.

킬로그램을 구현하는 장치로 현재 키블 저울을 개발하고 있다. 키블 저울은 1 킬로그램에 국한됐던 국제킬로그램원기와 달리 일정 질량 범위 내에서 그 값을 정확히 측정할 수 있다.

암페어를 구현하는 장치는 현재 '단전자 펌프 소자'가 개발되고 있다. 현재 기술 수준으로는 0.1 나노암페어(nA) 수준의 전류를 생성하는 것이 가능하다. 이것을 나노암페어 수준으로 높이는 연구와 함께 양자 수준에서 옴이 법칙이 성립하는지 검증하는 연구도 진행하고 있다. 만약 $10^{-8}$ 수준에서 옴의 법칙이 성립한다는 것이 확인되면, 더 큰 전류에서는 양자전압표준기와 양자홀 저항표준기를 이용하여 옴의 법칙으로 전류를 측정하면 된다.

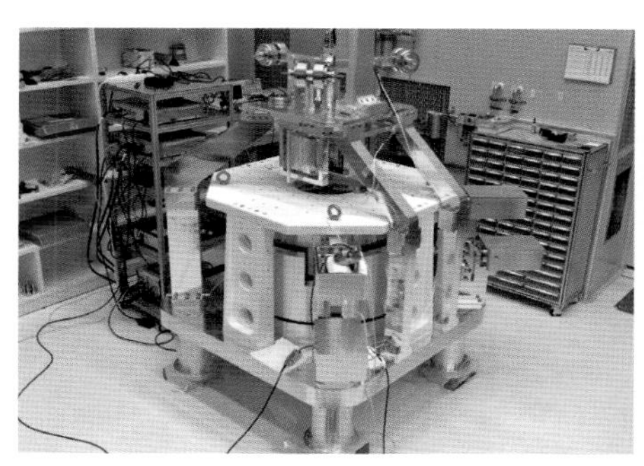

한국표준과학연구원(KRISS)에서 개발 중인 키블 저울(왼쪽)과 음향기체온도계 공명기 부분(오른쪽). © KRISS

미국국립표준기술연구소(NIST)에서 2015년 말부터 작동에 들어간 'NIST-4 키블 저울'. 2017년에 플랑크 상수를 10억분의 13 이내로 측정했는데, 이는 킬로그램 재정의를 돕는 데 충분한 정확도였다.



## 키블 저울의 원리

1975년 영국 국립물리연구소의 브라이언 키블 박사가 플랑크 상수를 바탕으로 질량을 측정하는 아이디어를 제시했다. 그리고 1990년대에 키블 저울을 개발하는 연구가 본격적으로 시작됐다.

일반적으로 어떤 물체의 질량은 양팔 저울을 이용해 측정한다. 한쪽 팔에는 물체를 올리고 다른 쪽 팔에는 질량 값을 이미 알고 있는 표준분동을 올린 뒤 서로 비교해 물체의 질량을 구한다. 이것은 두 팔에 작용하는 중력을 비교하는 것이다. 그런데 키블 저울은 표준분동 대신에 전자기력을 발생시킨다. 자기장이 형성된 공간에 코일을 설치하고 코일에 전류를 흘리면 코일은 힘을 받는다. 이 전자기력을 '로렌츠 힘'이라고 부른다.

키블 저울에서 물체의 질량을 구하기 위해서는 두 번 실험을 해야 한다. 첫 번째 실험은 '웨잉 모드(weighing mode)'다. 측정하려는 물체에 작용하는 중력과 전자기력이 균형을 이루도록 코일에 전류를 흘린다. 물체의 질량을 $m$이라고 할 때 물체에 작용하는 중력($F_m$)은 $mg$이다(단, $g$는 중력가속도). 이에 비해 자기장의 세기가 $B$인 공간에 길이 $L$인 코일이 설치되어 있고, 여기에 전류 $I$가 흐르면 전자기력($F_{el}$)은 $IBL$이 된다. 이 두 힘이 균형을 이룬다는 것은 $F_m=F_{el}$, 즉 $mg=IBL$이라는 뜻이다. 따라서 물체의 질량은 $m=IBL/g$ 식으로부터 구할 수 있다. 그런데 전류 $I$를 높은 정확도로 직접 측정하는 것은 불가능하다. 그래서 코일에 가해진 전압($V_1$)과 저항($R$)을 각각 양자전압표준기와 양자저항표준기로 정밀하게 측정하고, 옴의 법칙, 즉 $I=V_1/R$로부터 전류 $I$를 구한다. 따라서 물체의 질량은 $m=V_1BL/Rg$ 식에서 구할 수 있다.

그런데 이 식에서 $BL$ 값도 정확하게 알아낼 수 없기 때문에 '무빙 모드(moving mode)' 실험을 수행한다. 측정 물체 $m$을 제거한 뒤 코일을 일정한 속도 $v$로 이동시키면 코일 양단에 전압 $V_2$가 생성되는데, $V_2=vBL$의 관계를 충족한다. 전압은 양자전압표준기로 정확히 측정할 수 있고, 속도는 레이저 간섭계로 정확히 측정할 수 있다. 따라서 $BL = V_2/v$ 식에서 $BL$ 값을 정확히 알 수 있다. 결론적으로 질량은 $m = V_1BL/Rg = V_1V_2/Rgv$ 식에서 구할 수 있다. 여기서 $g$는 질량을 측정하는 위치에서의 중력가속도인데, 이것은 절대중력가속도계 및 상대중력가속도계를 이용해 정확히 알 수 있다.

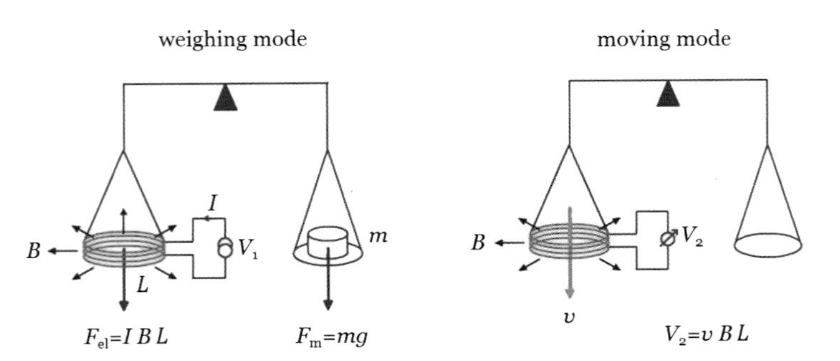

켈빈을 구현하는 장치로는 현재 '음향기체온도계'를 개발하고 있다. 일부 국가에서는 이 외에 존슨 잡음 온도계, 유전체 상수 기체온도계 등도 연구하고 있다.

## 과학기술 발전할수록 단위 더 정확히 구현

SI 기본단위인 킬로그램(kg), 암페어(A), 켈빈(K), 몰(mol)이 각각 기본상수인 플랑크 상수($h$), 기본 전하($e$), 볼츠만 상수($k$), 아보가드로 상수($N_A$)로 재정의됐다. 이 기본상수들의 불확실도는 0이 됐고, 그들이 가졌던 불확실도는 이전 단위의 정의로 넘어갔다. 예를 들면 플랑크 상수의 현재 불확실도는 0이다. 플랑크 상수가 2017년에 가졌던 상대불확실도 $1 \times 10^{-8}$는 이전 국제킬로그램원기(IPK)에게로 넘어갔다. 그리고 볼츠만 상수가 2017년에 가졌던 상대불확실도 $3.7 \times 10^{-7}$는 이전 켈빈의 정의였던 '물의 삼중점'이 갖게 됐다. 이들의 불확실도는 당분간 유지될 것이고 단위를 구현하는 장치(1차 표준기)의 성능이 개선되면 더욱 정확하게 측정할 수 있을 것이다.

기본상수의 값은 물리학의 법칙이 변하지 않는 한 시간이 흘러도 변하지 않는다. 따라서 이 기본상수로부터 유도된 단위의 정의는 변하지 않는다. 그리고 해당 단위는 과학기술이 발전함에 따라 더욱 정확하게 구현할 수 있다.

ISSUE 7 IT

# 5G 시대

# 07

## 한세희

연세대 사학과와 연세대 국제학대학원을 졸업했다. 전자신문 기자를 거쳐 동아사이언스 데일리뉴스팀장을 지냈다. 기술과 사람이 서로 영향을 미치며 변해가는 모습을 항상 흥미진진하게 지켜보고 있다. 『어린이를 위한 디지털 과학 용어사전』, 『과학이슈 11 시리즈(공저)』를 썼고, 『네트워크 전쟁』을 우리말로 옮겼다.

ISSUE 7
IT

# 세계 최초 5G 상용 서비스 개시!

최근 삼성은 갤럭시 S10 5G를 출시했다. 이 스마트폰은 5G를 지원하는 모델이다.

2019년 4월 3일 한국 통신 업계에는 웃지 못할 해프닝이 있었다. 밤 11시에 느닷없이 5세대(G) 이동통신 상용화에 들어간다는 보도자료가 나온 것이다. 통신 정책 담당 부처인 과학기술정보통신부가 급하게 밀어붙였다. 본래 5일 서비스를 시작할 예정이었던 SK텔레콤과 KT, LG유플러스 등 국내 통신 3사는 부랴부랴 자사 홍보 모델로 활동하는 연예인 등을 불러모아 1호 개통자로 삼았다.

이런 무리수를 둔 것은 '세계 최초 5G 상용 서비스 개시 국가'라는 타이틀을 따기 위해서였다. 우리나라는 2019년 3월 세계 최초로 5G 이동통신을 상용화하겠다는 목표를 진작부터 밝혀 왔다. 2018년 평창 동계올림픽 때 5G 시범 서비스도 실시하며 대대적으로 준비해 왔다. 하지만 요금제 결정 문제 등으로 당초 계획보다 늦어져 서비스 개시일이 4

월 5일로 미뤄졌다. 그런데 역시 5G 통신 준비에 힘을 쏟아온 미국 이동통신사 버라이즌이 4일 5G 상용 서비스를 개시하려 한다는 외신 보도가 나왔다. 업계 동향을 확인한 결과 이날 실제 버라이즌의 서비스 출시 가능성이 높은 것으로 나타나자 과기부가 국내 5G 개통을 서두른 것이다. 결국 우리나라는 2시간 차이로 '세계 최초' 타이틀을 거머쥐었다.

5G 이동통신이 무엇이길래 이렇게까지 하는 것일까? 세계 최초 상용화에 이렇게 의미를 부여하는 이유는 무엇인가? 가장 큰 이유는 5G 이동통신이 곧 다가올 근미래 사회를 규정할 핵심 기술이자 인프라로 꼽히기 때문이다. 5G 통신은 지금의 4세대 LTE 통신보다 데이터 전송 속도가 20배 이상 빨라진다. 기기들이 통신 신호를 주고받는 속도를 말하는 지연 속도는 지금의 10분의 1 수준 이상으로 줄어든다. 다시 말해 사람들은 더 많은 서비스와 콘텐츠를 더 빨리, 더 자유롭게 누릴 수 있고, 기업은 지금까지 불가능했던 수많은 가능성에 도전하고 이를 실현할 수 있는 기반을 얻게 되는 것이다. 5G 통신이 활성화된 곳이 바로 혁신이 일어날 가능성이 가장 큰 곳이고, 세계의 첨단 기업과 우수 인재가 모이는 곳이 될 것이다.

우리의 삶을 크게 변화시키리라 기대되는 자율주행 자동차, 가상현실(VR) 및 증강현실(AR), 사물인터넷(IoT), 인공지능, 드론 등의 기술은 5G 통신 환경에서 비로소 현실에 안착할 것이다. 최근 10여 년 사이 세상을 뒤흔든 모바일 혁명은 사람들이 스마트폰을 통해 항상 인터넷에 접속할 수 있게 해 준 데이터 통신, 즉 3G와 4G LTE 이동통신으로 인해 가능했다. 5G 이동통신은 이제 사람뿐 아니라 모든 사물과 기기도 항상 네트워크에 연결되는 세상의 문을 연다. 또 한 번 세상이 바뀌는 순간에 서는 것이다.

## 5G란 무엇인가

5G 이동통신은 최고 속도 20기가(G)bps(초당 비트수)로 데이터를

주고받고, 지연시간(latency)은 1밀리초(ms)로 줄인 초고속, 초저지연, 초연결 네트워크 구축을 목표로 하는 통신 기술과 표준의 집합체이다. 20Gbps라면 1초에 최고 20기가바이트의 데이터를 주고받을 수 있다는 뜻으로 현재 쓰이는 LTE보다 20배 빠른 속도이다. 통신 기능을 가진 기기 사이에 데이터를 주고받을 때 생기는 지연 현상은 1000분의 1초 수준으로 줄여 언제 어디서나 거의 실시간에 가까운 속도로 상호작용을 할 수 있게 한다.

지난 4월, 5월 2달간 LG유플러스는 서울 강남역 인근에 대형 팝업스토어 '일상로5G길'을 오픈했다. 여기서는 초고화질의 뛰어난 몰입감을 주는 VR서비스를 체험할 수 있었다.
ⓒ LG유플러스

이 같은 장점을 바탕으로 새로운 통신 기술이 가능케 할 혁신과 신기한 기술에 대한 마케팅도 활발하다. 5G 이동통신의 상용화에 적극적인 선도적 통신사들과 스마트폰 제조사 등 IT 기업들은 소비자에게 새로운 통신 서비스의 장점을 알릴 필요가 있기 때문이다. 언론과 광고에는 자율주행 자동차가 복잡한 도시의 거리를 누비며 바쁜 직장인을 편안하게 태워가거나, 헤드 마운트 디스플레이(HMD)를 끼고 신비의 세계에 떨어져 검을 휘두르며 괴물과 싸우는 듯한 VR 게임을 즐기는 모습 등이 묘사된다. 이런 장미빛 기술 낙원의 모습을 보면, 엄청난 변화와 발전을 가져올 기술적 의미가 5G라는 용어 안에 함축되어 있을 것 같은 생각이 든다.

확실히 5G 이동통신은 우리의 삶과 사회의 모습을 바꿀 잠재력을 가진 기술이다. 하지만 이 용어가 나타내는 의미는 허무할 정도로 단순하다. 5G 통신의 'G'는 우리말로 '세대'를 뜻하는 영어 단어 'generation'을 나타낸다. 그간의 이동통신 기술 발전과 진화라는 관점에서 봤을 때 대략 5번째의 큰 줄기에 해당하는 기술이자 표준이라는 의미이다.

## 통신의 세대 구분과 발전 양상

이동통신 기술과 표준의 큰 줄기는 주로 세계 통신 업계와 학계의 공동 작업에 의해 그 기준과 필요 조건이 결정된다. 초창기에는 각 국가나 통신사가 독자 기술 규격을 사용했다. 그러나 이동통신 서비스가 본격적으로 확산되면서, 통신 기술과 서비스를 개선하기 위해 세계 각국의 주요 통신사, 통신 장비 및 휴대전화 생산 기업, 관련 국제조직 등이 힘을 합쳐 기술 개발 및 표준화 작업을 꾸준히 진행해 왔다.

각 세대를 구분하는 결정적이고 명백한 기준이 있다기보다는 세계 통신 업계가 시장 상황과 기술 발전의 흐름, 사회의 요구 등을 따라가며 그 시기에 적합한 기술 개발의 수준과 목표를 제시했다고 보는 편이 정확하다. 따라서 지금까지의 통신 기술의 세대별 발전 과정을 살펴보고 어떤 맥락에서 5G 기술이 등장했는지 알아보면 5G 이동통신을 이해하는 데 도움이 될 것이다.

휴대전화의 진화. 왼쪽부터 모토롤라 8900X-2, 노키아 2146 오렌지 5.1, 노키아 3210, 노키아 3510, 노키아 6210, 에릭슨 T39, HTC 타이푼. 휴대전화도 진화하듯 이동통신도 진화한다. © Anders

이동통신은 1980년대 최초로 상용화됐다. 당시에는 물론 1세대라는 이름은 없었다. 가장 큰 특징은 아날로그 방식으로 주파수를 변조해 음성을 전송한다는 점이다. 문자메시지도 없었고 음성 통화만 가능했다. 벽돌처럼 큰 휴대전화 단말기나 자동차에 달려 있던 카폰으로 기억되던 시기이다. 하지만 이 시절 휴대전화는 진정한 부의 상징이기도 했다.

1990년대 들어 2G로 넘어오면서 디지털 방식 이동통신의 시대가 열렸다. 음성 신호를 아날로그가 아닌 디지털 신호로 바꾸어 전달했다. 디지털 방식을 채택함에 따라 데이터 전송이 가능해졌다. 바로 오늘날까지 널리 쓰이는 문자메시지(SMS)이다. 시분할 다중 접속(TDMA) 기반의 GSM(Global System for Mobile communications)과 코드 분할 다중 접속(CDMA)이라는 두 가지 방식이 있었으며, 유럽을 비롯해 대부분 국가에서 GSM이 널리 쓰였다.

우리나라는 CDMA 방식을 개발한 퀄컴과 손잡고 CDMA를 과감히 도입해, 기술적 도약과 산업적 성공을 동시에 이루며 이동통신 강국으로 자리 잡았다. 정부 정책에 의해 기술 표준을 결정하고 국책 연구소와 민간 기업에 기술 개발을 장려함으로써 기술 확보와 시장 형성, 소비자 후생을 모두 이룬 모범적 정보통신 정책 사례로 꼽힌다. 초기에 800MHz대의 주파수를 사용했으며, 이어 1.7GHz대 주파수를 사용하는 PCS(Personal Communication Services) 사업자도 등장했다.

3G 통신 시대에 이르러 드디어 이미지, 음악 등 멀티미디어를 주고받고 원하는 웹사이트에 접속할 수 있는 제대로 된 모바일 인터넷이 가능해진다. 3G 표준은 최소 0.2Mbps 이상의 속도를 구현하도록 되어 있었고, 지속적 기술 개발로 10Mbps 이상의 속도로 데이터를 다운로드할 수 있을 정도로 발전했다. 통신 분야 국제기구인 국제전기통신연합(ITU)이 IMT-2000이라는 큰 틀의 3G 이동통신 국제 표준을 제시했으며, 3GPP나 3GPP1처럼 세계 각국의 통신사, 통신 장비 업체, 학계, 정부기관 등이 참여한 연합 조직이 이 틀 안에서 몇 가지 경쟁적 기술들을 선보였다.

3G 이동통신은 표준 규격에 관한 국제적 협력이 본격적으로 이뤄지면서 등장한 첫 이동통신 기술이다. 2.1GHz 주파수와 WCDMA 방식 통신 기술이 대세를 이뤘다. 이에 따라 나라의 경계를 벗어나 다른 나라에서도 쉽게 해당 국가의 통신망에 접속해 이동통신을 이용할 수 있게 됐다. 로밍이 확산되고 이동통신으로 세계를 하나로 연결할 수 있게 됐다. 세계 최초의 3G 네트워크는 1998년 일본의 NTT도코모가 구축했으며, 우리나라의 SK텔레콤은 2002년 3G 이동통신 서비스를 세계 최초로 실제 상용화했다.

무엇보다 스마트폰의 등장을 가능하게 했다는 것이 3G 시대의 가장 큰 의의다. 2008년 나온 아이폰이 선두주자였다. 스마트폰을 통해 사람들은 언제 어디서나 인터넷에 접속해 있는 상태가 됐고, 단순히 카카오톡 메시지를 수시로 주고받는 것을 넘어 소셜미디어, 위치기반 서비스, 게임, 동영상, 클라우드 서비스, 지도 및 내비게이션, 뉴스와 헬스케어 등으로 수없이 많은 새로운 산업과 시장 기회를 창출했다.

스마트폰의 등장으로 모바일 데이터 사용량은 폭증했다. 사람들은 손에서 스마트폰을 떼지 않았고, 휴대전화로 유튜브나 넷플릭스 같은 동영상을 보기 시작했다. 3G 이동통신 망은 느리고 종종 끊겼다. 데이터 수요를 감당하지 못할 지경이었다. 그래서 등장한 것이 4세대 LTE(Long Term Evolution) 기술이다.

2008년 ITU는 'IMT-어드밴스드'라는 4G 기술 규격을 제시했다. 최고 1Gbps의 데이터 전송 속도 구현이 목표였다. LTE의 가장 큰 특징은 여러 개의 주파수 대역을 합쳐 데이터가 다니는 대역폭을 넓혔다는 점이다. 이동통신사들은 800MHz나 2.1GHz 등과 같은 주파수 대역 위에서 일정한 구간, 즉 대역폭(bandwidth)을 할당받아 사용한다. 대역폭은 데이터가 오가는 고속도로나 수도관에 비유할 수 있다. 데이터가 폭증해 주파수 대역폭의 수용 범위를 넘어서면 전송 속도에 문제가 생긴다. 추석이나 설날 때 고향으로 향하는 차들이 평소보다 갑자기 늘어나면 고속도로에 정체가 생기는 것과 마찬가지다. 하지만 고속도로의 차선을 두 배로 늘리면 차들은 원활하게 빠른 속도로 이동할 수 있다.

4G LTE는 대역폭이 10MHz로 3G에 비해 2배로 넓어졌다. 여기에 더해 서로 다른 대역에 흩어져 있는 대역폭을 하나로 묶어 데이터를 전송할 수 있게 했다. 이렇게 되면 데이터가 다닐 수 있는 길이 넓어져 속도가 빨라진다. 같은 시간에 이동하는 데이터의 양이 2배로 늘어나는 것이다. 고향으로 가는 고속도로와 같은 넓이의 고속도로를 하나 더 만든 것, 혹은 수도관 직경을 두 배로 늘린 것이라 할 수 있다.

국내에선 2011년 LG유플러스와 SK텔레콤이 처음 LTE 서비스를 시작했다. 다운로드 속도는 75Mbps,


이동통신의 세대별 비교. 세대가 높아질수록 전송 속도도 빨라진다.

업로드 속도는 37.5Mbps까지 나왔다. 2013년에는 흩어진 대역폭을 묶어 전송 속도를 빠르게 하는 기술, 즉 당초 LTE 기술 규격에서 요구한 LTE-A 방식도 상용화되어 다운로드 기준 속도가 150Mbps까지 높아졌다.

1980년대 이후 이동통신의 발전을 되돌아보면 주요한 흐름이 있음을 알 수 있다. 디지털 방식으로의 전환이라는 큰 도약이 있었고, 이후 모바일 인터넷 환경에서 데이터를 더 빠르고 자유롭게 쓸 수 있게 하는 방향으로 기술이 발전해 왔다. 이를 위해 주파수 자원을 지속적으로 발굴하고 효용을 높이려는 노력이 계속됐고, 그 결과 사람들은 언제나 네트워크에 접속되어 다양한 서비스와 콘텐츠를 즐길 수 있게 됐다.

5G 기술 역시 이러한 흐름을 이어가고 확대하는 방향성 안에서 등장했다. 데이터 전송 속도를 더욱 높이기 위해 새로운 주파수 자원을 활용하는 기술을 제시했다. 사람들이 인터넷에 연결되는 시대를 넘어 기계와 사물이 인터넷에 연결되어 원활하게 서로 소통하며 새로운 서비스를 만들 수 있는 시대를 열어가려는 의지가 반영됐다. 바로 이 글의 첫 부분에서 이야기한 '초고속', '초저지연', '초연결'의 비전이다.

**통신 세대별 속도와 지연시간**

| 통신 세대 구분 | 전송 속도 | 지연시간(단말기와 기지국 간) |
|---|---|---|
| 2G | 14.4kbps ~ 64kbps | 300~1000ms |
| 3G | 144kbps ~ 14.4Mbps | 50~100ms |
| 4G | ≥ 75Mbps | ≤ 25ms |
| 5G | ≥ 20Gbps | ≤ 1ms |

## 5G는 4G LTE보다 최고 20배 빨라

5G 이동통신에서 데이터 전송 속도 상승은 기본 요구 사항이다. 여기에 더해 기기 사이, 혹은 단말기와 서버 사이에 데이터를 주고받을 때 발생하는 응답 지연시간을 줄인다는 기준이 더해졌다. 기계와 기계

사이에 더 빨리 신호를 주고받아 명령을 처리하면 지금은 불가능한 여러 서비스가 가능해진다. 이에 따라 주변의 모든 사물들이 인터넷에 연결되어 데이터를 주고받는 초연결 사회의 기반이 마련된다.

5G는 LTE에 비해 최고 20배 빠른 20Gbps의 속도를 구현하는 것을 목표로 하고 있다. 새로운 통신 기술이 나올 때마다 상투적으로 등장하는 '영화 1편 다운로드하는 데 걸리는 시간'이란 기준으로 생각해 보면 용량 2기가바이트(GB)짜리 영화 1편을 0.5초 만에 스마트폰에서 내려받을 수 있다는 이야기다. 물론 최고 속도는 실험실의 이상적 환경에서 가능하고 실제 사용할 때는 최고 속도가 나오지는 않겠지만, 여전히 LTE에 비해 월등하게 빠른 수준이다.

지연시간이란 실제 명령을 담은 데이터가 전달되어 작업을 수행하는 데 걸리는 시간을 말한다. 네트워크 환경에서 기기 사이, 혹은 서버와 단말기 사이에서 신호를 주고받는 시간 간격이라고 볼 수 있다. 이상적 환경에서는 빛의 속도만큼의 지연만 있어야 하지만 실제로는 케이블의 물리적 문제 등 여러 이유로 이 간격이 길어지기 마련이다. 이를테면 '배틀그라운드' 같은 온라인 게임에서 총을 쏠 때 얼마나 빨리 총알이 날아가는지, 상대방은 얼마나 빨리 반응하는지를 결정하는 것이 지연시간이다. 완전히 같은 예는 아니지만, 해외에서 벌어지는 월드컵 경기를 TV 중계할 때 케이블TV로 보는 집과 IPTV로 보는 집 사이에 경기 중계의 미묘한 시차가 있고 그래서 골이 터졌을 때 함성이 터져 나오는 시기가 조금씩 차이가 생기는 걸 볼 수 있다.

4세대 LTE 통신에서는 지연시간이 약 30ms였다. 하나의 명령을 내리면 이에 반응해 명령을 수행하는 데 1000분의 30초가 걸린다는 이야기다. 게임에서 발사 버튼을 누르면 100분의 3초 후 총알이 나가고, 전화를 하면 입을 열고 100분의 3초 후에 목소리가 맞은편 친구에게 전달된다는 이야기다. 실제 네트워크 환경에서는 지연시간이 이보다 더 커지는 경우도 많지만, 대부분의 경우 이 정도 지연이면 사람은 거의 인식하지 못하고 실시간 반응으로 인지한다.

## 국가별 5G 스펙트럼 대역

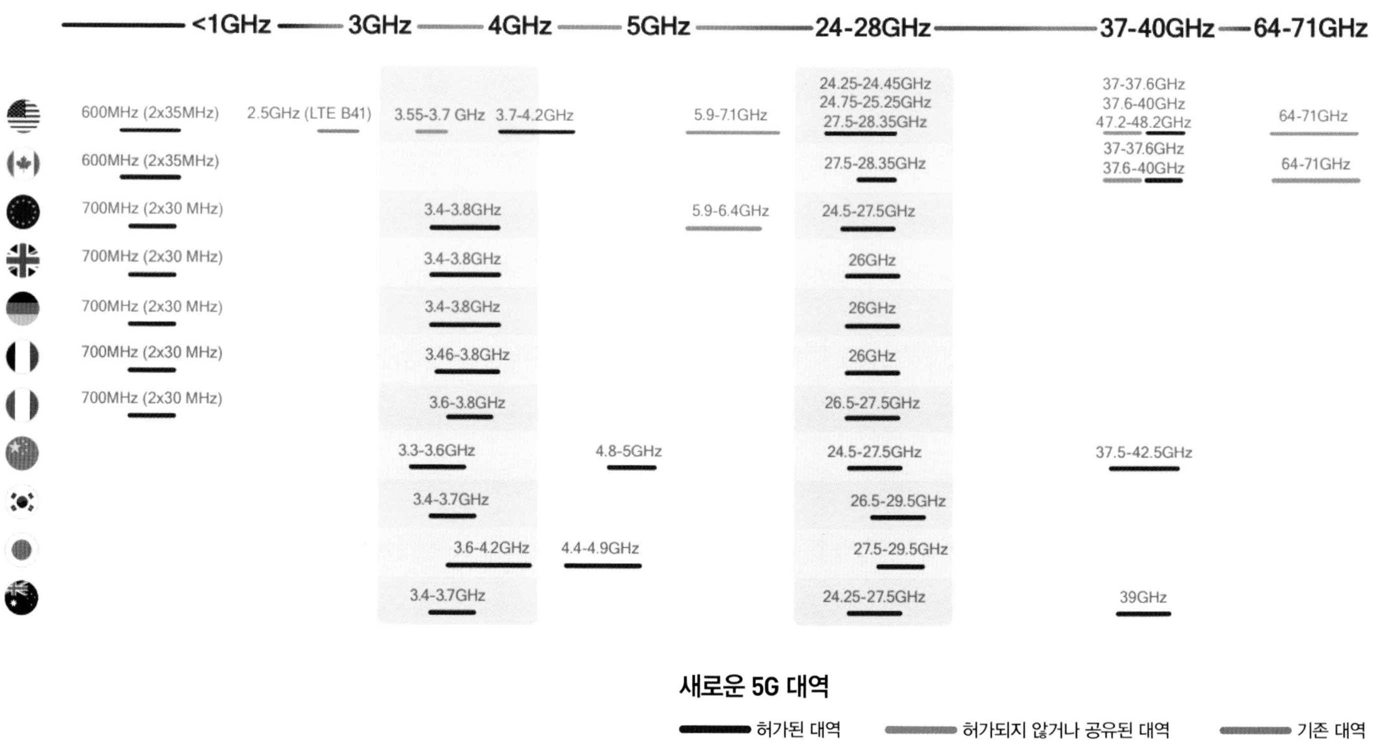

<1GHz — 3GHz — 4GHz — 5GHz — 24-28GHz — 37-40GHz — 64-71GHz

600MHz (2x35MHz) / 2.5GHz (LTE B41) / 3.55-3.7 GHz / 3.7-4.2GHz / 5.9-7.1GHz / 24.25-24.45GHz / 24.75-25.25GHz / 27.5-28.35GHz / 37-37.6GHz / 37.6-40GHz / 47.2-48.2GHz / 64-71GHz

600MHz (2x35MHz) / 27.5-28.35GHz / 37-37.6GHz / 37.6-40GHz / 64-71GHz

700MHz (2x30 MHz) / 3.4-3.8GHz / 5.9-6.4GHz / 24.5-27.5GHz

700MHz (2x30 MHz) / 3.4-3.8GHz / 26GHz

700MHz (2x30 MHz) / 3.4-3.8GHz / 26GHz

700MHz (2x30 MHz) / 3.46-3.8GHz / 26GHz

700MHz (2x30 MHz) / 3.6-3.8GHz / 26.5-27.5GHz

3.3-3.6GHz / 4.8-5GHz / 24.5-27.5GHz / 37.5-42.5GHz

3.4-3.7GHz / 26.5-29.5GHz

3.6-4.2GHz / 4.4-4.9GHz / 27.5-29.5GHz

3.4-3.7GHz / 24.25-27.5GHz / 39GHz

**새로운 5G 대역**

허가된 대역 / 허가되지 않거나 공유된 대역 / 기존 대역하지만 기계는 다르다. 기계는 사람보다 더 민감하게 지연시간을 감지할 수 있는 능력이 있다. 그리고 지연이 줄어들수록, 다른 말로는 응답 속도가 빨라질수록 할 수 있는 일은 더욱 많아진다. 자율주행 자동차는 주변의 다른 자동차나 도로 주변의 센서, 통신사의 네트워크 등과 끊임없이 신호를 주고받아 교통 상황을 파악하며 주행한다. 이때 예상치 못하게 보행자나 다른 자동차가 튀어나온다고 생각해 보자. 이때 응답 속도의 미세한 차이는 생명을 건지느냐 못 건지느냐의 엄청난 차이를 만들 수 있다. 지연시간이 약 30~50ms 사이인 4G 방식으로 통신하는 자율주행 자동차가 시속 100km로 달리던 중 돌발 상황을 인지한다면, 급제동 명령이 실행되는 동안 차는 약 1m 더 나아간다. 반면 5G 이동통신이 목표로 하는 지연시간 1ms가 실현되면 같은 상황에서 차는 0.027m만 밀린다. 사람이 도저히 인식할 수 없는 짧은 시간이지만, 생명을 건지기 충분한 시간이다.

가상현실 속에서 사람이 몸을 움직이거나 시선을 돌리면 사용자를 둘러싼 주변 이미지가 함께 변한다. 현재는 사용자의 움직임에 반응해 영상 내 사물이 움직이거나 이미지가 조합되는 데 시간이 걸린다. 이는 VR을 이용할 때 어지러움을 느끼게 하는 이유 중 하나다. 하지만 지연시간을 1ms로 줄이면 현실 세계에 있는 것을 방불케 하는 자연스러운 체험이 가능하다. 수술 로봇을 외부에서 조종하는 원격 의료에서도 응답 속도는 중요한 문제이다.

## 5G를 가능하게 한 기술은?

그렇다면 이런 초고속, 초저지연 통신은 어떻게 가능할까? 우선 그동안 쓰이지 않던 새로운 주파수를 채택했다. 통신의 기본 자원은 주파수이다. 이동통신의 태동 이후 4세대 LTE 통신에 이르기까지 850MHz, 900MHz, 1.8GHz, 2.1GHz, 2.6GHz 등의 주파수가 발굴되어 이동통신에 사용됐다. 또 데이터가 지나가는 수도관의 넓이에 해당하는 대역폭도 계속 커지고, 여러 대역폭을 하나로 묶어 데이터가 더욱 빠르게 지나갈 수 있게 했다.

5G 이동통신 역시 새로운 대역의 주파수를 사용한다. 우리나라에서는 우선 3.42~3.7GHz 주파수가 할당됐다. 여기에 지금까지 쓰이지 않던, 28GHz 전후의 이른바 '밀리미터파(millimeter wave)' 주파수까지 쓰인다는 점을 주목할 필요가 있다.

밀리미터파는 파장이 밀리미터(mm) 수준이기 때문에 붙여진 이름이다. 파장은 빛의 속도를 주파수로 나눈 값이다. 전파 같은 파동에서 한 주기의 물리적 길이를 말한다. 1초에 1번 진동하는 1Hz 주파수의 파장은 약 3억m/s(빛의 속도)를 1Hz로 나눈 값이다. 즉 빛이 1초간 이동하는 거리를 뜻한다. 주파수가 높아질수록 파장은 짧아진다. 28GHz는 1초에 280억 번 진동하는 주파수다. 이렇게 되면 파장은 밀리미터 단위로 줄어든다.

물론 지금까지 이동통신이 800MHz~2.5GHz의 주파수를 주로 사용해 온 것은 그만한 이유가 있다. 특성도 좋고 다루기도 비교적 쉽기 때문이다. 반면 밀리미터파 대역의 주파수는 다루기가 매우 어렵다.

주파수는 대역이 낮을수록, 즉 파장이 길수록 멀리까지 전달된다. 전파의 진로에 장애물이 있으면 돌아 나가는 회절 성질도 좋다. 도심에서 건물이나 산 같은 장애물을 만나도 신호가 비교적 잘 전달될 수 있다는 의미다. 지하에서도 엘리베이터 안에서도 통화가 더 잘 터진다. 과거 2G 시절 800MHz 주파수를 선점한 SK텔레콤이 1.7GHz 주파수를 사용한 PCS 사업자보다 통화품질이 좋다는 이야기가 퍼진 이유다.

다루기 쉽고 특성이 좋은 이 '황금 주파수'는 그래서 가장 널리 쓰이는 주파수 대역이다. 이 주파수 대역은 2G에서 LTE에 이르는 이동통신뿐 아니라 텔레비전 방송이나 군사 통신, 비행기, 무선 마이크 등 다양한 용도를 위해 촘촘히 나눠져 있다. 모바일 인터넷 이용이 폭발적으로 늘어나면서 새로운 주파수 수요는 커져만 가는데, 쓰기 좋은 주파수는 더 이상 남아 있지 않은 상태다. 과거 아날로그 TV 방송 중단으로 인해 반납될 해당 주파수 대역의 배분 문제를 놓고 방송계와 통신계가 대립한 것도 이런 이유 때문이다.

그래서 눈을 돌린 것이 밀리미터파 주파수다. 이 대역은 거의 쓰이지 않고 비어 있던 영역이다. 낮은 대역 주파수가 널리 쓰인 이유가 있는 것처럼 초고주파 영역이 외면 받은 것도 이유가 있다. 진동수가 낮은 주파수가 멀리 전파되고 회절성이 강하다면, 진동수가 매우 높은 밀리미터파 주파수는 전파 거리가 짧다. 회절도 거의 안 된다. 다르게 표현하자면, 직진성이 강하다. 전파가 장애물을 만나면 돌아가지 못하고 그냥 반사된다. 통신 음영 지역이 생기는 것이다. 이동 거리가 짧고 잘 휘지 않는 고대역 주파수로 통신을 하려면 그만큼 기지국도 더 많이 설치해야 해 비용도 늘어난다.

다만 속도가 빠르고, 직선으로 움직일 수 있는 범위 안에서는 정보 전달량을 늘릴 수 있다는 장점은 있다. 직진성이 좋으므로 원하는 방향으로 전파를 보내기도 쉽다. 트래픽이 몰리는 지역에 전파를 보내 데이터 정체를 해소할 수 있게 된다.

거의 쓰이지 않는 '주파수 신천지'나 다름없는 밀리미터파 대역인지라 대역폭도 좀 더 넉넉하게 설정할 수 있었다. 3.5GHz 주파수 대역에서는 300MHz의 대역폭이 통신사를 상대로 경매에 부쳐졌다. 28GHz 주파수대에서는 무려 2.4GHz의 대역폭이 경매에 나왔다. 2018년 6월 치러진 주파수 경매에서 SK텔레콤, KT, LG유플러스 등 우리나라 3개 통신사는 3.5GHz 대에서 80~100MHz, 28GHz 대에서 각각 800MHz씩 대역폭을 낙찰받았다. 3G 통신이 사용한 대역폭이 5MHz, LTE가 쓴 대역폭이 10MHz임을 생각하면, 5G에서는 대역폭이 최대 100배 가까이 늘어난 셈이다.

고주파 대역의 단점은 개선하고 장점은 살리기 위한 몇 가지 기술들이 5G 이동통신에 쓰인다. 우선 작은 규모의 기지국, 이른바 '스몰 셀(small cell)'이 주목받고 있다. 기지국은 이동통신 신호를 중개하는 시설이다. 전송 출력이 높고 전파가 닿는 커버리지가 넓은 '매크로 셀(macro

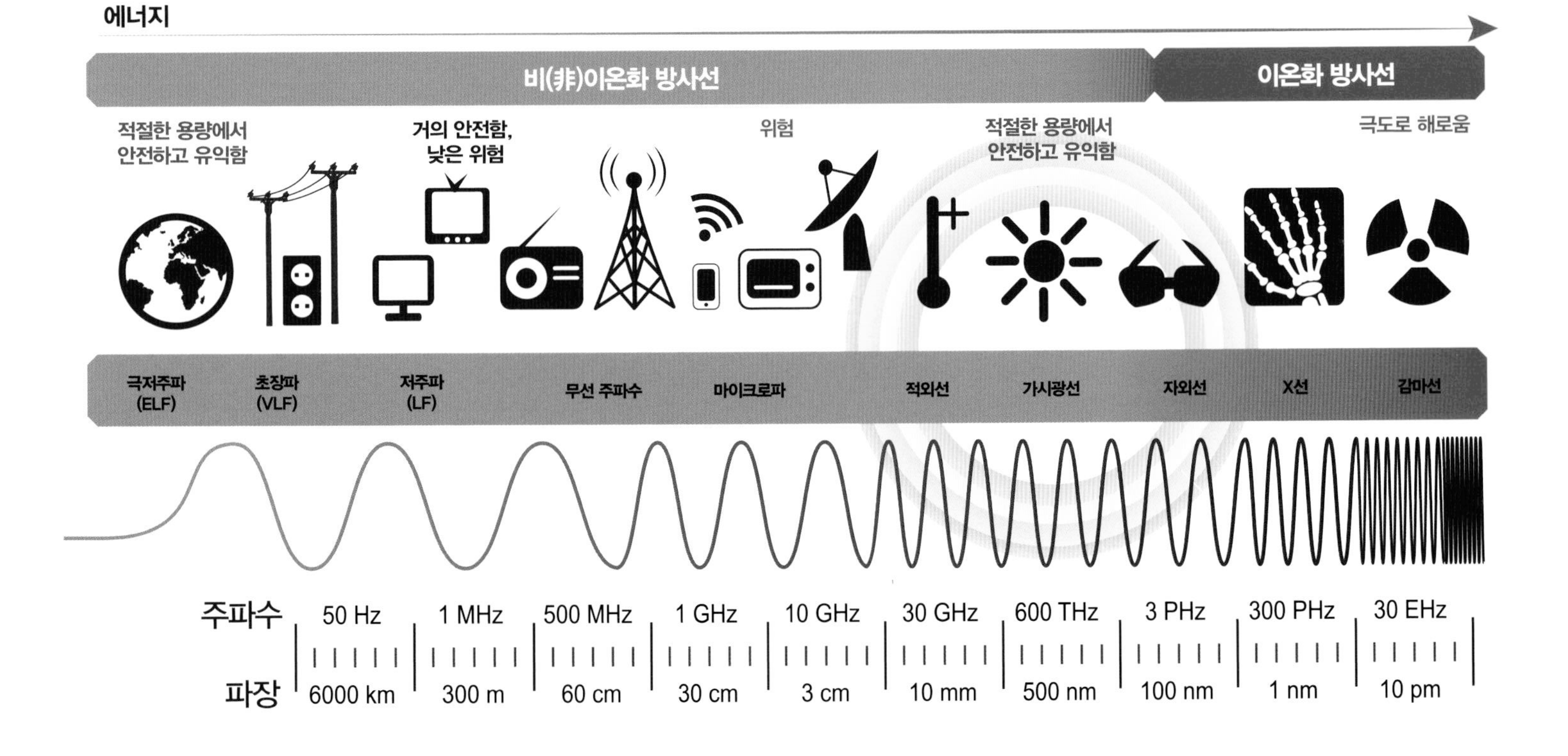


## 주파수 용도

보통 통신용으로는 800MHz 대역, 900MHz 대역, 1.8GHz 대역, 2.1GHz 대역, 2.6GHz 대역이 사용된다. 2.4GHz 대역이나 5GHz 대역처럼 산업, 과학, 의료 등을 위해 사용할 공용 주파수 대역인 ISM 대역(Industrial Scientific Medical Band)을 설정하기도 한다. 공공 와이파이는 이 주파수 대역을 활용한다. 물론 이 외에도 다양한 대역이 존재한다.

cell)'이 지금까지 주로 쓰여 왔다. 스몰 셀은 통신 음영 지역을 줄이는 방법의 하나로 거론됐지만, 지금까지는 수요가 그리 크지 않았다. 하지만 고대역 주파수를 사용하는 5G 시대에는 스몰 셀의 필요성이 커진다. 6GHz 이상에서 20GHz대의 주파수는 기존 주파수에 비해 도달 거리가 짧다. LTE 전파는 보통 15km 정도 도달하지만, 5G 주파수는 이동 거리가 300m 수준이다. 또 장애물을 만나면 비켜 가지 못하고 그대로 흡수되어 버린다. 따라서 원활한 통신 서비스를 하기 위해서는 기지국을 좀 더 촘촘히 세워야 한다. 특히 장애물이 많은 도시 지역에서는 소규모 기지국을 여러 개 세우는 것이 유리하다.

신호를 사방으로 방출하는 통신 마스트를 이용한 5G 스마트폰 무선 네트워크 안테나 기지국의 예.

기지국 내 안테나 역시 혁신이 필요하다. 그래서 등장한 것이 대용량 MIMO(Massive Multi-Input Multi-Output) 기술이다. MIMO는 기지국에 여러 개의 안테나를 설치해 통신 속도를 높이고 데이터 처리 용량을 높이는 기술을 말한다. 신호를 주고받는 안테나가 늘어나면 이에 비례해 데이터 처리 용량과 속도도 커지는 원리다. 즉, MIMO란 데이터의 입력(input)과 출력(output)이 여러 곳에서 동시에 이루어지는 것을 말한다.

전통적인 기지국은 한 개의 안테나가 한 대의 사용자 기기와 짝을 이뤄 신호를 주고받는다. 이후 기지국에 여러 개의 안테나를 설치해 여러 대의 기기와 데이터를 교환하는 MIMO 기술이 등장해 4G LTE 통신에 쓰였다. 동시에 다수의 사용자에게 데이터를 보낼 수 있다.

현재 하나의 기지국에 안테나가 10개 정도 설치되어 있다면, 이를 100개 이상으로 늘리겠다는 것이 대용량 MIMO 기술이다. 5G 통신이 요구하는 속도와 데이터 처리 능력을 구현하기 위한 핵심 기술의 하나다. 하지만 전파는 모든 방향으로 방사되기 때문에 수백 개의 안테나가 동시에 신호를 주고받으면 각 안테나에서 나오는 신호들이 서로 중첩되

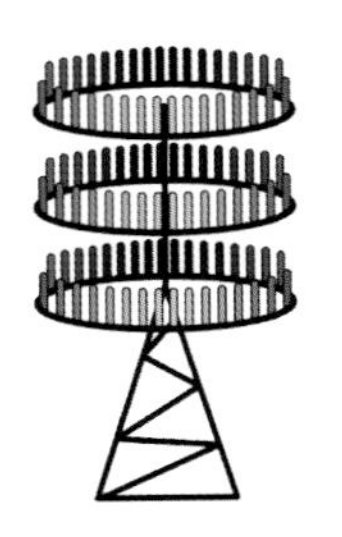

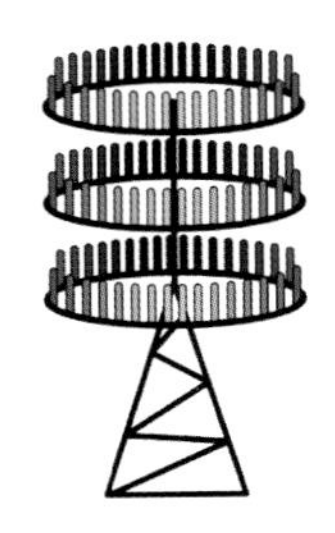

대용량 MIMO의 개념도. 하나의 기지국에 수많은 안테나가 설치돼 있다.
© IEEE

어 간섭을 일으키기 쉽다. 해당 데이터를 필요로 하는 사용자에게 효율적으로 정확히 도달하게 하기도 어렵다.

이 문제를 해결하기 위한 시도가 '빔 포밍(beam forming)' 기술이다. 빔 포밍은 특정한 사용자의 단말기에 데이터가 정확히 전달되도록 한다. 대용량 MIMO 방식 기지국은 휴대전화 사용자가 많은 복잡한 환경에서 나오는 수많은 신호를 받아들인 뒤, 나름의 알고리즘에 따라 분석해 신호의 정확한 출처를 파악하고 신호를 되돌려 보내는 가장 효과적인 경로를 계산한다. 특정 사용자를 겨냥해 최대한 정확하게 신호를 보내므로 전파 간섭을 줄이고 효율을 높여 더 많은 데이터를 처리할 수 있게 해준다.

양쪽에서 동시에 송수신할 수 있는 '풀 듀플렉스(full duplex)' 기능도 주목받는다. 보통 주파수에서 신호를 주고받을 때에 마치 무전기 사용자들이 서로 번갈아 대화를 하듯이 송신과 수신 사이에 약간의 차이가 있어야 한다. 그렇지 않으면 신호가 충돌해 데이터를 전달할 수 없다. 그래서 번갈아 신호를 주고받거나 아예 다른 대역의 주파수에서 데이터를 송수신하는 방법이 쓰여 왔다. 이와 달리 풀 듀플렉스는 트랜지스터를 이용한 초고속 스위칭을 통해 하나의 대역에서 송수신 신호들이 서로 우회해서 지나갈 수 있게 함으로써 효율을 높여준다.

## 5G 통신의 3가지 활용 방안

이동통신 기술은 한 세대를 건널 때마다 새로운 세상을 여는 기술적 인프라 역할을 했다. 3G 이동통신으로 스마트폰 기반의 모바일 세상이 열렸고, 4G LTE 기술과 함께 사람들이 세상 모든 정보를 자신의 손가락 끝에서 얻어 원하는 일을 할 수 있는 '모바일 퍼스트', '모바일 온리' 시대가 개막했다. 이제 5G는 좀 더 빠르고 지연이 없는 통신을 통해 사람뿐 아니라 주변 모든 사물도 정보를 주고받으며 새로운 가치를 만들어내는 연결성의 도약을 또 한 번 약속한다.

국제전기통신연합(ITU)은 5G 통신의 활용 방안을 크게 3가지로 제시한다. 진보한 모바일 광대역 통신(Enhanced Mobile Broadband), 신뢰도 높은 초저지연 통신(Ultra-Reliable Low Latency Communications), 대용량 기계 통신(Massive Machine Type Communications) 등이 그것이다. 이를 일상적인 표현으로 바꾸어 보자면 우선 모바일 인터넷의 속도가 더욱 빨라지며, 데이터가 오가는 지연시간이 줄어 더 빨리 필요한 동작을 수행할 수 있게 하며, 스마트폰과 컴퓨터뿐 아니라 지금은 독자적으로 작동하는 사물도 정보를 모으고 분석하며 서로 데이터를 주고받게 된다는 의미이다.

5G 통신은 최고 속도 20Gbps를 목표로 한다. 이에 따라 아예 유선 인터넷을 5G 이동통신으로 대체하려는 시도도 나오고 있다. 20Gbps는 이론적인 속도로 실제 생활 환경에서는 이 속도가 나오기 어렵겠지만, 5G 통신망이 꾸준히 확충되면 기존 유선망을 대체하는 수준은 가능해질 것이란 전망이다. 5G 최초 상용화 후 몇 달 정도 지난 현재, 5G 스마트폰에서 이용할 수 있는 통신 속도는 500Mbps가 넘는 수준이다. 5G 통신의 약속에는 아직 못 미치지만, 기존 LTE보다는 7~8배 이상 빠른 속도다. 미국 통신사 버라이즌은 캘리포니아주와 텍사스주 일부 지역에서 1Gbps 속도의 무선 인터넷을 가정에 제공하는 '5G 홈' 서비스를 제공하고 있다.

여기에 지연시간 감소와 기계 간 통신 활성화는 현재 우리가 꿈꾸고 이야기하는 다양한 서비스를 실제로 가능하게 할 전망이다. 대표적인 것들이 자율주행 자동차와 스마트 팩토리, 원격 의료, 공공 안전을 위한 서비스, 스마트시티 등이다. 모두 사람과 사물, 사물과 사물 사이의 빠르고 안정적인 데이터 교환이 필수인 분야들이다. 차량과 보행자로 복잡한 도로에서, 정교하게 맞물려 돌아가는 공장에서, 생명을 구하기 위해 급박한 결정을 내려야 하는 사고 현장에서 사람보다 정확하고 빠른 판단을 내려야 한다. 이런 상황에서, $1km^2$당 100만 개의 기기를 지원하는 초고속 · 초저지연 5G 통신은 빛을 발한다.

## 5G 시대, 세상은 어떻게 바뀌나

자율주행 자동차를 예로 들어보자. 운전자는 차를 운전하며 차량과 주변 환경에 대한 수많은 정보를 실시간으로 처리한다. 앞 자동차와 적절한 간격을 유지하며 옆 차선에서 들어오는 차가 있는지 살피고, 사람이 갑자기 뛰어들지는 않는지 확인하고자 주변 인도를 바라보면서 도로에 파인 곳이 있는지 훑어보고, 고개를 들어 한참 앞의 사고 현장을 바라본다. 사람이 무의식적으로 하는 이 같은 일들을 자율주행 자동차가 하게 하려면 어떻게 해야 할까?

자동차와 도로, 가로등, 신호등, 교통신호 제어기 같은 도로 주변

자율주행 차량과 도로 주변의 사물에 센서를 달아 정보를 수집하고 빠르게 주고받으며 이를 바탕으로 신속히 상황에 대처한다. 차량과 주변 사물의 통신에서 5G 통신이 중요하다.

의 각종 사물에 센서를 달아 정보를 수집하고 이를 빠르게 주고받아야 하며, 얻은 정보를 바탕으로 신속히 결정을 내리는 컴퓨팅 기능도 필요하다. 이상 징후를 발견한 뒤 이 정보를 전달해 급정거나 차선 변경 등의 행동을 함에 있어 수천분의 1초의 차이는 사람을 살리고 죽이는 결과를 낼 수 있다. 차량과 주변 사물과의 통신 기술을 말하는 V2X에서 5G 통신에 관심을 갖는 이유다.

수많은 장비와 부품소재, 재료가 톱니바퀴처럼 맞물려 돌아가는 공장을 스마트하게 바꾸는 데도 5G 통신은 유용하다. 생산 공정을 자동화하고 상황에 따라 생산량이나 재료 투입량을 조정하며, 비상 사태를 감지해 대응하는 것 역시 신속한 통신 기술이 필수다. 로봇들도 중앙의 클라우드 서버에서 실시간으로 보내주는 정보에 따라 행동할 수 있게 된다. 고성능 정보 연산 장치를 개별 로봇에 심지 않고 빠르고 안정적인 5G 통신망을 통해 전달되는 정보만 처리하면 되기 때문에 가격 부담이 적은 클라우드 로봇을 보급할 수 있다.

원격 수술에도 빠르며 신뢰도 높은 통신이 필수다. 만약 의사가 거리의 제약을 뛰어넘어 원격지에서 수술 로봇을 무선 조종해 수술을 집도한다면 훨씬 많은 생명을 살릴 수 있을 것이다. 하지만 뇌 한쪽의 종양을 제거하거나 간을 이식하는 것처럼 극히 정교한 수술 도중에 데이터 전송에 문제가 생겨 로봇이 제대로 작동하지 않는다면 심각한 문제를 일으킬 수 있다. 미국 플로리다주에 있는 의료기관인 애드벤트헬스 니콜슨센터는 미 국방부의 지원을 받아 로봇을 이용한 원격 수술 테스트를 실시했다. 전장에서 부상당한 병사를 빠르게 치료할 방법을 찾기 위한 방법의 하나다. 의사가 멀리 떨어진 곳에서 고해상도 화면을 보며 수술로봇을 원격조종해 수술하며 지연시간을 다양하게 조정해 봤다. 그 결과 지연시간이 200ms 이상이 되면 의사들이 집도에 어려움을 느끼기 시작하는 것으로 나타났다. 의료 분야에서 초저지연 특성을 안정적으로 구현하는 5G 통신의 확산에 기대를 거는 이유다.

VR이나 AR 역시 5G 통신을 만나 본격적인 발전이 예상되는 분야

5G 인프라와 서비스의 종합체인 스마트시티. 5G 통신을 이용해 도시 곳곳에 설치된 센서와 CCTV 등에서 나오는 정보를 적절히 수집하고 분석하면 도시 운영의 효율을 높일 수 있다.

다. VR이 약속하는 몰입 환경에서의 교육이나 작업, 엔터테인먼트 등은 아직 현실에 빠르게 확산되지 않고 있다. 실제 현장에 있는 듯한 몰입감을 선사하는 정교하고 현실적인 이미지를 처리하기 위한 데이터 송수신이 아직은 어려워서다. 데이터 전송 속도나 지연시간의 문제로 영상이 중간중간 끊기거나 정보가 제대로 전달이 안 되면 이용자가 어지러움을 느끼는 등의 문제가 생긴다. 5G는 자연스러운 VR 환경이나 홀로그램을 가능케 할 것으로 기대된다.

스마트시티는 5G 인프라와 서비스의 종합 예술이라 할 수 있다. 5G 통신을 이용해 차량과 보행자의 이동에서 나오는 데이터, 도시 곳곳에 설치된 센서와 CCTV 등에서 나오는 정보를 적절히 수집하고 분석하면 도시 운영의 효율을 높일 수 있다. 사고나 위험 요소 등을 미리 예측하고 파악하며 빠르게 대처할 수도 있다. 최근 SK텔레콤은 인천 경제자유구역청과 제휴해 송도, 청라 등 경제자유구역을 5G 스마트시티로 만든다는 계획을 밝혔다. 지역 내 유동인구의 데이터를 체계적으로 관리하고 분석하는 데이터허브를 설치해 교통 정책에 반영한다. 또 여의도보다 45배 넓은 인천경제자유구역 전체에 5G 기반 자율주행차량 전용 HD 맵을 제작한다. 차선 정보, 도로 경사도, 속도 제한, 노면 상태처럼 자율주행에 필요한 모든 공간 정보를 센티미터(cm) 단위로 제공한다. 교통사고 등으로 인한 도로 상황 변화는 5G 네트워크로 실시간 반영한다. 자율주행이 실제 가능하도록 만드는 역할을 한다.

우리나라 정부 역시 비슷한 청사진을 바탕으로 5G 정책을 펴고 있다. 과학기술정보통신부는 2019년 4월 5G 10대 핵심 산업과 5대 서비스 육성을 내세운 '5G +' 전략을 발표했다. 10대 핵심 산업은 네트워크 장비, 차세대 스마트폰, 가상현실(VR) · 증강현실(AR) 디바이스, 웨어러블 디바이스, 지능형 CCTV, 드론, 로봇, 5G 차량통신(V2X), 정보보안, 에지컴퓨팅이다. 5대 서비스는 실감콘텐츠, 스마트공장, 자율주행차, 스마트시티, 디지털헬스케어다.

5G 서비스의 구현과 활용을 가능하게 하는 첨단 네트워크 장비와 단말기, 소프트웨어 기술을 중심으로 10대 산업을 육성하고, 이같은 바탕 위에서 실감 콘텐츠, 자율주행 차량, 스마트시티 등을 누릴 수 있게 한다는 이야기다. 정부는 5G+ 전략으로 2026년 생산액 180조 원과 수출 730억 달러를 달성하고 일자리 60만 개를 만든다는 목표도 제시했다.

LG유플러스 프로야구 서비스 화면. 시청자가 원하는 각도에서 야구 경기를 볼 수 있다. ⓒ LG유플러스

하지만 이런 청사진이 실제로 구현되기까진 약간 시간이 더 필요하며, 아직 5G를 활용한 서비스가 널리 확산된 것은 아니다. 세계에서 5G 서비스에 가장 앞서간다는 우리나라에서도 아직 일반 사용자가 체감할 수 있는 것은 그리 많지 않다. 국내 3개 이동통신사가 마침 모두 프로야구 구단을 운영하고 있어, 야구 경기에 관한 서비스를 앞세워 5G 서비스를 알리고 있다. 경기장 전체를 초고화질 영상으로 촬영해 시청자가 원하는 각도에서 홈런 영상을 보거나 불펜 상황을 살펴볼 수 있게 하는 것이 대표적이다. 스마트폰 앱을 실행하면 프로야구 구단 마스코트의 거대한 가상 이미지가 관중석 위를 날아다니는 모습을 볼 수 있게 하는 식의 가상이미지 이벤트도 진행했다. 통상적으로 지금까지 통신기술의 한 세대가 10년 정도 지속됐음을 생각해 보면, 2019년 현재 세계 1~2개 국가에서 갓 시작한 정도인 5G 통신의 잠재력은 앞으로 무한하다 할 수 있다.

스마트폰 앱을 실행하면 SK 와이번스의 마스코트 비룡의 거대한 가상 이미지가 관중석 위를 날아다니는 모습을 볼 수 있다. ⓒ SK텔레콤

ISSUE 8 에너지

# 수소 경제

$H_2$

# 08

## 김준래

연세대 공대를 졸업한 뒤, 여러 대기업과 벤처기업 등에서 R&D 및 기획 업무를 담당했다. 학교를 다닐 때부터 전공보다는 과학 전반에 대한 관심이 많아 과학문화 관련 동아리 활동에 더 열중했다. 졸업 후 회사를 다니면서도 과학기술을 좀 더 쉽게 전달하는 일을 하고 싶다는 일념으로 야간과 주말을 이용해 서강대 대학원에 개설된 과학커뮤니케이션 과정을 수료했다. 현재는 한국과학창의재단이 운영하는 과학기술 전문 매체인 〈사이언스타임즈〉에서 객원기자로 활동하며 여러 매체에 과학기술과 관련한 기사를 기고하고 있다. 과학으로 인류를 살리는 '적정기술'이나 고정관념이 강한 과학계에서 관행을 깨는 '역발상적 접근법'에 관심이 많다.

ISSUE 8
에너지

# 수소경제, 한국의 새로운 성장동력 될까

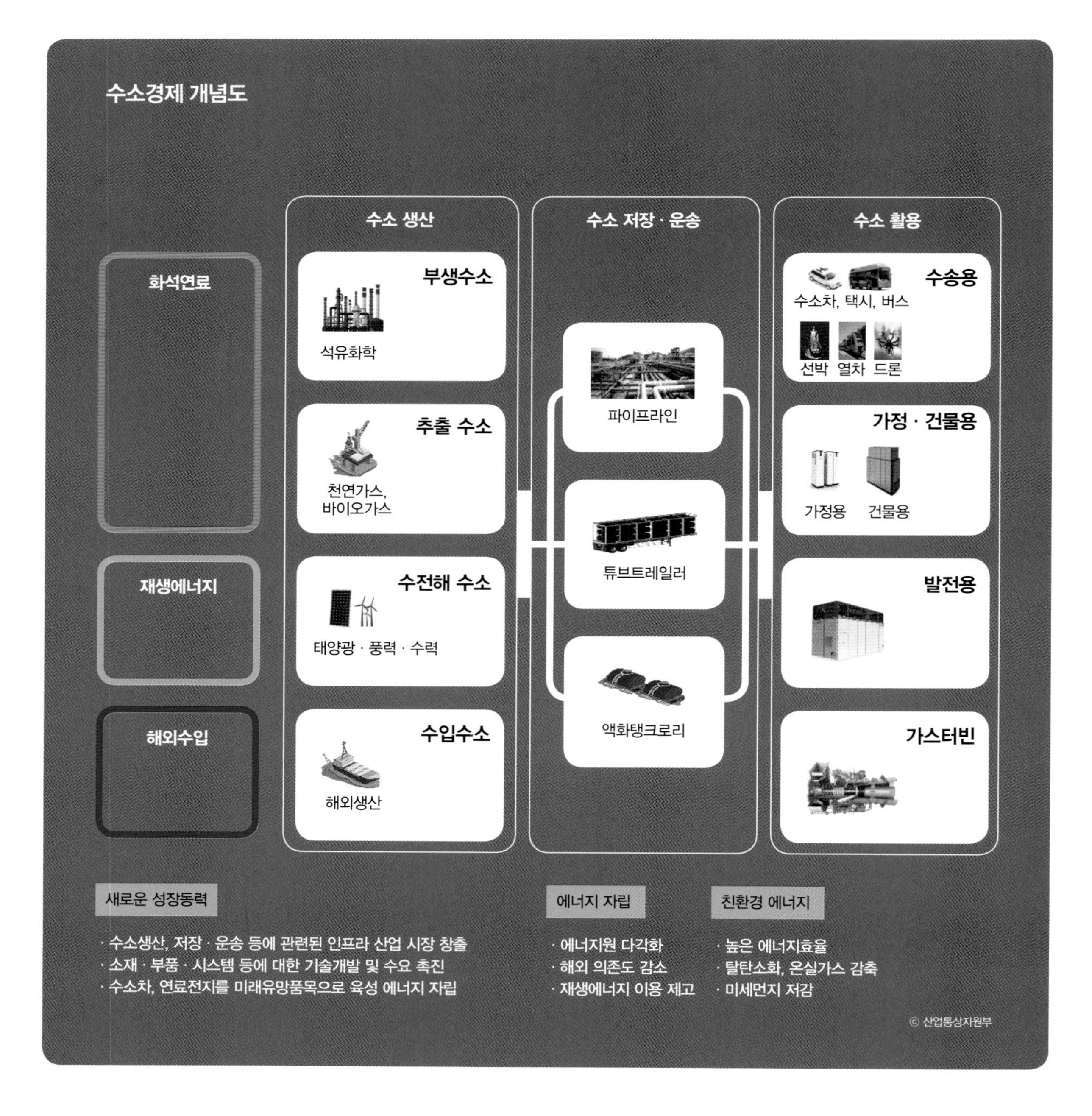

문명 발전의 원동력이었던 화석연료가 어느새 지구온난화 및 자원고갈이라는 재앙으로 변신하여 인류의 생존을 위협하고 있다. 지구온난화나 자원고갈 같은 현상이 지속될수록 지구의 미래가 걱정되기도 하지만, 한편으로는 새로운 에너지원이 만들어갈 세상이 멀지 않았다는 생각에 희망을 떠올려 보기도 한다. 그 세상은 바로 수소가 만드는 '수소경제(Hydrogen Economy)'의 세상이다.

수소경제란 수소가 주요 에너지로 사용되는 미래의 경제를 말한다. 수소는 석유나 석탄 같은 화석연료의 대체 에너지원으로 꼽히고 있는 물질이다. 우주를 구성하는 물질의 75%를 차지할 정도로 그 양이 무궁무진하고, 연소과정에서 공해 물질이 전혀 배출되지 않기 때문에 차세대 친환경 에너지원으로 각광받고 있다.

수소경제라는 용어는 미국의 저명한 경제학자이자 미래학자인 제레미 리프킨(Jeremy Rifkin) 박사가 화석연료 고갈과 환경문제를 다룬 동명의 저서에서 처음 사용하면서 알려지기 시작했다. 그는 이 저서에서 앞으로 수십 년 안에 IT 시스템과 수소에너지가 융합되면서, 그동안 화석연료를 기반으로 발전해 왔던 인류문명을 근본적으로 바꿔 놓을 강력한 미래형 혼합물인 수소경제가 탄생하게 될 것이라고 언급했다.

리프킨의 저서가 발간됐을 때만 하더라도 수소경제라는 용어 자체가 낯설게 느껴졌지만, 이제는 어느새 현실이 돼가고 있다. 전 세계가 수소차 개발이나 수소충전소 보급에 박차를 가하면서 수소경제 구현이라는 미래를 준비하고 있기 때문이다.

이 글에서는 수소경제가 과연 우리나라의 새로운 성장동력이 될 수 있는지를 살펴보고, 수소가 만들어 갈 미래 세상을 위해 우리가 해결해야 할 당면 과제들은 무엇이 있는지를 짚어보고자 한다.

## 대한민국의 수소경제 활성화 로드맵

인류 궁극의 에너지로 주목받고 있는 수소를 이용하는 산업이 과연 우리나라의 차세대 먹거리이자 새로운 성장동력으로 떠오를 수 있을까? 이 같은 의문에 대한 정부의 답변은 '그렇다'이다. 정부가 최근 발표한 '수소경제 활성화 로드맵'을 살펴보면, 수소 중심의 산업생태계 조성이 향후 국가경제에 막대한 영향을 미칠 것으로 예측하고 있기 때문이다.

로드맵에는 정부가 초 · 중 · 장기 추진전략을 통해 수소경제 인프라를 조성하는 계획이 마련되어 있다. 우선 초기(2018~2022년)에는 수소산업과 생태계 조성을 위해 기반을 구축하기 위한 법 · 제도 정비에 초점을 맞추는 것으로 예정되어 있다. 중기(2022~2030년)에는 대규모 수요 · 공급시스템을 구축하며, 장기(2030~2040년)에는 본격적으로 물을 분해하여 수소를 생산하는 것으로 언급되어 있다.

이처럼 초 · 중 · 장기의 추진전략을 달성하기 위한 핵심 요소로 정부는 '수소차 생산', '수소 공급', '향후 수소 발전 활용방안' 등 3대 분야를 꼽고 있다. 이들 분야를 통해 로드맵이 제시하는 목표치를 달성하게 되면, 우리나라 경제는 한 단계 더 도약할 수 있다는 것이 정부의 시각이다.

**수소경제활성화 로드맵 비전**

| | | | 2018년 | 2022년 | 2040년 |
|---|---|---|---|---|---|
| 목표 | 수소차 | | 1800대 | 8만 1000대 | 620만 대 |
| | 수출 | | 900대 | 1만 4000대 | 330만 대 |
| | 내수 | | 900대 | 6만 7000대 | 290만 대 |
| | 연료전지 | 발전용(내수) | 307MW(전체) | 1.5GW(1GW) | 15GW(8GW) |
| | | 가정 · 건물용 | 7MW | 50MW | 2.1GW |
| | 수소 공급 | | 13만 톤/년 | 47만 톤/년 | 526만 톤/년 이상 |
| | 수소 가격 | | – | 6,000원/kg | 3,000원/kg |

우선 수소차 생산 분야의 경우 2040년까지 생산량을 620만 대까지 늘려 세계 시장 점유율 1위를 달성한다는 목표가 세워져 있다. 여기서 수소차는 크게 '수소승용차'와 수소버스를 포함한 '수소공용차'로 구분된다. 수소승용차는 지난해 총 889대가 국내에 보급됐는데, 올해에는 그보다 4배 이상 늘어난 4000대 이상이 판매될 것으로 전망되고 있다.

반면에 수소공용차의 한 종류이자 이제 막 상용화를 시작한 수소버스는 올해 35대 보급을 목표로 하고 있다. 이어서 3년 뒤인 2022년에는 2000대, 그리고 2040년에는 4만 대를 보급한다는 계획이다. 또 다른 수소공용차인 수소택시와 수소트럭도 각각 2040년까지 8만 대씩을 공급하는 것으로 수립되어 있다.

또한 수소경제 구현의 핵심 인프라인 수소 공급 분야의 경우는 수소충전소를 기반으로 하여 공급량을 대폭 확대하는 것으로 나와 있다. 지난해인 2018년의 공급량은 연간 13만 톤에 불과했지만, 2040년까지 공급량은 연간 526만 톤으로 확대된다.

이 같은 대량 수소공급을 통해 정부는 현재 1kg당 8,000원 정도인 수소 가격을 2022년에는 6,000원으로 내리고, 2040년쯤에는 3,000원까지 내린다는 계획이다. 또한 수소차 보급 활성화의 열쇠가 될 수소충전소의 경우도 지난해의 14개소에서 2040년에는 1200개소까지 확충하는 것으로 나타났다.

한편 수소 발전 활용방안 분야로는 이산화탄소 배출이 전혀 없고, 소규모여서 도심지에서도 설치가 가능한 발전용 수소연료전지의 생산에 주력한다는 방침이다. 지난해 207.6MW(메가와트)를 생산한 발전용 수소연료전지는 2040년까지 15GW(기가와트) 이상으로 확대되고, 가정 및 건물용 수소연료전지도 2018년 5MW에서 2040년 2.1GW로 높여 공급하는 것으로 파악됐다.

정부는 수소경제 활성화 로드맵이 차질 없이 이행될 경우 2040년에는 연간 43조 원의 부가가치를 올리고 약 42만 개의 새로운 일자리가 창출될 것으로 기대하고 있다.

## 14년 만에 부활한 수소경제 로드맵

정부가 발표한 수소경제 활성화 로드맵의 청사진을 살펴보면 그야말로 장밋빛 미래만이 펼쳐질 것으로 생각하기 쉽다. 하지만 정말 그럴까? 수소경제가 본격적으로 시작되면 대한민국 경제가 다시 활기를 찾을 수 있을까?

모든 산업이 다 마찬가지지만 성공한 경제 모델을 만들기 위해서는 '적절한 시기'와 '혁신적 기술', 그리고 '타당한 경제성'이란 3박자를 갖춰야만 한다. 그런 점에서 볼 때 수소경제가 과연 성공한 경제 모델이 될 수 있을지에 대해서는 여러 의견들이 존재하고 있다.

우선은 지금이 과연 수소경제를 추진하는 데 있어 적절한 시기인지를 묻는 의견들이다. 사실 수소경제는 이번에 처음 등장한 경제정책이 아니다. 이미 2005년 참여정부 시절에 '친환경 수소경제 마스터플랜'이라는 정책 로드맵이 수립된 적이 있다.

참여정부는 가정용 연료전지를 국무총리 공관에 설치한 뒤, 이를 시연하는 행사까지 선보이면서 수소경제를 실현하기 위해 상당한 노력을 기울였다. 당시만 해도 정부는 기후변화 협약 및 기름값 인상 같은

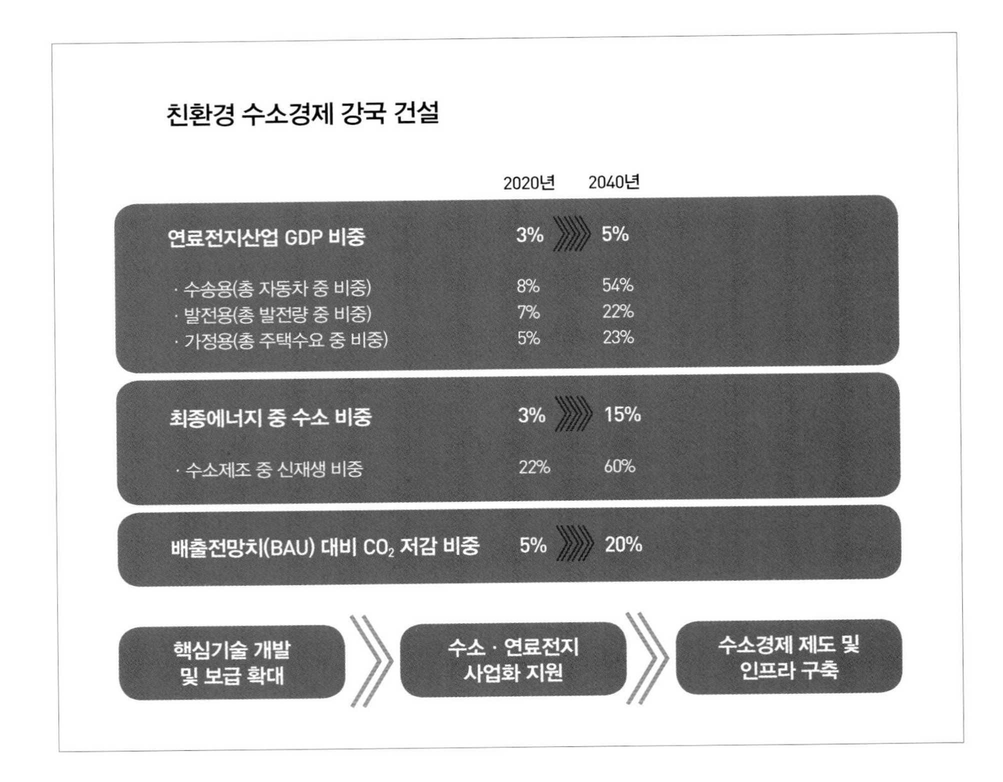

에너지 관련 문제들의 해결방안을 찾기 위해 고심하고 있었다. 따라서 수소 관련 산업을 차세대 성장동력으로 지정하여 첨단기술을 확보하는 전략을 수립했고, 대대적인 지원방안까지 마련했다.

특히 당시 수소경제에 대한 관심은 국내뿐만의 일이 아니었다. 미국의 경우 비슷한 시기인 2002년 대통령 교서에서 수소경제 강화를 선언했고, 일본도 수소사회로의 전환을 내세우며 대대적인 투자계획을 밝혔다.

이처럼 수소경제는 참여정부의 주요 정책으로 자리를 잡았지만, 그 열기는 계속 이어지지 못하고 어느 순간 사라지는 운명을 맞게 됐다. 참여정부가 화두로 제시했던 경제정책이 사라진 이유에 대해 여러 가지 견해가 있는데, 전문가들은 대략 3가지 요인을 꼽는다. 바로 '셰일가스 등장', '수소관련 기술의 미성숙', '에너지 정책의 전환 기조'다.

전 세계가 에너지 고갈을 염려하던 시기에 혜성과 같이 등장한 셰일가스는 석탄과 석유를 대체할 뿐만 아니라 온실가스 배출까지도 줄여주는 신개념 에너지로 받아들여졌다. 더군다나 셰일가스로 인해 급등하던 기름값까지 안정적으로 변해가면서 수소경제는 더 이상 탄력을 받지 못하고 서서히 사람들의 뇌리에서 사라져 버렸다.

두 번째 원인인 수소 관련 기술의 미성숙은 셰일가스 등장보다 더 큰 문제였다. 2005년 당시의 수소 관련 기술은 지금과 비교해 상당히 낮은 수준이었다. 참여정부의 수소경제 마스터플랜은 기술의 상용화를 통해 관련 시장을 창출하는 것이 목표였는데, 기술 수준이 낮았던 만큼 신규 시장 자체가 만들어지지 못했다.

마지막 원인으로 참여정부가 수소경제 마스터플랜을 세울 당시 지금처럼 에너지 전환 기조가 없었던 것도 추진력을 약화시킨 원인의 하나로 꼽힌다. 현 정부에서는 탈원전과 신재생에너지, 그리고 미세먼지 저감이 가능한 에너지 생산이라는 당면과제가 에너지 전환 기조에 일조를 하고 있지만, 당시에는 그럴 만한 계기가 없었던 것이다.

## 핵심 3대 분야 중 '수소차 생산' 기술발전 현황

2005년 당시의 수소경제 마스터플랜은 비록 실패로 끝났지만, 지구온난화라는 환경 문제는 '탄소 중심의 경제'를 '수소 중심의 경제'로 바꾸는 데 있어서 결정적인 영향을 미치고 있다. 게다가 과거와는 달리 그사이 눈부시게 성장한 기술도 수소경제의 성공 가능성을 뒷받침해주고 있다. 수소경제 활성화 로드맵 추진전략을 달성하기 위한 핵심 요소인 '수소차 생산', '수소 공급', '향후 수소 발전 활용방안'의 기술발전 현황은 다음과 같다.

먼저 수소차 생산의 기술발전 현황을 보자. 수소경제의 성공 가능성을 뒷받침해주고 있는 기술성장 사례로 첫손가락에 꼽히는 것은 지난해 현대기아차가 개발한 수소전기차인 '넥쏘'다. 얼마 전까지만 해도 상용화가 의심됐던 기술이지만, 이제는 수소경제 구현의 아이콘으로 자리매김하고 있다.

수소로 움직이는 자동차를 설명하기 전에 먼저 알아야 할 점은 수소차와 수소전기차의 차이다. 대부분 사람들이 수소차와 수소전기차를 혼동하는 경우가 많다. 사실 이 둘은 에너지원으로 수소를 사용한다는 점 말고는 완전히 다른 자동차다. '수소차'는 실린더 내에서 수소를 직접 연소시켜 에너지를 얻는 내연기관 자동차인 반면에, '수소전기차'는 수소와 산소의 화학반응을 통해 차량 내에서 생산된 전기를 통해 모터를 구동하여 작동하는 자동차다.

결국 수소전기차는 수소차와 전기차의 장점만을 딴 자동차라 할 수 있다. 그러다 보니 전기차와의 차이를 궁금해 하는 소비자들도 많다. 전기차는 미리 충전한 2차 전지에서 에너지를 얻는 반면에, 수소전기차는 차내에 실린 수소와 공기 중 산소의 화학반응을 통해 전기를 생산하여 에너지를 얻는 것이 차이점이라 할 수 있다.

수소전기차에는 기존 자동차들에 필수적으로 장착되어 있는 엔진 대신에 수소탱크와 연료전지 스택(stack), 그리고 모터와 배터리 같

**왼쪽** 지난 3월 5일 스위스에서 열린 제네바 국제모터쇼에 현대자동차의 수소전기차(수소연료전지차) '넥쏘'가 전시돼 있다.

**오른쪽** 넥쏘를 절단해 내부를 보여주고 있다. 가운데 검은색 부분이 연료전지 스택이다.

은 부품들이 장착되어 있다. 연료전지 스택은 수소와 산소가 화학반응을 통해 전기에너지를 생산하는 장치다. 수소탱크 내의 수소가 연료전지 스택으로 이동해 외부에서 유입된 산소와 결합하는 화학반응을 하면, 이 과정에서 전기가 발생한다. 이렇게 발생된 전기는 모터와 배터리로 공급되어 차를 움직이는 에너지가 된다.

수소전기차의 장점 중 하나는 효율이 뛰어나다는 점이다. 탱크 내에 저장되어 있는 수소량에 비해 달릴 수 있는 거리가 상당히 길다. 최근 출시된 현대자동차의 넥쏘 같은 경우 1회 충전에 600km 정도를 달릴 수 있다. 현대자동차가 발표한 자료에 따르면, 복합연비는 17인치 타이어를 기준으로 96.2km/kg으로서, 한 번에 총 6.33kg의 수소를 충전해 609km를 주행할 수 있는 것으로 나타났다. 이 정도의 연비면 내연기관 자동차의 연비를 압도하는 성능을 갖고 있다고 볼 수 있다.

또한 수소 충전 시간도 5분 내외여서 한 번 충전에 몇 시간씩 걸리는 전기차보다 경쟁력이 뛰어나다. 압력 가변 제어 기술을 통해 내연기관 자동차와 동등한 출력을 낼 수 있다는 점도 수소전기차가 가진 장점이라 할 수 있다. 이처럼 뛰어난 성능을 가진 수소전기차의 실체가 알려지면서 수소를 이용한 자동차의 미래에 대해 긍정적 반응들이 나오고 있다.

## 수소 공급용 충전소 확충해야

사실 아직도 갈 길은 먼 상황이다. 그중에서도 턱없이 부족한 인프라 문제는 수소전기차의 상용화를 가로막는 걸림돌로 작용하고 있다. 현재 국내에 설치되어 있는 수소충전소는 총 15개소에 불과하다. 15개소라 하지만 실제로 일반인들이 사용할 수 있는 곳은 3~4군데에 불과한 상황이다. 그나마 2개소인 서울의 충전소도 한 군데는 수리 중이고, 나머지 지역들의 충전소들은 대부분 일반인들이 이용할 수 없는 곳이다.

상황이 이렇다 보니 수소전기차를 구매하고 싶어도 충전 문제 때문에 구입을 망설이는 소비자들이 한두 명이 아니다. 다행히 정부가 2020년까지 전국에 수소충전소 70개를 추가하고, 2030년까지 520개소로 늘린다는 계획을 세웠기 때문에 충전 문제는 순차적으로 풀릴 전망이지만, 당장은 불편을 감수해야만 하는 상황이다.

국내 수소충전소(왼쪽)와 일본의 수소충전소(오른쪽). 수소경제를 구현하기 위해서는 수소충전소와 같은 인프라를 확충해야 한다.
ⓒ 현대자동차 · Iwatani Corporation

수소충전소 보급이 예상보다 더딘 이유 중 하나로는 막대한 설치 비용이 꼽힌다. 수소충전소 1개소에 들어가는 비용은 부지 매입비를 제외하고서도 약 30억 원에 달하는 것으로 알려져 있다. 전기차 충전소 한 곳을 설치할 때 드는 비용이 약 4,000만 원인 것에 비하면 무려 75배나 많은 금액이다.

수소충전소를 세우는 데 있어 이처럼 많은 비용이 들어가는 까닭은 안전사고 발생을 예방하기 위한 장치가 필요해서다. 또한 수소충전소 설립 예정부지의 일정 거리 안에는 의료시설 및 유치원, 그리고 공동주택 등이 없어야 하는 것처럼 까다로운 입지 조건도 수소충전소 건설비용을 부채질하는 데 한몫을 하고 있다.

이 같은 문제를 해소하기 위해 최근 정부는 수소충전소를 '규제 샌드박스' 1호 사업으로 선정했다. 올해 7월에 국회에 세워지는 수소차 충전소가 바로 1호 사업이 된다. 규제 샌드박스란 기업이 제품이나 기술을 출시하는 데 걸림돌이 되는 불합리한 규제를 해소해주는 정책을 말한다.

## 향후 수소 발전 활용방안

수소전기차 생산, 충전소를 통한 수소공급 외에도 수소경제가 구현되기 위해 해결해야 하는 수소 발전 활용방안으로는 수소를 얻는 기술이 혁신적으로 개선돼야 한다는 점이다.

현재 수소는 원유 정제과정에서 나오는 부산물을 채집하거나 천연가스에서 추출해 얻는다. 이 때문에 화력이나 원자력 발전소에서 만든 전기를 쓰는 전기차처럼, 수소전기차도 아직 완전한 친환경자동차라고 부를 수 없다. 따라서 공기나 물에 포함되어 있는 수소를 포집하면서도 경제성을 높인 기술을 확보하는 것이 필요하다.

수소를 얻는 기술이 혁신적으로 개선돼야 하는 가장 큰 이유는 바로 수소연료전지의 발전과 직결되기 때문이다. 수소연료전지의 장점은 단위에너지 생산에 필요한 시스템이 소형이면서도 무게가 가볍다는 점이다. 또한 대기오염물질을 거의 배출하지 않는 청정발전시스템이기 때문에 도심지의 좁은 부지나 가정, 또는 건물 실내에도 설치가 용이하다. 더군다나 연소과정이 없고 움직이는 구성품이 없기 때문에 시스템 안정성도 상당히 높은 편이다.

확장성 또한 매우 광범위하다. 수소연료전지는 수소 탱크와 함께 차에 실게 되면 수소전기차가 되고, 여기에 수소생산 장치를 부착하면 소형 발전장치로 활용할 수 있다. 또한 군사용이나 의료용 같이 지속적으로 전력을 제공해야 하는 분야에도 비상전원 공급 장치로서 충분한 역할을 할 수 있다.

수소연료전지는 수소와 산소의 전기화학적 반응을 통해 전기를 만들어내며 열과 물을 부수적으로 생산한다. 발전효율은 아직 35~60% 수준에 머무르고 있는데, 내연엔진과 비교하면 효율이 높지만, 리튬이온 배터리보다는 낮은 편이다. 연료로 사용되는 수소는 석유화학 제품들을 생산할 때 부수적으로 발생되는 수소(부생수소)를 활용하거나, 천연가스 및 액화석유가스 같은 탄화수소계 연료에서 추출한 수소를 주로 사용한다. 여기에 최근에는 태양광이나 풍력 등의 신재생에너지로 물을 전기분해하여 생산하는 청정수소가 주목을 받고 있다.

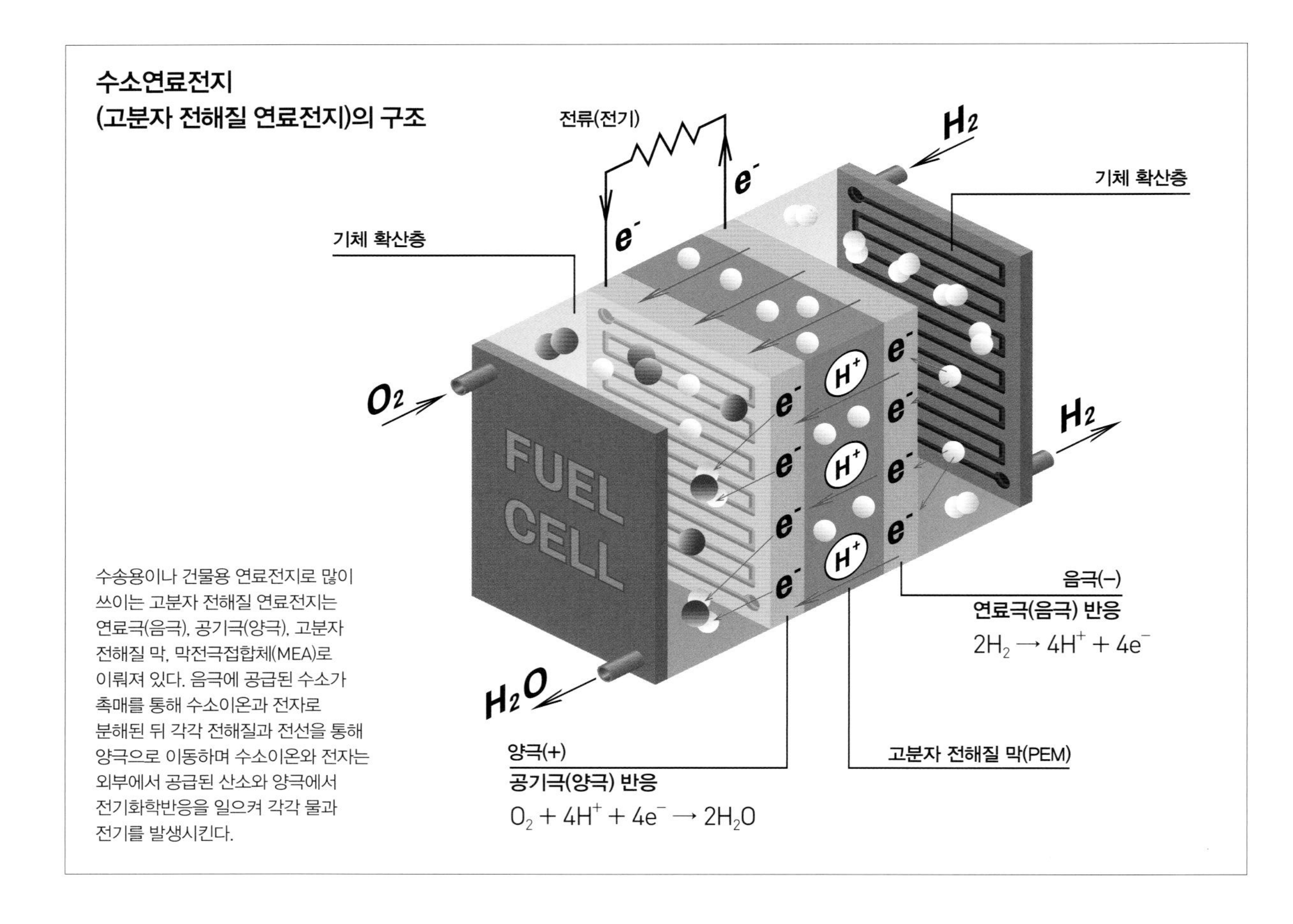


**수소연료전지 (고분자 전해질 연료전지)의 구조**

수송용이나 건물용 연료전지로 많이 쓰이는 고분자 전해질 연료전지는 연료극(음극), 공기극(양극), 고분자 전해질 막, 막전극접합체(MEA)로 이뤄져 있다. 음극에 공급된 수소가 촉매를 통해 수소이온과 전자로 분해된 뒤 각각 전해질과 전선을 통해 양극으로 이동하며 수소이온와 전자는 외부에서 공급된 산소와 양극에서 전기화학반응을 일으켜 각각 물과 전기를 발생시킨다.

문제는 수소연료전지 분야 역시 기술적으로 극복해야 할 문제들이 상당히 많다는 점이다. 원가 경쟁력과 효율을 향상시키는 것은 물론, 원천기술을 확보하고 부품 공급망까지 일원화된 시스템을 구축해야 경쟁력 있는 수소연료전지 생산이 가능하다.

실제로 현재까지 추진됐던 수소산업 관련 기술개발 현황을 살펴보면 대부분 완성품 위주의 기술개발에 집중했음을 알 수 있다. 정작 산업이 혁신하는 데 있어 필요한 원천기술과 소재 · 부품 기술에 대한 투자는 상대적으로 소홀한 편이었다. 예를 들면 수소생산 공정에는 고가의 백금촉매가 사용되는데, 수소 가격을 내리지 못하게 만드는 주요 원인 중 하나다. 이 백금촉매를 다른 값싼 촉매로만 대체해도 현재의 수소 가격을 상당부분 내릴 수 있다.

수소가격 인하야말로 수소경제 활성화에 직결되는 요인인 만큼, 소재 및 부품 발굴이 시급한 상황이다. 또한 공정 성능과 수명은 두 배로 높이되, 생산 가격은 절반으로 낮출 수 있는 혁신기술이 뒷받침돼야만 수소경제가 비로소 꽃필 수 있다는 것이 전문가들의 의견이다.

## 규명해야 할 의문 중 하나, 수소의 친환경성

지금까지 수소경제 활성화 로드맵을 달성하기 위한 핵심 분야인 '수소전기차 생산', '수소 공급', '향후 수소 발전 활용방안'에 대한 기술개발 현황을 살펴봤다. 과거에 비해 눈부시게 발전한 기술 수준과 기반 시설들이 수소경제의 앞날을 밝게 만드는 것은 사실이지만, 마냥 긍정적으로만 보기에도 어려운 점이 있다. 규명해야 할 의문들이 적잖게 존재하기 때문이다.

가장 먼저 규명해야 할 의문은 현재 유통되고 있는 수소가 과연 청정에너지로 불릴 수 있는가 하는 점이다. 최근 생산되고 있는 대부분의 수소는 경제성을 이유로 천연가스, 석탄 등 화석연료에서 추출하고 있다. 따라서 수소생산 공정에서 이산화탄소가 생성될 수밖에 없다.

물을 전기분해하여 수소를 추출하는 방식이 친환경성을 입증하는 최적의 방법이지만, 이 방식도 현재로서는 청정에너지 논란을 피해 가기 어렵다. 전기분해에 사용되는 전기 역시, 전 세계 발전량 중 40% 이상을 차지하는 화력발전을 통해 제공된다. 화석연료에서 추출한 수소를 이용하는 것과 크게 다르지 않은 것이다.

이에 대한 대안으로 태양광이나 풍력 등 신재생에너지와 원자력을 이용한 전기분해 방식이 논의되고 있다. 여기에 바이오매스(biomass) 및 미생물 등을 이용하는 방법도 개발되고 있지만, 효율성이 따라주지 못하기 때문에 상용화 수준으로 끌어올리기에는 요원한 상황이다. 상황이 이렇다 보니 수소전기차를 완전 무공해 자동차로 볼 수 있느냐 하는 점에서도 의문이 생길 수밖에 없다.

물론 작동 시스템만 놓고 보면 수소전기차는 완전 무공해 자동차임이 분명하다. 수소전기차는 수소와 산소의 화학반응을 통해 전기를 생성한 뒤 이를 모터에 공급하여 작동하는데, 이 과정에서 공기를 정화시키고 물만 생성되기 때문이다. 하지만 현재 수소전기차에 사용되는 수소는 석유화학 제품 생산공정에서 부산물로 나오는 부생수소가 대부

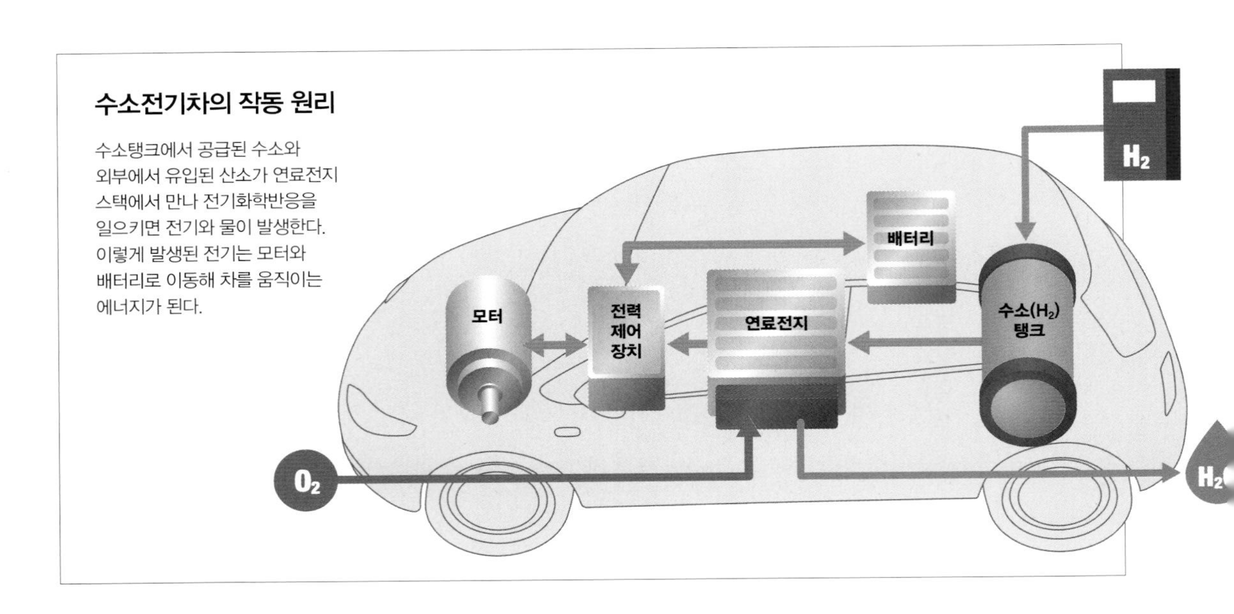


**수소전기차의 작동 원리**

수소탱크에서 공급된 수소와 외부에서 유입된 산소가 연료전지 스택에서 만나 전기화학반응을 일으키면 전기와 물이 발생한다. 이렇게 발생된 전기는 모터와 배터리로 이동해 차를 움직이는 에너지가 된다.

분이다. 자동차가 작동하는 데 있어 가장 중요한 에너지원을 화석연료를 통해 얻고 있는 셈이다. 따라서 수소전기차가 진정한 의미의 무공해 자동차로 거듭나기 위해서는 신재생에너지로 만든 전기를 사용해 물을 전기분해한 뒤 여기서 수소를 확보하는 수전해방식이 상용화돼야 한다는 것이 환경업계의 시각이다.

## 수소는 경제적인 에너지인가?

수소를 청정에너지로 볼 수 있느냐 점 외에 규명해야 할 또 다른 의문점은 수소의 경제성이다. 수소경제가 성공적으로 이루어지기 위해서는 기본적으로 수소를 저렴하게 생산하고 저장할 수 있어야만 한다.

하지만 수소는 지구에서 자연적인 상태로 존재하지 않으며, 산소와 결합한 '물'과 화석연료인 '탄화수소' 형태로만 존재한다. 그렇다 보니 수소를 물이나 탄화수소에서 분리해 내려면 많은 에너지가 필요하다. 문제는 수소를 생산하는 데 들어가는 에너지가 수소를 소비함으로써 얻는 에너지보다 더 크다는 점이다. 수소경제로 운영되는 사회가 자칫 수소를 많이 사용하면 할수록 더 많은 에너지를 소비해야 하는 모순에 빠질 수도 있다는 뜻이다.

더군다나 수소는 부피가 큰 기체라서 고압으로 저장하거나 액화를 해야만 저장이 수월하다. 이 과정에서도 만만치 않은 에너지를 필요로 한다. 고압으로 저장하는 데 10% 이상의 에너지 손실이 있고, 액화하는 데 30% 이상의 에너지 손실이 발생하기 때문이다.

지난 수십 년간의 연구를 통해 과학자들은 수소를 통한 에너지 저장과 활용이 상당히 어려운 작업이라는 것을 깨닫게 됐다. 예를 들어 거리가 먼 지역에 수소를 운반하는 과정을 비효율의 극치로 보고 있다. 실제로 수소산업협회가 발표한 보고서를 살펴보면, 운반거리가 200km가 넘는 경우 부생수소를 싣고 가는 것보다 현지 시설에서 수소를 생산해 사용하는 것이 비용 면에서 더 유리한 것으로 분석하고 있다.

수소 공급방식

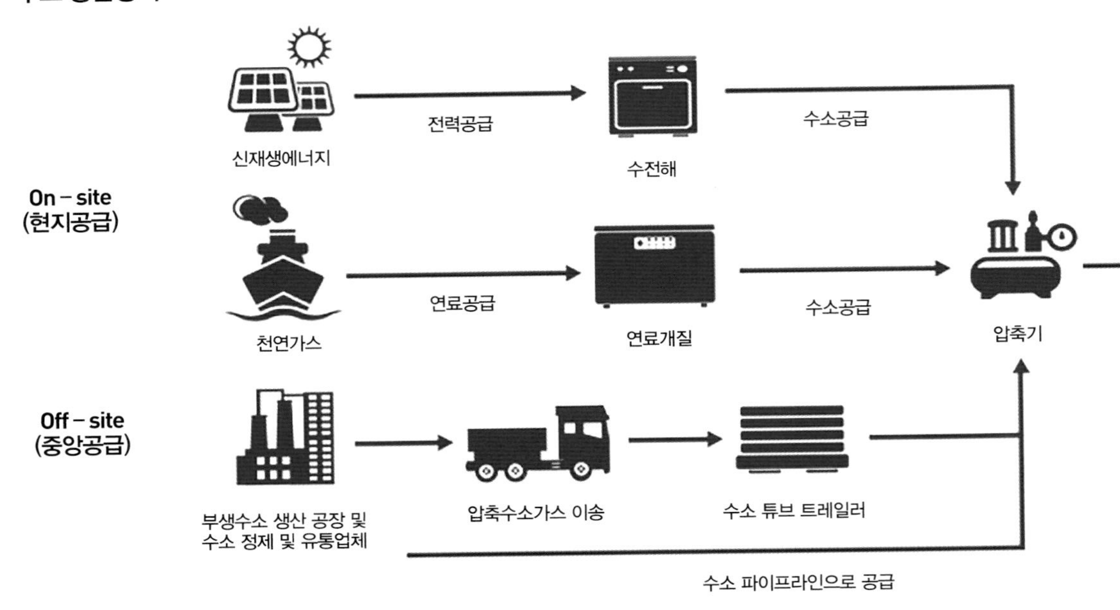


또 하나의 문제는 우리나라가 수소전기차처럼 완성품 제작에는 강할지 몰라도 그 안에 들어가는 소재 및 부품에 대한 원천기술은 거의 없다는 점이다. 가령 수소전기차의 핵심 부품인 수소연료전지에 대한 원천기술과 핵심기술은 모두 외국에서 도입하고 있는 실정이다. 자동차가 많이 팔릴수록 막대한 로열티를 걱정해야 하는 상황이 될 수도 있다.

## 수소연료전지차는 휘발유차보다 안전하다?!

안전성 문제도 수소경제의 미래를 위협하는 요인 중 하나다. 수소는 강력한 폭발력을 내재하고 있는 가연성 · 폭발성 가스다. 이뿐만 아니라 수소의 확산성이 천연가스의 4배, 가솔린의 12배에 달하기 때문에 폭발 시 파괴력도 그만큼 강력하다. 그러나 이는 수소뿐만 아니라 천연가스, 석유를 포함한 모든 종류의 연료가 폭발의 위험성을 안고 있어 취급에 세심한 주의를 필요로 한다는 점을 전제로 생각하면, 수소만이 갖

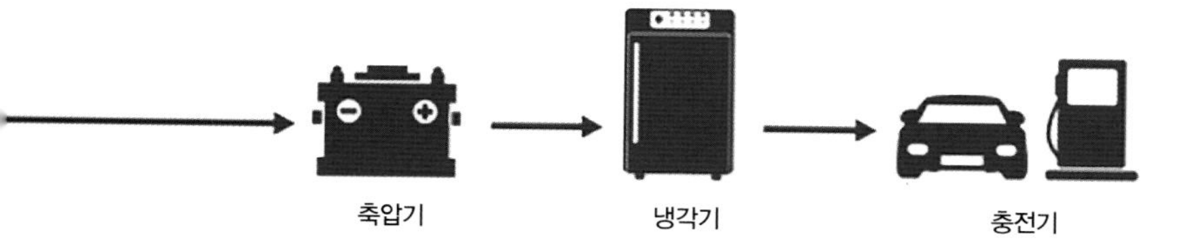


*수소공급방식의 개략적 흐름

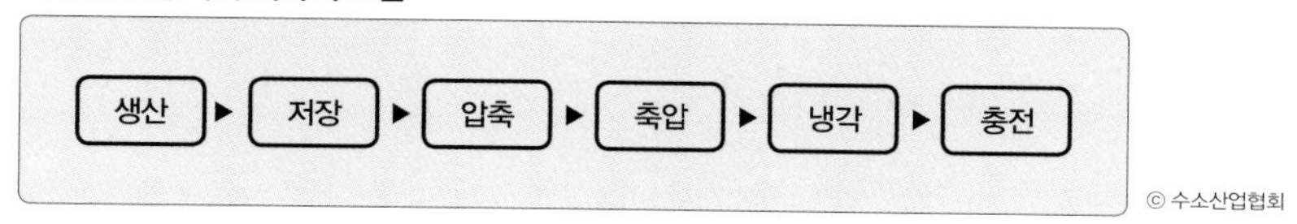


ⓒ 수소산업협회

고 있는 문제점은 분명 아니다.

수소를 에너지원으로 사용하다 보니 간혹 수소전기차가 위험하다는 시각을 갖고 있는 사람들을 접할 때가 있다. 하지만 대다수 자동차 전문가들은 수소전기차가 화석연료를 사용하는 자동차보다 오히려 안전하다고 말한다.

폭발성을 가진 수소의 특성, 수소폭탄과 같은 부정적 이미지 때문에 수소를 연료로 사용하는 것을 위험하다고 생각하는 것이다. 이는 이중삼중으로 안전장치가 마련되어 있는 수소전기차에 대해 잘 몰라서 하는 소리다. 설사 사고가 일어나 수소탱크에 불이 붙는 일이 발생한다고 해도, 수소의 특성상 빠르게 하늘로 올라간 뒤 사그라지는 특성을 갖고 있기 때문에 실제로 폭발까지 이어질 가능성은 매우 낮다는 것이 전문가들의 시각이다.

수소전기차 넥쏘의 충돌 테스트 장면.
ⓒ 현대자동차

수소의 강력한 확산성은 폭발력 증대의 원인이기도 하

수소전기차에 장착되는 수소연료탱크. 고강도 플라스틱 복합소재에 탄소섬유를 감아 만들기 때문에 기존 철제 연료탱크보다 가볍고 강도는 더 강하다.

지만, 반면에 수소가 공기 중에 누출됐을 때 천연가스처럼 특정 공간에 축적되지 않고 신속히 사라질 수 있다는 장점도 된다. 대량으로 밀폐된 공간에 누출되지만 않는다면, 자연발화 되더라도 순간적으로 화염이 일었다가 사라지는 정도로 머문다는 것이 전문가들의 의견이다. 실제로 미국의 연료전지 관련 기관인 혁신기술연구소(Breakthrough Technologies Institute, BTI)에서 수소연료전지자동차와 휘발유자동차의 연료 누출에 따른 화재 전파 실험을 한 결과, 안전 측면에서 수소연료전지자동차가 휘발유자동차에 비해 더 안전하다는 결과가 나왔다.

## 수소 관련 해외 R&D 동향

수소 관련 산업은 어느 국가나 다 마찬가지로 아직 초기 단계다. 그렇다 보니 수소 산업과 관련된 해외 R&D 동향도 국내 상황과 별반 다르지 않다. 해외 선진국들의 R&D 역시 수소전기차를 중심으로 한 '제품' 분야와 수소 생산 및 충전 시스템을 기반으로 하는 '인프라' 분야가 수소 산업의 대부분을 차지하고 있다.

우선 수소전기차 중심의 제품 분야는 우리나라가 전 세계에서 가장 앞선 기술을 보유하고 있지만, 일본이나 독일 같은 자동차 제조 강국들도 만만치 않은 기세로 우리의 뒤를 바짝 쫓고 있다. 대표적으로는 일본의 도요타가 개발한 미라이(Mirai)와 혼다의 클래리티(Clarity)가 있다. 아직은 현대자동차의 넥쏘가 한 번 충전에 609km를 주행할 수 있는데 반해, 미라이와 클래리티는 각각 502km와 589km여서 아직 500km 대에 머물고 있지만 그 차이가 점점 좁혀지고 있는 실정이다.

반면에 독일은 상용화된 수소전기차가 아직 없다. BMW가 '5시리즈 GT'라는 모델의 수소전기차를 개발하는 중이지만, 빨라야 내년쯤에 출시될 것으로 전망되고 있다. 다만 BMW는 일본 도요타와 전략적 제휴를 맺고 해당 모델을 개발하고 있기 때문에 앞으로 수소전기차 시

일본 도요타에서 개발한 수소전기차 '미라이'.
© TTTNIS

장의 새로운 강자로 떠오를 가능성이 높다.

이처럼 수소 관련 제품 시장에서는 우리나라가 어느 정도 우위를 점하고 있지만, 수소 생산 및 충전 시스템 같은 인프라 분야로 넘어가면 이야기가 달라진다. 이 분야는 이른바 에너지 선진국들이라 할 수 있는 일본과 미국, 유럽 등이 우리보다 몇 걸음 더 앞서서 뛰어가고 있는 상황이다.

대표적 수소산업 선도국인 일본은 2030년까지 국제 수소공급망을 구축하고, 재생에너지 기반 수소생산기술을 확보한다는 로드맵을 추진하고 있는 중이다. 일본의 수소경제 로드맵에서 눈여겨 볼만한 점은 정부와 민간 기업이 공동으로 친환경 수소 생산을 주도하고 있다는 사실이다. 정부기구인 '신에너지 및 산업기술 개발기구(NEDO)'와 민간기업인 하이스타(HYSTAR)사는 호주에서 갈탄을 사용해 수소를 생산하고 저장하는 기술을 개발하고 있다.

반면에 미국의 경우는 민간 기업이 독자적으로 수소 관련 사업을 추진하는 곳이 많다. 대표적 기업인 FEF(First Element Fuel)사는 캘리포니아주를 중심으로 트루제로(True Zero)라는 브랜드의 수소충전소를 운영하고 있다. 이 회사는 현재 캘리포니아주에 19개의 수소충전소를 운영하고 있는데, 이는 수소차 5500대를 대상으로 1600kg의 수소를 충전

**왼쪽** 미국 어바인 캘리포니아대 셔틀버스는 수소연료전지로 달리는 친환경 버스다.

**오른쪽** 미국 FEF사가 운영하는 수소충전소 '트루제로(True Zero)'.
© True Zero

**일본 토요타의 수소경제 비전**

지속가능한 사회를 위해 화석연료를 비롯한 다양한 에너지원을 전기 및 수소 인프라와 함께 사용하는 것에 기반을 두고 있다. © Toyota

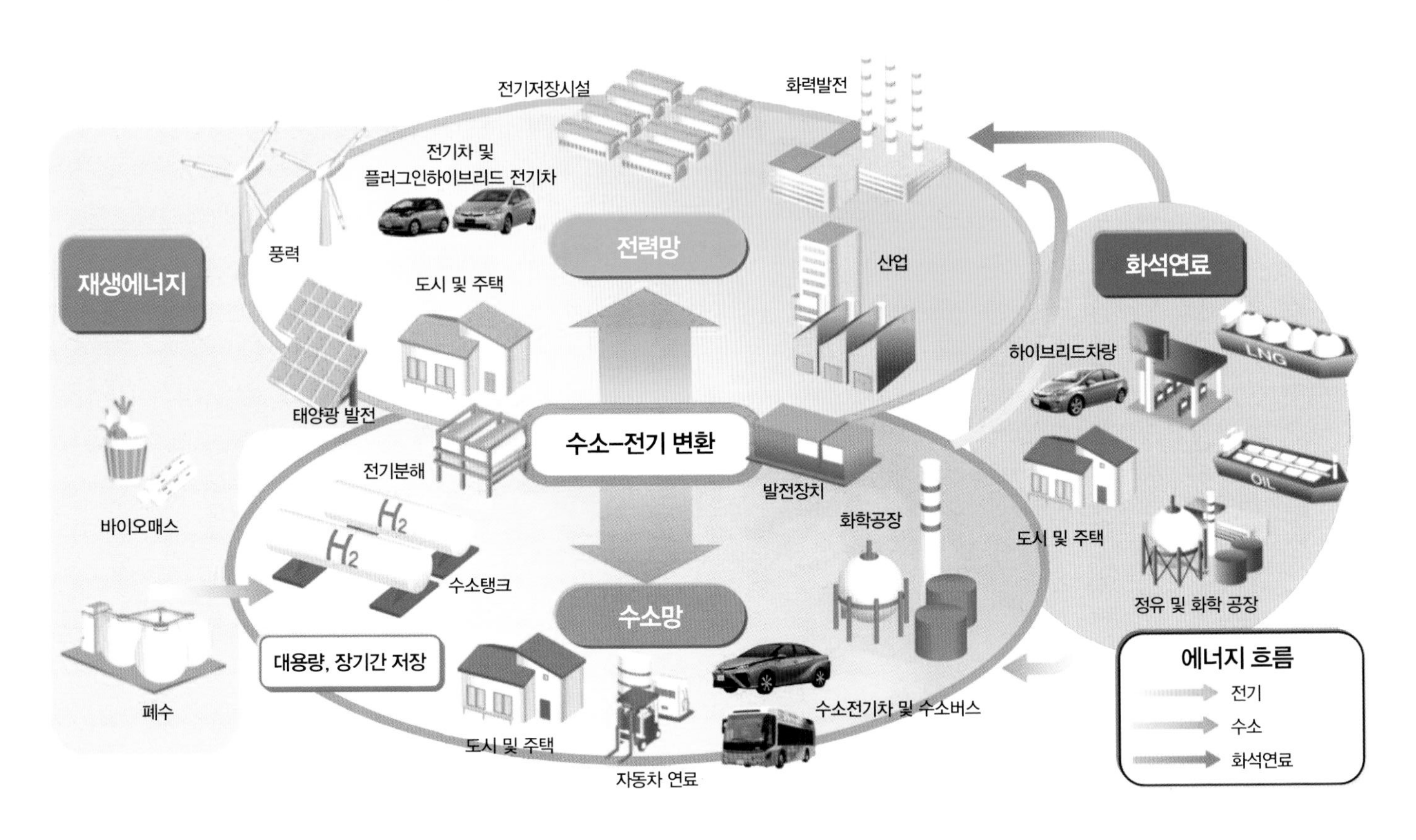

할 수 있는 규모다. FEF사는 앞으로 셀프 충전 같은 방법을 통해 수소 가격을 인하한다는 방침이다.

유럽의 경우는 민간 기업들보다 국가가 주도하는 수소 인프라 확충 현황이 눈길을 끈다. 유럽의 대장 노릇을 하고 있는 독일은 지난해 57개의 수소충전소를 구축했으며, 태양광과 풍력의 잉여전력을 활용해 수소를 생산하고 있다. 충전소 확대 외에도 독일은 2017년부터 추진하고 있는 수소열차 개발 프로젝트에 집중하고 있다. 이 프로젝트는 세계 최초의 여객용 '수소연료전지 열차'를 운행하는 것으로서, 최대 시속 140km의 속도로 한 번에 1000km까지 주행할 수 있는 것으로 알려졌다.

한편 독일과 함께 대표적 친환경 국가로 부상하고 있는 노르웨이의 수소산업 관련 움직임도 눈여겨볼 만하다. 현재 전국적으로 수소충전소 7곳을 운영하고 있는데, 인구가 100만 명에 불과한 오슬로 지역에 5개의 수소충전소가 설치되어 있다. 우리나라 서울에 1000만 명 가까운 인구가 밀집되어 있음에도 불구하고 수소충전소가 단 2곳뿐인 것과 비교해 보면 엄청나게 높은 보급률이다. 노르웨이는 앞으로 수소충전소의 숫자를 내년 말까지 20개로 늘려 인구대비 수소충전소 비율을 세계에서 가장 높게 가져간다는 계획을 갖고 있다.

독일 함부르크 중심부에 자리하고 있는 수소충전소(위)와 수소충전기(아래).

## 수소경제를 성공적으로 구현하기 위한 전략은?

불확실한 미래에 대해 투자를 결정하는 것은 동서고금을 막론하고 어려운 문제다. 특히 이윤 추구를 목적으로 하는 기업들이 수소산업 같은 신산업에 대해 장기적인 안목을 갖는다는 것은 결코 쉽지 않은 일이다.

다만 한 가지 위안이 되는 부분은 전 세계적으로 수소와 관련된 시장이 이제 막 열리기 시작한 신규시장이라는 점이다. 태양광이나 풍력 관련 신재생에너지 산업은 이미 선진국들이 시장을 선점했기 때문에 우리로서는 쫓아가야 하는 입장이지만, 수소 분야는 우리가 잘만 하면 시장을 주도해 나갈 가능성이 큰 분야다.

물론 수소 분야도 현재는 기술적으로 조금 뒤져 있는 상태이지만, 이는 수소전기차처럼 완성품의 상용화를 앞당김으로써 해결할 수 있는 문제로 보인다. 정작 진짜 문제는 수소 관련 산업에 국가 경제의 미래를 맡기느냐, 아니면 다른 미래 에너지 분야에도 다리를 걸치고 앞으로의 추이를 지켜보느냐 하는 점이다. 예를 들어 수소전기차 같은 경우 완성품 제작에 있어서는 우리나라가 가장 앞서가고 있지만, 전 세계는 이미 전기차 시장이 미래의 자동차 시장을 장악할 대세로 보고 이 분야에 대규모 투자를 벌이고 있다. 전도가 유망한 분야를 따르느냐, 아니면 대세(大勢)를 따르느냐가 국내 친환경 자동차의 앞날을 결정지을 수 있는 것이다.

이에 대해 전문가들은 혁신적 분야일수록 개방적이면서도 중립적 태도를 보이는 것이 바람직하다고 조언하고 있다. 수소전기차나 전기차 모두 아직 기술혁신이 지속되고 있고, 자동차의 에너지원은 향후에도 다양할 수밖에 없으므로 둘 중 하나를 선택하여 집중할 것이 아니라 병행 발전시켜야 한다는 뜻이다.

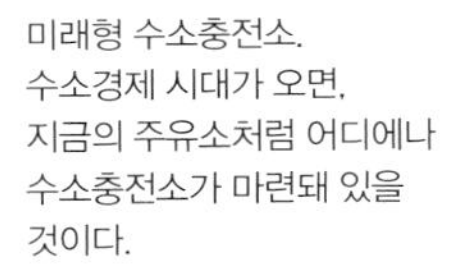

미래형 수소충전소. 수소경제 시대가 오면, 지금의 주유소처럼 어디에나 수소충전소가 마련돼 있을 것이다.

그럼 점에서 볼 때 수소경제 역시 마찬가지라 할 수 있다. 혁신적 분야인 만큼 국가적 관심을 기울이되, 다른 에너지 분야와 투자의 균등성을 유지할 필요가 있는 것이다. 우리나라처럼 에너지 수입 의존도가 높은 일본의 경우 이미 수소 생산은 물론, 저장과 이동 등 전 분야에서 기술력을 쌓아가고 있지만, 이 분야에만 집중하지 않고 있는 전략은 우리에게도 시사하는 바가 크다.

물론 수소경제를 비관적으로 보는 사람들은 이미 14년 전에 실패했던 정책임을 내세우며 평가 절하하는 경우도 많지만, 기술 수준부터 인프라까지 당시와 지금은 완전히 다른 상황이다. 수소경제는 새로운 에너지가 인류 생존과 직결되는 문제인 만큼 반드시 올 수밖에 없는 미래사회의 단면이다. 그 시기가 과연 언제쯤 본격화되느냐가 관건인데, 그때까지 정부는 수소경제가 가져올 비전을 다시금 되새기면서, 전체 에너지 시스템 틀 속에서 수소경제의 바람직한 규모와 역할을 정립해 나가는 정책이 필요할 것으로 보인다.

ISSUE 9 사이버보안

# HTTPS 차단 논란

# 09

## 박응서

고려대 화학과를 졸업하고, 과학기술학 협동과정에서 언론학 석사학위를 받았다. 동아일보 《과학동아》에서 기자 생활을 시작했고, 동아사이언스에서 eBiz팀과 온라인뉴스팀에서 팀장을, 《수학동아》, 《어린이과학동아》 부편집장을 역임했으며, 현재는 머니투데이방송 테크M에서 부장으로 있다. 지은 책으로는 『테크놀로지의 비밀찾기(공저)』, 『기초기술연구회 10년사(공저)』, 『지역 경쟁력의 씨앗을 만드는 일곱 빛깔 무지개(공저)』, 『차세대 핵심인력양성을 위한 정보통신(공저)』, 『과학이슈11 시리즈(공저)』 등이 있다.

ISSUE 9
사이버보안

# HTTPS 차단은 사이버 안전망인가?

지난 2월 11일 오후부터 HTTPS에 대한 논란이 인터넷 커뮤니티에 확산되기 시작했다. 사진은 한 커뮤니티에 게시된 HTTPS 관련 글의 일부 목록.
© 클리앙

지난 2월 11일 오후가 되자 여러 인터넷 커뮤니티가 갑작스럽게 확산되기 시작한 한 이슈로 인해 논쟁에 휩싸였다. 핵심은 정부가 인터넷 검열에 나섰다는 주장이었다.

정부에서 HTTPS 차단에 나서, 외국에 서버를 둔 불법사이트나 유해사이트에 접속할 수 없다는 게시글과 함께 이 같은 조치가 인터넷에서 모든 검열과 감청으로 이어질 것이라는 우려를 담은 내용으로 확대됐다. 심지어 우리나라가 세계에서 악명 높은 중국과 비슷한 수준으로 인터넷 검열에 나설 것이라는 주장까지 퍼질 정도였다.

HTTPS 차단 정책에 대한 반대를 표시한 국민 청원.
ⓒ 청와대

검열이라는 용어는 자유에 대한 거부감으로 확대 재생산되며 논란에 불을 붙였고, 인터넷 커뮤니티를 뜨겁게 달궜다. 현 정부에 대해 불만 있던 사람들이 한층 더 강하게 정부에 대한 비판을 쏟아 부으며 논란은 더 커졌다. 또 인터넷 검열 반대에 동참해달라는 청와대 국민청원이 게재됐다. 이 청원은 며칠 사이에 20만 명을 넘어섰고, 3월까지 30만 명이 넘는 국민이 청원에 참여했다.

곧이어 주요 매체에서 이를 보도하기 시작하면서 당시 가장 뜨거운 이슈로 급부상했다. 이 논란은 인터넷을 중심으로 오프라인까지 한 달 넘도록 거세게 몰아쳤다. 청와대 국민청원에 대한 답변을 방송통신위원회 위원장이 직접 나서서 할 정도로 당시에 반대 의견과 논란이 매우 심각하게 진행되는 상황이었다.

## KT에서 차단 시작하자 일파만파로 논란 커져

이 논란은 2월 11일 KT를 시작으로 인터넷 통신사에서 기존에 HTTPS로 접속할 수 있었던 불법사이트와 유해사이트를 차단하면서 발생했다. HTTPS 차단으로 논란이 커지자, 방송통신위원회는 다음 날인 12일 보도자료를 내고 차단 배경과 이유를 설명하며 진화에 나섰다.

방송통신위원회는 불법음란물과 불법도박 등에 관련된 불법정보를 보안접속(HTTPS)과 우회접속 방식으로 유통하는 해외 인터넷사이

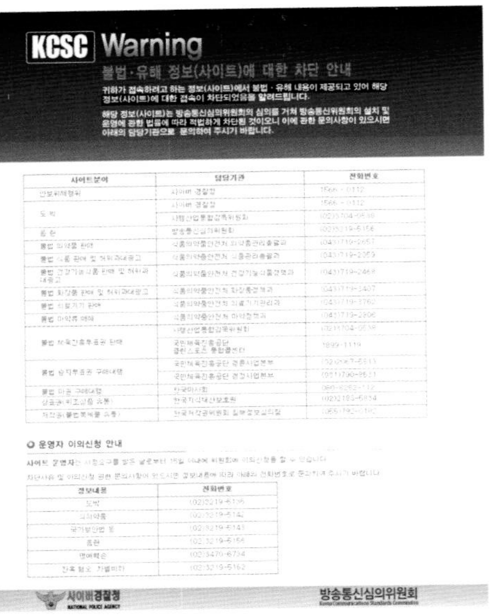

'불법 · 유해정보 차단 안내 페이지(warning.or.kr)'.
ⓒ 나무위키

트에 대한 접속차단 기능을 고도화하고, 방송통신위원회의 통신심의 결과에 따라 2월 11일부터 불법 해외사이트 895건 차단 결정을 시작으로 이를 적용한다고 밝혔다.

구체적으로 최근 보안접속(HTTPS) 방식으로 불법사이트를 차단하는 데 한계가 발생해, KT를 비롯한 국내 7개 인터넷서비스제공사업자(ISP)와 함께 새로운 차단방식인 'SNI(Sever Name Indication) 차단방식'을 도입한다는 설명이다. 또 SNI 차단방식은 암호화되지 않는 영역인 SNI 필드에서 차단 대상 서버를 확인해 차단하는 방식으로 통신감청과 데이터 패킷 감청과는 무관하다고 강조했다. 특히 아동 포르노물과 불법촬영물, 불법도박 등을 다루는 불법사이트를 집중적으로 차단할 계획이라고 밝혔다.

방송통신위원회 김재영 이용자정책국장은 "그동안 법집행 사각지대였던 불법 해외 사이트에 대한 규제를 강화하라는 국회와 언론 지적이 많았다"며 "앞으로 불법 해외 사이트에 대한 효과적인 차단을 기대하며, 디지털성범죄 영상물로 고통 받는 피해자의 인권을 보호하고 웹툰 같은 창작물을 만드는 창작자의 권리를 보호하겠다"고 밝혔다.

하지만 이 같은 SNI 차단에 대한 설명은 오히려 정부에서 '불법 감청'이나 '인터넷 검열'에 나섰다는 논란으로 더 크게 확대되며, 이에 대한 문제점이 공론화됐다.

사실 불법사이트 차단은 오래전부터 시행돼온 정책이다. 기존에는 불법사이트에 접속하면 '불법 · 유해정보 차단 안내 페이지(warning.or.kr)'로 이동해 이용자에게 해당사이트가 문제가 있는 사이트여서 접속할 수 없다는 메시지를 제시했다. 그런데 이번에는 새로운 차단방식의 기술특성에 따라 이용자가 차단된 불법사이트에 접속하려고 하면, 해당 사이트 화면이 암전(black out) 상태로 표시되거나 사이트 접속 오류가 나오는 방식으로 바뀐 것이다.

## 도메인 주소를 실제 주소를 바꿔주는 네임서버

새로운 기술을 활용한 불법사이트 차단이 왜 인터넷 검열 논란으로 확대됐는지 알려면, 인터넷 사이트 접속 원리에 대한 이해가 필요하다.

우리가 어떤 사이트에 접속하려면 인터넷익스플로러나 크롬 같은 웹브라우저에 영문으로 된 인터넷 주소를 입력해야 한다. 그런데 검색사이트인 다음 도메인 daum.net이나 미국항공우주국(NASA) 도메인 nasa.gov 같은 인터넷 주소는 실제 사이트가 존재하는 주소가 아니다. 이들이 존재하는 실제 주소는 숫자로 이뤄진 IP 주소다. 즉 다음은 211.231.99.17이라는 IP 주소가 실제 주소이고, NASA는 52.0.14.116인 IP가 실주소다.

왜 이렇게 복잡하냐고? 인터넷이 처음 만들어질 때 숫자로 된 IP 주소를 기본으로 했기 때문이다. 그런데 숫자로 된 IP 주소는 외우기가 쉽지 않아 불편했다. 게다가 때에 따라서는 IP 주소가 바뀌는 경우가 발생했다. IP 주소가 바뀌면 다시 그 주소를 찾아가기가 매우 어려워진다.

**DNS 서버의 작동 방식**

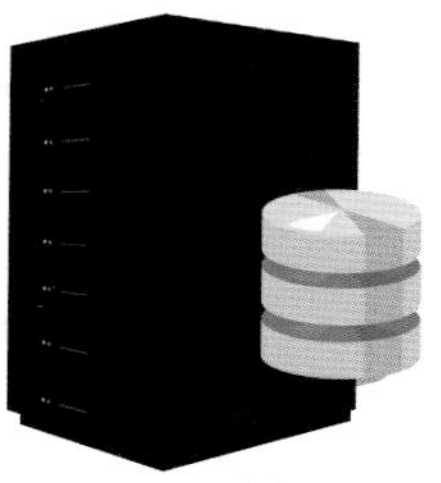


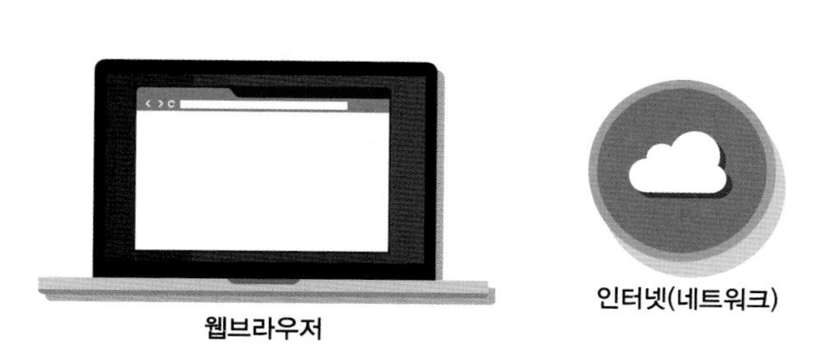


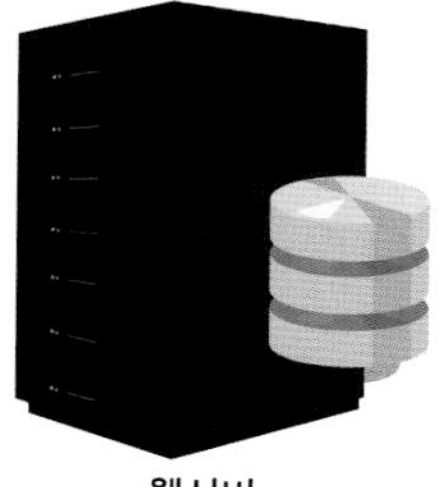


웹브라우저에 도메인 주소를 치면, 웹브라우저가 네트워크를 통해 DNS 서버에 IP 주소를 문의한다. DNS 서버가 IP 주소를 알려주면, 웹브라우저는 그 IP 주소에 접속해 메인홈페이지 데이터를 요청한다. 그러면 웹서버에서 그 데이터를 보내고 웹브라우저는 홈페이지 화면을 보여준다.

이런 이유에서 등장한 것이 도메인과 이 도메인 주소를 IP 주소와 연결해주는 DNS(Domain Name System) 서버다.

기존 IP 주소를 이름으로 관리하는 방식인 셈이다. daum.net이라는 도메인으로 다음 사이트를 관리하면 IP 주소가 바뀌어도 DNS 서버에 바뀐 주소를 알려주면 이용자는 아무런 불편 없이 그대로 이용할 수 있어 편리하다. 전화번호와 비슷하다고 볼 수 있다. 실제 전화번호는 IP 주소, 다음이라는 전화 이름은 도메인, 다음 전화 이름과 실제 전화번호 정보를 모두 기록하고 있는 전화번호부는 DNS 서버인 셈이다.

우리가 웹브라우저 크롬에 daum.net을 치면, 웹브라우저가 컴퓨터에서 네트워크를 타고 외부로 나가 DNS 서버에게 daum.net의 실제 주소인 IP 주소를 묻는다. 그러면 DNS 서버는 등록된 정보를 찾아 daum.net의 IP 주소인 211.231.99.17을 알려준다. 그러면 웹브라우저가 다시 211.231.99.17로 접속해 daum.net 메인홈페이지 데이터를 요청한다. 그러면 211.231.99.17에 있는 웹서버에서 메인홈페이지 데이터를 사용자에게 보낸다. 이 데이터를 받은 사용자 웹브라우저가

daum.net 사이트 화면을 보게 되면서 사용자는 다음 홈페이지를 이용할 수 있는 환경이 만들어진다.

### 실제 주소로 가는 길목 차단

방송통신위원회와 경찰청은 이 같은 원리를 이용해 중간에서 불법유해사이트 접속을 막는 DNS 차단방식을 도입해 활용해 왔다. 사용자가 bulbub.com(임의로 가정한 도메인 주소로 실제와는 무관)이라는 불법사이트에 접속하려고 웹브라우저에 이 도메인주소를 입력한다. 그러면 KT나 LG유플러스처럼 이용자가 이용하는 ISP에서 DNS 차단장치를 가동한다. 사전에 등록된 불법사이트 목록에 해당하는 도메인을 사용자가 요청하면 해당 IP 주소 대신에 warning.or.kr 주소를 알려준다. 사용자는 ISP 단계에서 작동하는 DNS 차단장치에 의해 bulbub.com의 실제 IP 주소로 접속하지 못하고 warning.or.kr로만 접속하게 되는 셈이다. 사용자가 bulbub.com 사이트에 접속할 수 없게 만들어 이용을 포기하게 만드는 방식이다.

그런데 이렇게 DNS 차단방식을 이용하려면 사용자가 입력한 도메인 주소를 정확히 알아야만 한다. 기존에 웹브라우저에 입력하는 홈페이지 주소 입력 방식은 http://bulbub.com 같이 http 방식을 이용했다. http는 암호화 없이 통신을 하는 방식이어서, 사용자가 입력한 도메인주소가 그대로 네트워크를 타고 이동해 쉽게 이를 알아낼 수 있다. ISP에서 불법사이트를 쉽게 차단할 수 있었던 이유다.

하지만 최근에는 모든 홈페이지가 HTTPS와 같이 암호화해 운영되고 있다. HTTPS(HyperText Transfer Protocol over Secure Socket Layer)는 인터넷 통신 프로토콜로 세계 모든 나라가 똑같은 인터넷 공간에 접속할 수 있도록 만든 통신 언어다. 기존에 사용하던 HTTP에 암호화 기능을 추가해 보안을 강화한 업그레이드 버전이다.

HTTPS는 인터넷 웹서버와 웹브라우저가 서로 신원을 확인하고,

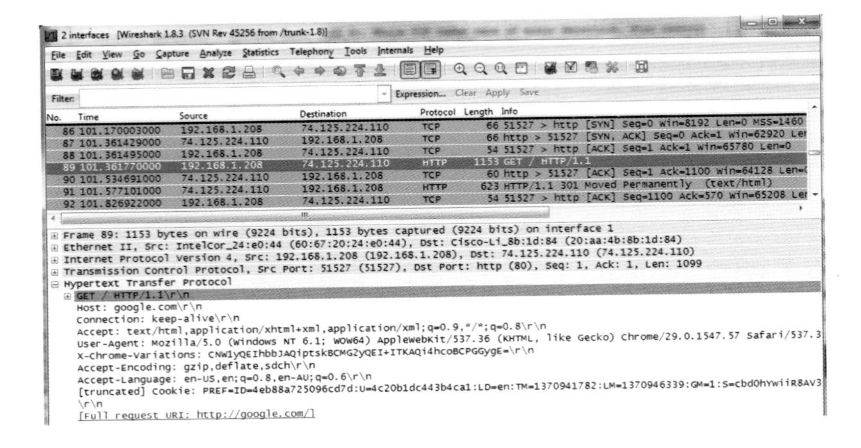


웹브라우저에 구글 홈페이지 주소(http://google.com)를 입력할 때 http 방식을 이용하면 암호화 없이 통신하므로, 도메인 주소가 그대로 네트워크를 타고 이동해 쉽게 발각될 수 있다. 사진은 네트워크 프로토콜 분석기인 와이어샤크(wireshark) 캡처.

© wireshark

신원이 확인된 뒤에는 제3자가 접속 내용을 함부로 가로채지 못하도록 통신으로 전달되는 모든 내용을 암호화해 전달한다. 강제로 암호화를 해제하지 않는다면 사용자가 어떤 사이트에 접속해 어떤 내용을 주고받는지 이론적으로는 전혀 알 수 없는 방식이다. 이렇게 HTTPS 방식은 통신 내용을 암호화해서 진행하기 때문에 보안에 유리하다.

HTTPS 방식은 사이트를 암호화하는 과정에서 접속 시간이 기존보다 더 걸리기 때문에 초기에는 도입되지 않거나 제한적으로만 사용돼 왔다. 하지만 인터넷 속도가 향상되고 암호화가 중요해지면서 지금은 필수로 사용해야 할 정도로 보편화된 상태다. 이런 흐름에서 불법유해 사이트들도 최근에는 모두 HTTPS 방식으로 통신한다.

즉 bulbub.com 사이트가 HTTPS 방식으로 웹서버 운영방식을 변경해 https://bulbub.com 같이 입력해서 이용할 수 있게 바꾼 것이다. 이렇게 되면 웹브라우저와 웹서버가 주고받는 데이터가 모두 암호화되면서 중간에서 사용자가 어떤 사이트를 접속하려고 하는지 알아내기가 어려워진다. 사용자가 접속하려고 하는 도메인주소를 감시장치로 알아내 차단하기가 어려워지는 셈이다.

## HTTPS 이용 불법유해사이트 차단에 SNI 차단방식 도입

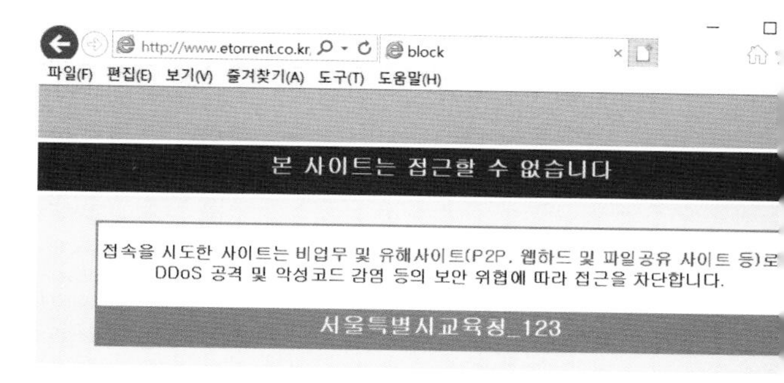


도서관 같은 공공기관에서 특정사이트에 접속하려고 할 때 경고문이 뜨며 해당 사이트 접속을 차단한다. © 박응서

그러자 이번에는 방송통신위원회와 경찰청이 HTTPS까지 차단할 수 있는 방법을 도입했다. 이것이 이번에 논란을 일으킨 SNI 차단방식이다. HTTPS도 통신 과정에서 암호화하지 않는 부분이 있는데, 바로 SNI 필드다. 이 부분을 활용해 불법유해사이트 차단에 나서는 것이다.

HTTPS는 브라우저와 웹서버가 PKI 인증서 정보를 주고받아 접속을 체결한 뒤 모든 통신 내용을 암호화한 채 주고받는다. 패킷이 가로채여도 해독되지 않는다. 그런데 빈틈이 있다. SNI 필드다.

현재 통용되는 기술 표준으로 HTTPS 암호화통신을 하더라도 여전히 처음 어떤 사이트와 통신할 것인지를 암호화하지 않은 평문으로 노출한다. 사용자가 웹서버에 보내는 패킷에 SNI 필드라는 자리에 이 값이 적혀 있다. 현 HTTPS 표준이 갖고 있는 한계다.

ISP 차단장치가 SNI 필드에서 문제가 되는 사이트나 IP 주소를 확인하면 해당 사이트 접속 자체를 원천봉쇄하는 셈이다. 이전처럼 warning.or.kr로 주소를 바꾸는 형태는 아니고, 해당 사이트가 사라졌거나 작동하지 않는 것처럼 페이지 접속 오류 표시를 내보낸다. 구글 크롬 기준으로 'ERR_CONNECTION_CLOSED', 'ERR_CONNECTION_FAILED', 'ERR_CONNECTION_RESET', 'ERR_SSL_PROTOCOL_ERROR'와 같은 에러 메시지가 표시된다면 SNI 차단방식으로 차단됐을 가능성이 높다.

이 같은 방식이 올해 국내에 처음 도입된 것은 아니다. 방송통신위원회가 SNI 차단방식을 도입하기 전부터 SNI 차단방식을 이용하던 곳이 있다. 바로 공공도서관이다. 공공도서관에서는 방송통신위원회에서 하는 것보다 훨씬 광범위한 사이트에 대해 차단정책을 시행하고 있

공공도서관 네트워크를 이용해서 루리웹 사이트에 접속하려고 하면 이미지처럼 사이트에 접속할 수 없다고 표시된다. © 박응서

다. 도서관에서는 학습을 방해한다고 생각하는 사이트를 훨씬 넓은 범위에서 차단사이트 목록을 만들어 운영하고 있다. 게임 커뮤니티인 루리웹 같은 사이트의 차단이 대표적인 사례다.

또 일부 기업에서도 업무 시간에 업무 외 사이트 접속을 방지하기 위해서 이 같은 방식을 오래전부터 활용해 오고 있기도 하다.

## 주소 확인 자체가 검열과 감청이라는 주장

SNI 차단방식이 이번 논란에서 핵심이다. 국민청원을 할 정도로 많은 이용자들은 이 방식이 인터넷 감청이나 인터넷 검열이라는 주장이다. 반면 정부에서는 불법유해사이트 차단에만 일부 이용할 뿐 감청이나 검열은 아니라는 주장이다.

방송통신위원회 김재영 이용자정책국장은 지난 2월 13일 2019년 제7차 위원회 결과발표에서 국민청원의 검열과 감청 우려에 대해서 "HTTPS SNI 필드 차단방식은 통신 감청이나 검열과 무관하며, 표현의 자유 침해에도 해당되지 않는다"고 강조했다.

또 김재영 국장은 민간인으로 구성된 방송통신위원회 심의위원회가 시정을 요구하면 ISP가 절차에 따라 차단에 나서기 때문에 정부가 감청할 수 있는 구조가 아니라고 주장했다. 특히 SNI 차단방식이 암호화하지 않은 SNI 필드 값만 확인할 뿐 아니라, 다른 HTTPS 패킷을 가로채더라도 암호화통신으로 내용을 알 수도 없다는 점에서 정부가 감청하거나 검열하는 것이 기술적으로 불가능하다고 설명했다.

HTTPS를 이용하더라도 클라이언트와 서버의 연결 설정 과정에 서버 이름(Server Name: plus.google.com)이 표시될 수 있다. 사진은 와이어샤크(wireshark) 캡처.
ⓒ wireshark

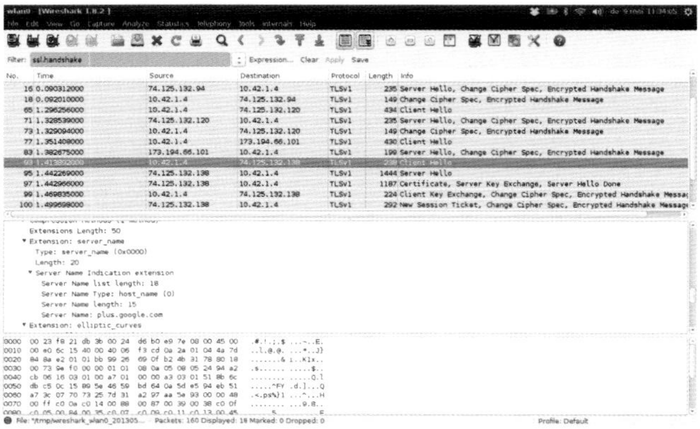

인터넷 통신(패킷)을 우편물이라고 가정하면, 전달하려는 데이터가 우편물 내용이 되고, 데이

터 전달에 필요한 송수신 관련 정보가 우편 주소에 해당한다고 볼 수 있다. SNI 차단방식은 우편봉투에서 주소만 확인하고, 내용물은 아예 대상으로 삼지도 않기 때문에 감청이나 검열은 아니라는 논리다. 우편 주소를 이용해 불법유해사이트로 가는 우편물을 차단할 뿐 내용을 확인하는 것은 아니라는 얘기다.

그러나 이 정책에 반대하는 시민과 단체는 정부가 편지봉투에 적힌 주소 확인을 통해 받는 사람과 보내는 사람을 걸러내는 작업을 하며, 우편물 발송 자체를 통제하므로 이것이 곧 검열이자 감청이라는 주장이다.

## 전문가들, "검열과 감청 아니다"

SNI 차단방식에 대해서 김승주 고려대 정보보호대학원 교수는 2월 14일 TV의 한 프로그램에 출연해 "접속하려는 사이트 주소가 암호화되기 전에 확인해 불법사이트 접속을 차단하는 것"이라며 "과거에도 사용자가 어떤 사이트에 접속하는지 확인해 불법유해사이트 목록에 있는 사이트면 차단했기 때문에 그 연장선에 있다고 보는 게 맞다"고 설명했다. 오래전부터 ISP에서 사용자가 누구인지, 어디에 접속하려고 하는지에 대한 정보를 확인하고 있었기 때문에 새로 도입한 SNI 차단방식으로 새롭게 더 많은 개인정보를 수집하는 것은 아니라는 얘기다.

국제전기통신연합에서 전기통신표준화부문(ITU-T) 정보보호(SG17) 의장을 맡고 있는 염흥열 순천향대 정보보호학과 교수도 한 매체와의 인터뷰에서 "SNI 차단방식은 DNS 차단방식보다 한 단계 더 깊게 속을 들여다보지만, 암호화된 내용을 볼 수는 없어 엄밀하게 감청이라고 할 수 없다"고 설명했다. 그는 또 "방송통신위원회 같은 정부기관이 아니라 ISP가 차단 작업을 수행하기 때문에 차단하며 발생하는 정보를 들여다볼 수 없을 것"이라며 "감청이나 검열에 대한 우려를 할 필요는 없다"고 강조했다.

**인터넷 접속과정과 다양한 접속 차단 방식** ⓒ 김승주 교수 블로그

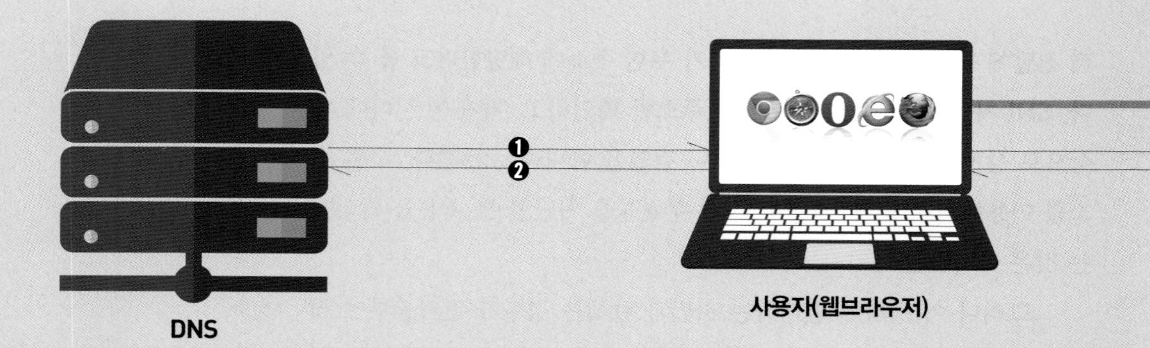


**인터넷 접속과정(www.xxx.com에 접속하는 것을 가정)**

❶ 사용자가 웹브라우저에서 'www.xxx.com'을 검색 → 사이트의 IP 주소를 확인할 수 있는 ISP의 DNS 서버에 접속
❷ 'www.xxx.com'의 IP 주소인 '123.456.789.123(예시)' 획득
❸ 사용자 웹브라우저에서 IP 주소가 '123.456.789.123'인 사이트가 인터넷으로 연결
❹ 사용자 웹브라우저가 해당 사이트에 '홈페이지 화면(jpg 등)을 보내달라'는 식의 요청(데이터 전송)을 보냄
❺ 해당 사이트에서 보낸 화면을 웹브라우저에 출력
단, 'www.xxx.com' 앞에 https가 붙는 보안접속이면, ❹, ❺ 과정이 모두 암호화됨

하지만 염흥열 교수는 "ISP에 어떤 사용자가 어느 웹사이트에 접속하려고 했는지에 대한 정보가 남을 수 있는 만큼 철저한 관리가 필요하다"고 지적했다. 그는 또 "어떤 방법으로든 강력하게 불법유해사이트를 막으려는 정부와 어디서 뭘 하든 정부가 관여하는 것 자체가 나쁘다는 사용자 간 차이에서 오는 괴리감이 가장 큰 문제"라며 "정권이 바뀌거나 여건에 따라 오용될 가능성이 있는 만큼 이에 따른 확실한 정책적인 대안을 마련해야 한다"고 강조했다.

김승주 교수도 "이번 논란은 감청보다는 정부가 불법유해사이트를 관리하면서 추후에 더 크게 관여하는 걸로 바뀔 수 있다는 우려 때문인 것으로 보인다"며 "정부가 이번 정책을 시행하면서 네티즌 의견을 충분히 수렴하지 못한 문제가 크다"고 설명했다.

중국과 같은 인터넷 통제를 우려하는 시민 의견에 대해서 김승주 교수는 "중국 기술과 정부 기술이 동일하다고 보는 건 무리가 있지만 우

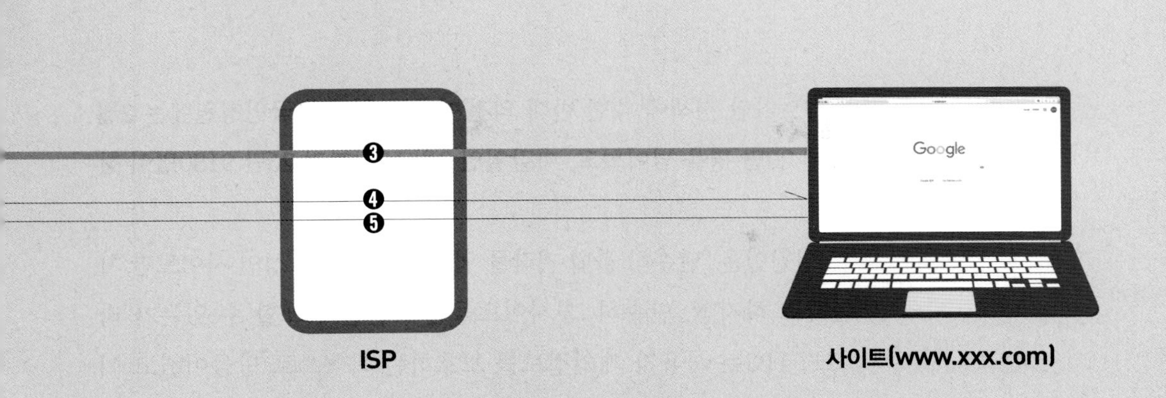


**접속 차단 방식(www.xxx.com을 차단하는 것을 가정)**

| | |
|---|---|
| **서버 IP 차단** | ❶~❷ 과정에서 '123.456.789.123'과 같은 해당 IP 주소 자체를 차단 |
| **DNS 차단** | ❶~❷ 과정에서 차단하되, ISP의 DNS 서버에 불법사이트 주소를 묻는 요청이 들어오면 원래 IP 주소인 '123.456.789.123'을 알려주지 않은 채, 경고문이 뜨는 다른 사이트의 IP 주소를 알려주는 방식 |
| **http 차단** | ❹ 과정에서 차단하되, http 통신을 할 때 'xxx.com'과 같은 호스트 이름이 표시되는데, ISP는 이 정보를 식별해 차단함. 그런데 https를 이용하면 ❹ 과정이 암호화됨 |
| **SNI 필드 차단(https 차단)** | ❹ 과정에서 차단. https를 통하더라도 처음 사용자의 사이트 서버가 통신 환경설정을 맞추는 과정에서 단 한번 호스트 이름(XXX.com)이 노출되는데 이 정보를 잡아내 차단 |

려는 타당하다"고 답했다. 그는 "자율적으로 활동하는 인터넷 공간에 정부가 얼마나 관여해도 되는지에 대해서 정답은 없다"며 "정부가 정책을 추진할 때 사회적인 공감대를 형성하며 추진하는 것이 중요하다"고 덧붙였다.

김승주 교수는 "어떤 기술이든 좋게도 나쁘게도 쓰일 수 있기 때문에 기술을 만든 정부와 악용을 우려하는 시민 모두가 건전한 인터넷 환경을 만들려고 노력한다는 대전제를 두고 공론화를 통해 바람직한 방향으로 가도록 노력해야 한다"고 강조했다.

## 이례적으로 방송통신위원장이 직접 답변에 나선 국민청원

하지만 HTTPS 차단에 대한 반대와 논란은 사그라들지 않고 커져만 갔다. 2월 16일 토요일에 서울역에서는 반대 집회까지 열렸다.

'HTTPS 차단 정책에 대한 반대 의견'이라는 청와대 국민청원에는 2월 17일에 20만 명을 넘어섰고, 마감일인 3월 13일까지 26만 9180명이 참여했다.

청원인은 "단순히 불법 저작물 업로드 사이트와 성인 사이트만 차단한다고 하지만, 단순히 그 사이트들만 차단한다고 할 수 있는가"라며 "HTTPS는 사용자 개인정보를 보호하는 목적으로 만들어졌고 이를 이용해 정부 정책에 자유롭게 비판이나 의견을 제시할 수 있는데, HTTPS를 차단하면 정부 비판 의견을 감시하고 감청하는 결과를 초래한다"고 주장했다.

이 같은 국민적 반대에 부닥친 정부는 이례적으로 기관장이 직접 나서서 국민청원에 대해 답변했다. 보통은 국민청원에 대해 청와대 담당자가 답변한다. 이효성 방송통신위원회 위원장은 2월 21일 청와대 SNS를 통해 'HTTPS 차단 정책에 대한 반대 의견'이라는 제목의 국민청원에 답하며 "검열은 있을 수 없고 있어서도 안 된다"고 말했다.

이효성 위원장은 감청과 검열 논란에 대해 "사전에서 검열은 어떤 내용이 공표되기 전에 그것을 강제로 들여다보고 공표 부적절 여부를 판단한다는 뜻"이라며 "개인정보를 들여다보는 게 아니라 불법이라고 판단된 사이트와 접속 사이트가 이름이 같으면 차단되는 식이므로, HTTPS SNI 차단은 결코 검열이 아니다"고 강조했다. 그는 또 "사생활 비밀과 자유를 침해받지 않고 통신 비밀을 침해받지 않는다는 헌법의 기본권을 존중하고 준수하며, 이를 훼손하는 일은 있을 수 없다"고 밝혔다.

이효성 위원장은 "몰카 같은 불법 촬영물과 불법 도박은 범죄이므로, 이에 대한 관용은 없어야 한다"며 "정부는 개인의 자유와 권리를 존중하지만, 피해자를 지옥으로 몰아넣는 불법 촬영물은 삭제하고 불법 도박은 차단해야 한다"고 강조했다. 그는 또 "방송통신심의위원회가 차단하기로 한 불법 도박사이트 776곳과 불법 촬영물이 있는 음란 사이트 96곳은 모두 현행법으로 불법이고 차단 대상"이라며 "심각한 폐해를 낳거나 피해자 삶을 파괴하는, 불법성이 명백한 콘텐츠는 국내외 어디서든 볼 수 없게 하는 것이 정부 역할이므로 필요한 조치만 이뤄지게 하겠다"고 설명했다.

한편 이효성 위원장은 인터넷 감청과 검열 논란이 불거진 것과 관련해 "복잡한 기술 조치이고 과거에 하지 않았던 방식인데, 정책 결정 과정에서 국민의 공감을 얻고 소통하는 노력이 부족해 송구하다"고 말했다.

## 지난해부터 이어온 인터넷 검열 논란

사실 정부에서 시행하는 불법유해사이트 접속 차단에 대해서는 이전부터 많은 논란이 있었다. 자율적인 이용을 주장하는 시민들의 바람과 달리 국회나 정부 차원에서는 지속적으로 차단 강화를 강조했다.

2015년 미래창조과학방송통신위원회 업무보고에서 HTTPS 차단 기술을 개발해야 한다는 요구가 제기됐다. 그리고 2017년 방송통신심의위원회 종합 감사에서 자유한국당 이은권 의원이 정부가 HTTPS로 이뤄진 불법도박사이트를 차단하지 않고 있다고 지적하며, 차단 강화에 나서도록 주문했다.

지난해 5월 방송통신위원회가 경찰청과 문화체육관광부 합동으로 HTTPS 보안 프로토콜을 사용하는 불법사이트를 단속하겠다는 계획을 발표했다. 발표 후 얼마 지나지 않아 정부 차원에서 HTTPS를 이용하는 불법사이트에 대한 접속 차단이 시작됐다. 그러자 곧 이에 관한 논란이 인터넷 커뮤니티를 중심으로 퍼져나갔다. HTTPS 불법유해사이트 차단 논란이 2018년에 이미 시작돼 약 1년간 이어져 온 셈이다.

DNS를 변조하는 방식으로 이뤄지는 접속 차단은 이전부터 많은 논란을 일으키

HTTPS 차단 논란은 인터넷에서 불법적인 음란물 단속 자체를 반대하는 게 아니라 정치적인 인터넷 검열 확대를 우려하는 것이다.

고 있었다. 정부나 통신사에서 사용자가 어떤 사이트에 접속하고 있는지를 파악해 접속을 차단한다는 점에서 '검열' 가능성이 매우 크기 때문이다. HTTPS 차단 정책이 다시금 논란이 된 것도 이 같은 이유에서다. 아직도 국내에서는 영화나 도서, 음악 같은 콘텐츠에 대해 사전 또는 사후에 검열하고 있는 상황에서 인터넷까지 검열 대상이 될 수 있다는 점에서 '진보네트워크센터'를 비롯한 정보 인권 운동 진영은 정부의 차단 정책을 끊임없이 비판하고 있다.

오병일 진보네트워크 활동가는 한 매체와의 인터뷰에서 "정부가 SNI 필드 차단 방식을 이용해 국정원 '패킷 감청'처럼 이용자의 인터넷 접속 내용을 들여다본다고 생각하지는 않는다"면서도 "HTTPS는 일반적인 HTTP 접속과 달리 이용자와 서버 사이에 제3자가 정보를 가로채지 못하게 한 보안 조치이고, SNI 필드는 일종의 '보안 허점'인데, 이용자의 프라이버시를 보호해야 할 정부가 보안 허점을 이용해 정책을 펴는 게 적절하느냐의 문제"라고 설명했다.

그는 또 "인터넷 검열 문제는 이번 조치만의 문제가 아니고, 누리꾼도 불법적인 음란물 단속 자체를 반대하는 게 아니라 정치적인 인터넷 검열 확대를 우려하는 것"이라면서 "실제 과거 정부에서 노스코리아테크 사이트 차단이나 2mb18nom 트위터 계정 차단처럼 문제가 된 사례가 있었고, 아직도 남용 위험성은 남아 있다"고 지적했다.

## HTTPS 차단은 임시방편, 근본적 해결책 필요

현재까지 얼마나 많은 불법유해사이트가 차단됐을까. 방송통신심의위원회가 5월 1일 국회 입법조사처에 제출한 'SNI 필드 차단 방식이 적용된 해외 불법정보'에 따르면, 지난 4월 10일 기준으로 불법유해사이트 9625개가 차단된 것으로 확인됐다.

SNI 필드 차단 방식을 도입한 2월 11일에 불법유해사이트 895개를 차단한 뒤 약 2달 만에 10배가 넘는 사이트를 차단한 셈이다. 불법유해사이트를 유형별로 보면 도박물이 7451건(77.4%)으로 가장 많았다. 다음으로 음란물(1610건, 16.7%)과 불법 저작물(308건, 3.2%), 불법 식의약품물(118건, 1.2%) 순이었다.

그런데 일부 전문가와 인터넷 이용자는 정부에서 이번에 시행하는 정책 자체가 미봉책에 지나지 않는다고 주장한다. HTTPS 차단으로 불법유해사이트 접속이 완벽하게 차단된다면 그나마 다행인데, 우회해서 이용할 수 있는 방법이 존재해 무용지물이라는 얘기다.

실제로 2월 11일부터 며칠 동안은 접속할 수 없었던 많은 불법유해사이트가 며칠이 지나자 새로운 도메인과 IP 주소를 사용하며 다시 접속할 수 있게 변경되고 있다. 게다가 일부 웹브라우저는 이 같은 차단을 뚫고 접속할 수 있기도 하다. 별도의 프록시 서버를 활용하는 퍼핀 브라우저가 대표적이다.

무엇보다 가상사설망(VPN) 서비스를 통해 외국 네트워크를 경유하면 차단할 수 없다. VPN을 이용해 정부가 차단하는 길목 대신에 다른 길로 우회하는 방법이 여전히 유효하기 때문에 VPN까지 차단하지 않는 이상은 현실적으로 제대로 된 차단을 기대하기가 어려운 실정이다.

게다가 SNI 차단 방식 자체가 오래 유지되기가 어렵다는 것이 현실이다. 평문이 노출되는 SNI 필드를 암호화하려는 움직임이 빠르게 진행되고 있기 때문이다. SNI 필드를 평문으로 노출하는 기존 HTTPS 규격은 TLS 1.2 표준을 구현한 것이다.

이를 보완한 TLS 1.3 표준이 이미 나와 있다. SNI 필드값도 암호화하는 'Encrypted SNI'가 본격적으로 보급되기 시작하면, 이번에 도입한 SNI 차단기법은 실효성을 잃고 만다. 한 보안 전문가는 "Encrypted SNI를 도입하면 SNI 필드 차단 방식처럼 간단하게 차단하기가 쉽지 않을 것"이라고 전망했다.

이에 근본적으로 불법유해사이트 자체를 차단할 수 있도록 정부가 노력해야 한다는 주장이 힘을 얻고 있다. 불법유해사이트로 가는 길목 몇 개를 막는다고 해서 모든 길을 막을 수 있는 것은 아니기 때문이다. 다른 나라와 공조하며 국제적으로 협력해 불법유해 사이트 자체를 없앨 수 있는 방안을 모색하며, 근본적으로 불법유해사이트를 차단할 수 있는 해결책을 찾는 데 더 많은 노력과 공을 들여야 한다는 주장이다.

## 소통부족과 뒤늦은 언론 대응이 논란 키워

이번 HTTPS 차단이 큰 논란으로 번진 가장 큰 원인은 정부에 있다. 이효성 위원장이 밝힌 것처럼 소통 부족이다. 한편으로는 언론 잘못도 있다. 정부에서 시행하는 주요 정책을 언론에서 미리 점검해 소개하지 않고, 시민들이 문제를 제기하니까 그때에서야 이슈화하며 보도하기 시작했다. 사실 정부가 국민과 직접 소통하는 것은 쉬운 일이 아니다. 이런 점을 감안하면 언론이 중간에서 공론의 장으로서 역할을 수행할 필요가 있다.

이번 HTTPS 차단이 '빈대 잡으려다 초가삼간 태우기' 격이 아니냐는 의견도 제기됐다. 일부 불법유해사이트 차단을 막으려다 인터넷에서 국민 자유와 인권을 침해하게 될 것이라는 주장이다. 특히 현 정부에서는 이런 현상이 나타나지 않더라도 다른 정부나 통수권자가 들어설 때 충분히 나타날 수 있다는 의견이다. 이미 우리나라는 과거 독재 정권에서 검열로 많은 피해를 본 사례가 있다.

이번 논란과는 거리가 있지만 일부 인터넷 이용자는 HTTPS 차단

**VPN 연결 과정**

가상사설망(VPN)은 인터넷 회선을 암호화된 규격을 통해 마치 개인 전용선처럼 끌어 쓰는 것이 핵심이다. VPN을 이용하면 정부가 차단하는 길목 대신에 다른 길로 우회할 수 있다.

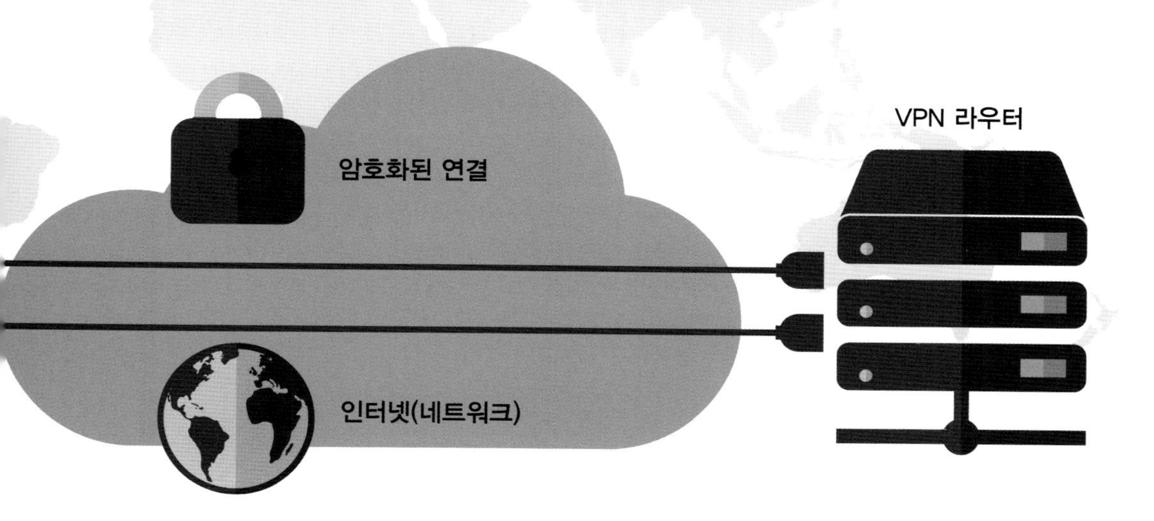


이 중국과 같은 감시국가로 가는 시발점이 될 것이라고 우려하고 있다. 하지만 이 같은 우려가 우려로 그칠 수 있도록 제도적인 장치도 필요하다.

인터넷을 통제하고 있는 중국은 사회신용시스템과 같은 정책을 이용해 시민에 대한 데이터를 수집해 이를 시민을 통제하는 데 활용하고 있다. 로이연구소 교수이자 『당: 공산주의 통치자 비밀 세계』의 저자 리처드 맥그리거는 《MIT 테크놀로지리뷰》와의 인터뷰에서 "현재 중국에서 인터넷은 은밀하게 실시간으로 활동하는 디지털 국가 정보원 역할을 하고 있다"며 "기술이 중국 정부가 대중 개개인에 관해 수집할 수 있는 정보 종류를 훨씬 광범위하게 만든다"고 말했다.

## 인터넷 사이트, 정부 통제가 필요한가?

HTTPS 차단은 단순히 기술적인 특성을 넘어 국민 기본권과 관련해 사회정치적으로도 중요한 이슈다. 일부 네티즌들은 이번 논란에서 핵심은 시민의 자율성이라고 강조했다. 그들은 시민 자율성을 믿는다면 정부가 통제할 필요도 없고 해서도 안 된다고 주장했다. 시민 스스로가 불법유해사이트에 대응할 수 있도록 역량을 키울 수 있게 도우면 될 뿐, 정부가 불법유해사이트 기준을 정하며 통제하려 나서서는 안 된다고 강조했다.

통제하려는 방식은 권위주의나 독재 시대에나 하던 구태의연한 방식이라는 설명이다. 그들은 기술을 활용해 민주주의를 더 발전시킬 수 있도록 시민 자율성을 더 확대할 수 있는 방향으로 정책을 추진해야 한다고 주장했다. 정부가 간섭하고 통제하려고 하는 생각부터가 잘못이라는 의견이다.

사실 민주주의 사회에서 통제와 자율은 끊임없는 논란의 대상이다. HTTPS 차단 논란에서도 정부에서 시행하는 인터넷 통제를 어디까지 허용할 것인가에 대한 근본적인 물음이 선행될 필요가 있다. 정부 통제로 불법유해사이트가 차단된다면 국민 다수가 혜택을 받을 수 있다. 하지만 정부에 반대하는 사이트가 불법유해사이트로 선정되는 문제가 발생할 경우에는 반대로 국민 다수가 피해를 입을 수 있다. 그렇다고 모두가 동의하는 불법유해사이트를 그대로 둘 수도 없다.

복잡한 도로에 신호등이 없다고 생각해보자. 그러면 수많은 사고가 발생하며 아비귀환에 빠질 것이다. 반면 도로에 신호등을 설치하면 누군가는 잠깐 불편할 수 있어도 크게 보면 모두가 이익

현재 중국에서 인터넷은 은밀하게 실시간으로 활동하는 디지털 국가 정보원 역할을 하고 있다. 사진은 중국 최대의 마이크로블로그 사이트인 웨이보 홈페이지.

을 얻을 것이다. 인터넷도 마찬가지로 모두가 이익을 얻을 수 있도록 신호등과 같은 체계가 필요하다.

신호등을 생각한다면 편리하기 위해 어느 정도는 통제를 필수불가결한 존재로 받아들일 수밖에 없는 셈이다. 이런 바탕에서 정부는 시민과 소통하며 함께하는 자세를 잃지 않아야 한다. 모든 정책은 정부가 아니라 시민을 위해 만들어지기 때문이다.

이번 HTTPS 차단 논란에서 우리가 잊지 말아야 할 교훈은 모든 기술도 결국 사람이 사용하는 것이라는 사실이다. 앞으로도 이 같이 기술과 관련한 논란은 계속 나타날 것이다. 다만 정부와 정책 담당자가 시민과 소통하며 정책을 준비한다면 논란을 최소화하고, 더 빨리 모두가 공감하는 정책을 마련할 수 있을 것이다.

ISSUE 10 산업

# 폴더블폰과 롤러블 디스플레이

# 10

## 이종림

이화여대 신문방송학과를 졸업한 뒤 IT 프로그래밍 전문지 《마이크로소프트웨어》와 과학 전문지 《과학동아》에서 기자로 일했다. 이후 동아사이언스 객원기자로 활동하며 흥미로운 과학 연구와 우주, IT 분야에 대한 소식을 전하고 있다. TV 예능 프로그램 '용감한 기자들2'에 출연해 화제의 연구를 소개하기도 했다.

ISSUE 10
산업

# 디스플레이의 진화, 이제 폴더블, 롤러블!

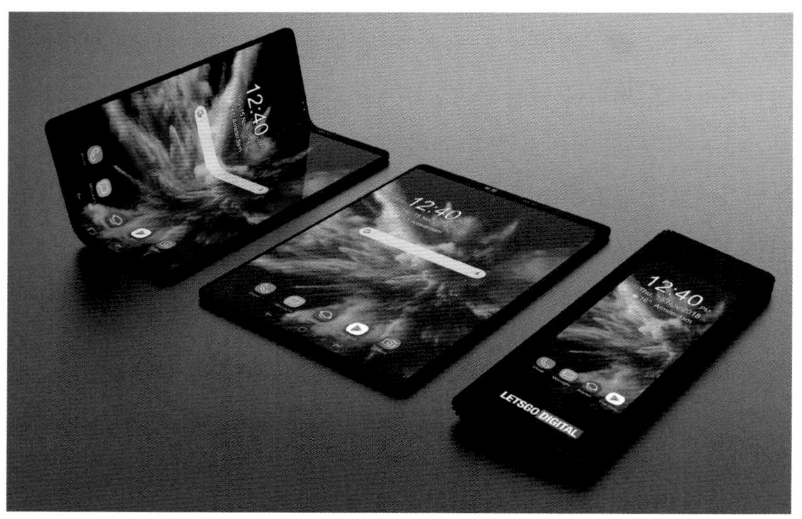


삼성의 갤럭시 폴드. ⓒ 삼성전자

언젠가부터 새로운 스마트폰이 출시되더라도 모두 똑같은 모양이던 시절이 있었다. 바로 모서리가 둥글게 다듬어진 사각형 모양이다. 애플의 아이폰에서 시작된 이 디자인은 스마트폰의 전형적인 형태였다. 그런데 폴더블폰이 등장하며 천편일률적인 디자인을 만나는 지루함에서 벗어날 수 있게 됐다. 스마트폰이 폴더블의 가능성을 안고 새로운 디자인과 기능으로 날개를 달기 시작했다. 삼성, 화웨이, 애플 등 IT업계들은 경쟁적으로 각양각색의 폴더블폰을 개발하며 스마트폰의 새로운 진화를 예고하고 있다.

## 삼성 '갤럭시 폴드', 폴더블폰 붐의 서막

작년 11월 삼성전자는 미국 샌프란시스코에서 열린 '삼성 개발자콘퍼런스(SDC)'에서 스마트폰의 화면을 종이처럼 접을 수 있는 폴더블폰의 시제품을 처음 선보이며 화려한 스포트라이트를 한몸에 받았다. 사람들은 말로만 듣던 폴더블폰의 구체적인 실물에 놀라움을 나타냈다.

그리고 지난 2월 미국 샌프란시스코에서 열린 '갤럭시 언팩 2019' 행사에서 삼성 폴더블폰이 '갤럭시 폴드'라는 이름으로 공개됐다. 갤럭시 폴드는 수첩처럼 안으로 접는 인폴딩 방식의 폴더블폰이다. 접힌 상태에서 아몰레드(AMOLED) 커버 디스플레이를 통해 콘텐츠를 볼 수 있다. 접으면 4.6인치 840×1960의 해상도를 지원하며, 펼치면 7.3인치 1536×2152 해상도의 슈퍼 AMOLED 메인 디스플레이가 나타난다. 커버, 후면, 안쪽에 총 6개의 카메라를 탑재했다. 12GB 램(RAM)과 4380mAh 용량의 배터리를 지원한다. 가격은 250만 원대로 책정됐다.

갤럭시 폴드의 핵심은 얇고 가벼운 접이식 AMOLED 디스플레이인 '인피니티 플렉스(infinity flex)' 기술이다. 여기에 사용하는 패널은 깨지지 않는 플라스틱 기판으로 만들어졌다. 삼성전자는 이 패널이 20만 번 이상 접히는 과정을 견뎌낼 수 있다고 밝혔다. 갤럭시 폴드는 본래 4월 출시를 앞두고 있었으나 제품 결함이 발견되면서 출시가 무기한 연기된 상태다. 언론사에 제공한 리뷰용 갤럭시 폴드에서 힌지 부분의 먼지 유입, 스크린 필름 파손 등의 문제가 나타났기 때문이다. 삼성전자 측은 디스플레이 보완을 마치는대로 양산에 들어갈 계획이라고 전했다.

## 스마트폰과 태블릿PC의 경계를 허물다

접었다 펼 수 있는 화면을 십분 활용하기 위해서는 멀티태스킹과 연속성을 지원하는 유연한 사용자 환경이 뒷받침돼야 한다. 삼성 갤럭시 폴드가 내세운 인피니티 플렉스 디스플레이의 장점은 작업의 연속성을 유지하면서 멀티태스킹을 지원한다는 점이다. 예를 들어 커버 디스플레이에서 지도 앱으로 길 찾기를 하다가 메모 앱을 열기 위해 폴더블폰을 펼칠 경우, 메인 디스플레이에 지도와 현재 위치가 그대로 연결돼

삼성 언팩 영상 중 갤럭시 폴드의 멀티태스킹 예시. ⓒ 삼성전자

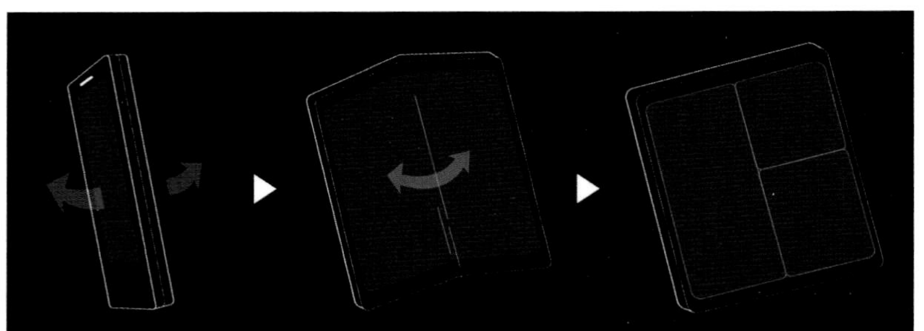

커버 디스플레이와 메인 디스플레이, 멀티 창 기능을 지원하는 갤럭시 폴드. ⓒ 삼성전자

더 넓은 영역의 지도가 나타난다. 또 메인 디스플레이에서는 멀티 활성 창 기능을 사용해 최대 3개의 응용 프로그램을 동시에 실행할 수 있다.

폴더블폰을 접고 펼치는 동안에 안드로이드와 개별 앱에서 연속성 API(Application Program Interface, 운영체제와 응용프로그램 사이의 통신에 쓰이는 언어나 메시지 형식)를 지원하는 것도 중요하다. 커버 디스플레이와 메인 디스플레이 간에 콘텐츠가 원활하게 전환되기 위해 최적화가 필요하다. 삼성은 이러한 기능을 지원하는 새로운 폼 팩터(form factor, 하드웨어의 크기, 구성, 물리적 배열)를 개발자들이 수용할 수 있도록 에뮬레이터 소프트웨어개발키트(SDK)를 공개했다.

## 세계 최초의 폴더블폰은 중국산?

로욜의 플렉스파이. ⓒ 로욜

삼성이 폴더블폰을 발표하기 전에 세계 최초 폴더블폰의 타이틀을 가져간 것은 신생 업체인 '로욜(Royole)'이었다. 로욜은 2012년 미국 스탠퍼드대를 졸업한 중국 엔지니어들이 설립한 스타트업이다. 로욜이 개발한 폴더블폰 '플렉스파이(FlexPai)'는 퀄컴 스냅드래곤 8150SoC가 장착됐으며 7.8인치 1920×1440의 디스플레이를 지원한다. 넓은 화면을 반으로 접으면 앞뒷면의 커버 디스플레이를 활용할 수 있다. 하지만 이 제품은 터치감이 떨어지고 표면이 매끄럽지 못하다는 혹평이 많다. 개발자용으로 출시됐으며 일반 소비자들이 사용하기까지는 정비가 좀 더 필요한 단계로, '세계 최초'의 타이틀을 갖기에는 부족한 제품이다.

## 언제 어디서나 원하는 크기의 화면으로

삼성의 갤럭시 폴드를 전후로 화웨이, 애플 등 IT업체들이 경쟁적으로 폴더블폰 개발에 뛰어드는 가운데 폴더블폰 시장이 뜨겁게 달아오르고 있다. 관련 제조업체에서는 주춤했던 스마트폰 업계를 견인할 새로운 시장을 창출할 것으로 기대를 모은다. 반면에 휴대전화 시장의 5% 내외인 고가의 스마트폰을 대체하는 데 그칠 거라는 전망도 있다. 아직 시장성은 불투명하지만, 폴더블폰에 대한 사람들의 관심과 기대가 매우 크다는 점은 확실하다.

그렇다면 이처럼 접는 스마트폰이 필요해진 이유는 무엇일까? 폴더블폰은 그동안 SF 영화의 소재였다. 영화 속 가상의 미래에 따르면, 폴더블폰을 활용하는 데는 다음과 같은 주된 이유가 있다. 첫째, 노트북이나 태블릿PC가 필요 없이 작은 폰으로도 큰 스크린을 간편하게 휴대할 수 있다. 둘째, 편안하게 휴대하는 스크린을 언제든지 원하는 크기로 만들 수 있다는 점이다. 결국 가장 쉽게 생각할 수 있는 이유는 커다란 화면의 휴대전화를 활용할 수 있다는 편리성에 있다.

이를 위해서는 무엇보다 디스플레이의 왜곡이 없어야 한다. 작고 가볍고 유연한 기능성을 강조하더라도 화면을 읽을 수 없다면 소용없다. 폴더블폰은 화면이 구부러지기 때문에 일부 텍스트가 변형되어 정보 전달이 어려울 수 있다. 화면 가장자리의 작은 글자 하나까지 모든 시각정보를 완벽하게 표현해 제대로 전달하는 기능에 중점을 둬야 한다. 또 새로운 기술은 모두 경제적으로 높은 비용이 필요하다. 200만 원을 훌쩍 넘기는 값비싼 가격을 앞세운 폴더블폰의 실효성에 대해 반신반의하는 사용자들도 많다. 높은 가격만큼 기대감이 높아지는 가운데, 가격 대비 활용도가 떨어진다면 아무리 신기하고 좋은 기술이라도 외면받기 쉽다.

# SF 영화 속 폴더블폰과 플렉서블 디스플레이

지난 수십 년 동안 해외 영화와 TV에서 종이처럼 부드럽게 휘어지는 스크린이 있는 기기를 보여준 바 있다. 앞으로 스마트폰과 태블릿PC가 어떻게 발전할지 다양한 비전을 제시한 것이나 다름없다. 상상 속 기술이 현실에서 구현되며, 스마트폰을 접는 것이 어떤 새로운 변화를 가져올지 생생한 예를 볼 수 있다.

### 파이널 컨플릭트 (Earth: Final Conflict, 1997)

1997년 독일에서 제작한 이 영화 속에는 놀라운 기기가 등장한다. 바로 개인용 통신장비인 글로벌 링크다. 이 장비는 양쪽 손잡이를 잡아당기면 스크린이 펼쳐지는 롤러블 방식이다. 다시 접으면 스크린이 말려서 손잡이 속에 보관되는 형태다.

### 더 원(The One, 2001)

우주 경찰이 사용하는 기기로 회전식 폴더블폰을 상상 속에 구현했다. 복고풍 스타일로 작은 CD 같은 원반 위에 스크린이 펼쳐진다.

### 마이너리티 리포트 (Minority Report, 2002)

대표적인 SF영화 '마이너리티 리포트'에는 미래지향적인 인터페이스 기기들이 다수 등장한다. 여기에는 폴더블 디스플레이도 눈에 띈다. 왼쪽은 디지털 신문이며, 오른쪽은 여러 가지 정보를 선택적으로 보여주는 폴더블 스크린이다.

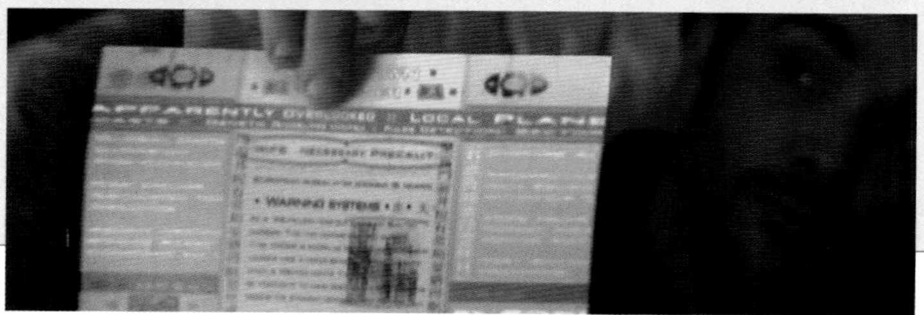

## 아이언맨(Iron Man, 2008)

첨단 기술의 결정체인 아이언맨으로 활약하는 토니 스타크는 투명한 스크린의 스마트폰을 지니고 있다. 커다란 태블릿PC를 사용할 필요 없이 스마트폰으로 주변의 TV와 연동해 정보를 자유롭게 주고받는다.

## 루퍼(Looper, 2012)

시간여행을 다룬 SF영화 '루퍼'에는 접을 수 있는 휴대전화가 등장한다. 얇고 투명한 스크린을 마치 종이접기처럼 여러 번 접어 매우 작은 크기로 휴대할 수 있는 모습이다.

## 익스팬스(The Expanse, 2015)

이 드라마에 등장하는 스크린은 폴더블 기능을 넘어 홀로그램과 접목된 디스플레이를 보여준다. 더 이상 화면을 접을 필요가 없으며, 사용자가 원할 경우 더 크게 확장시킬 수도 있다.

## 웨스트 월드(Westworld, 2016)

미국 드라마 '웨스트 월드'에는 갤럭시 폴드와 유사한 스크린이 등장한다. 완전히 접힌 상태에서는 일반적인 폴더블폰에 비해 조금 더 크기가 커 보인다. 2개 또는 3개의 화면을 모두 펼쳤을 때는 태블릿PC로 활용할 수 있다.

## 스타트렉 비욘드 (Star Trek Beyond, 2016)

이 영화 속에 등장하는 디스플레이는 크기가 큰 소형 휴대용 스캐너라고 볼 수 있다. 백과사전과 같은 방대한 정보를 바탕으로 현장을 점검할 수 있으며, 증강 현실 기능을 지원한다. 커다란 스크린이 접히기 때문에 휴대가 편리하다.

## 폴더블폰 설계의 핵심은 힌지 시스템

폴더블폰 개발 시 유연한 디스플레이를 뒷받침하기 위해 중요한 것은 바로 접히는 부분인 힌지의 설계다. 힌지 시스템을 얼마나 잘 만드느냐에 따라 디스플레이에 전해지는 부담을 줄일 수 있으며, 사용자가 쉽게 접었다 폈다를 반복할 수 있다. 삼성전자는 폴더블폰에 여러 연동 기어가 달린 힌지 시스템을 사용해 견고한 백본을 설치했다. 이 모든 기어는 장치 뒤쪽에 숨겨져 있어 갤럭시 폴드가 태블릿에서 전화 모드로 전환된다.

삼성뿐 아니라 여타 제조사의 폴더블폰에서도 복잡한 힌지 시스템의 안정적인 설계에 주력하고 있다. 화웨이가 '메이트X'를 출시하기 전에 공개한 폴더블폰의 개념도를 살펴보면, 하나의 대형 디스플레이가 반으로 접히는 구조다. 아코디언식 힌지 처리로 책을 펼치듯이 유연하게 설계하는 데 중점을 뒀다.

마이크로소프트도 차세대 서피스폰을 폴더블 형식으로 개발하는 중이다. 서피스폰 역시 특허 자료에 의해 그 모습이 예상된다. '힌지가 있는 기기'라는 제목의 이 특허는 사용자가 장치를 접을 수 있는 힌지의 복잡성을 매우 자세히 밝히고 있다. 디자인, 기능성 및 내구성 면에서 힌지의 구성이 완벽해야 하기 때문이다. 특허 자료에 따르면, 힌지는 스프링을 통해 지정된 각도에서 고정될 수 있도록 만들어질 것으로 보인다.

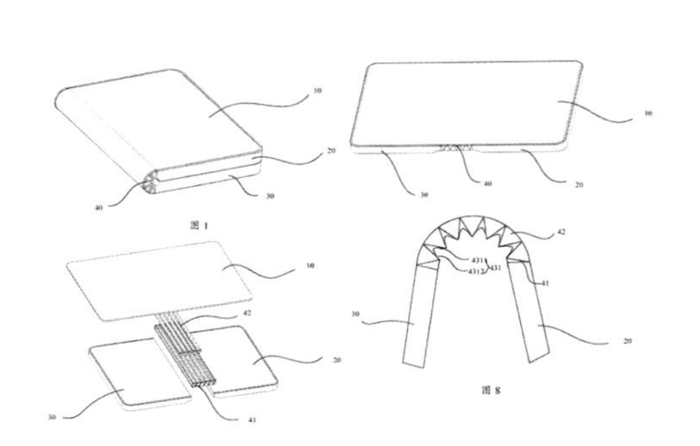

화웨이의 폴더블폰 특허 자료. © 중국 특허청

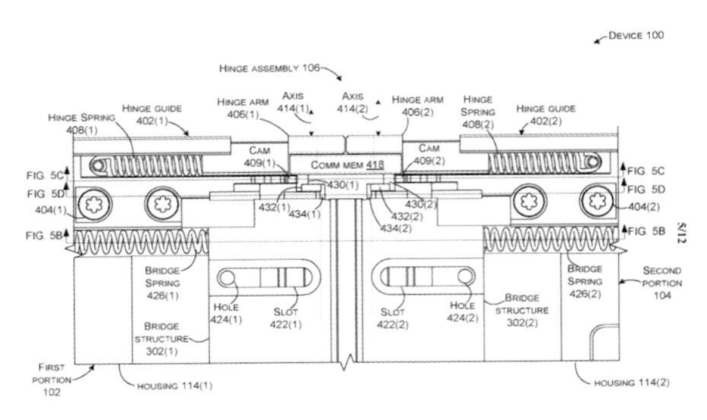


마이크로소프트 서피스폰의 힌지 설계도. © 미국 특허청(USPTO)

## 화웨이 '메이트X', 인폴딩과 아웃폴딩의 차이

삼성이 갤럭시 폴드를 발표한 데 이어 2월 24일 화웨이가 오랫동안 베일에 싸여 있던 폴더블폰 '메이트X'를 공개했다. 화웨이는 메이트X에 대해 '세계에서 가장 빠르고 얇은 5G 폴더블폰'이라고 강조하고 있다. 화웨이는 메이트X에 쓰인 5G용 통신 기술과 칩셋(chipset)을 자체 기술로 개발했다. 5G용 통신 모뎀 칩셋인 발롱5000과 인공지능(AI) 칩셋인 기린980이다. 여기에 8GB 램, 512GB 저장 공간, 초광각 망원 등 4종류의 카메라, 4500mAh 듀얼 배터리 등이 탑재됐다.

화웨이의 '메이트X'. ⓒ 화웨이

화웨이의 메이트X는 출시되자마자 고사양에 높은 완성도를 갖고 있다고 기대를 모았다. 하지만 아웃폴딩 방식의 한계일까. 실제로 여러 매체에서 테스트해 본 결과, 화면을 완전히 펼쳤을 때 디스플레이 가운데가 살짝 우그러지는 문제가 단점으로 지적되고 있다. 300만 원대에 달하는 비싼 가격도 아쉬운 점이다.

메이트X가 채택한 '아웃폴딩' 방식은 화면이 밖으로 접힌다. 갤럭시 폴드와 달리 제품 전 · 후면에 모두 디스플레이를 장착해 펼치면 곧바로 대화면이 된다. 펼쳤을 때 8인치, 접었을 때 6인치대로 갤럭시 폴드에 비해 화면 크기가 조금 더 크다.

삼성의 갤럭시 폴드와 같이 안으로 접히는 인폴딩 방식은 화웨이 메이트X처럼 바깥으로 접히는 아웃폴딩 방식보다 높은 기술력을 필요로 한다. 패널이 안으로 접히기 위해서는 더 급격히 휘어져야 하고, 그

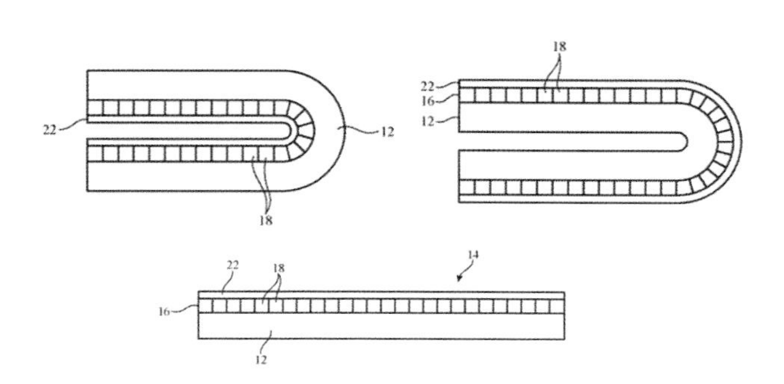


인폴딩 방식과 아웃폴딩 방식의 차이를 보여주는 애플 특허자료. ⓒ 애플

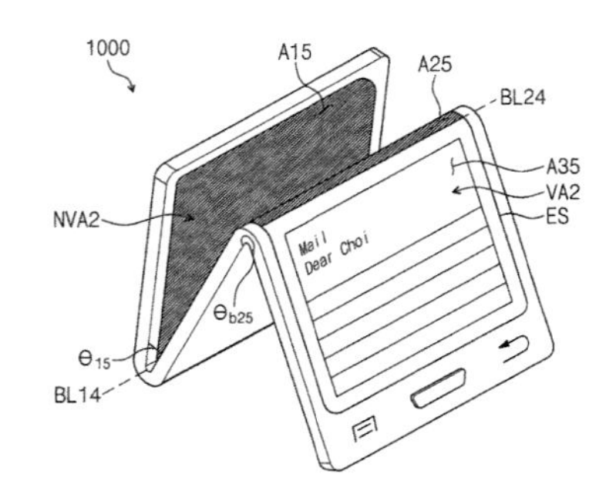


2017년 5월 삼성전자가 등록한 3등분으로 접히는 폴더블폰의 디자인.
ⓒ 미국 특허청

과정에서 디스플레이에 가해지는 더 큰 압력을 견뎌야 하기 때문이다. 이러한 인폴딩 방식은 디스플레이가 내부에 있어 보호되는 장점이 있다.

반면에 아웃폴딩 방식은 디스플레이가 바깥으로 드러나다 보니 폴더블폰으로서의 활용도는 높지만, 내구성 문제가 지적된다. 깨짐이나 긁힘에 취약한 디스플레이가 외부에 드러날 경우 파손의 위험이 더욱 커지기 때문이다. 반면에 아웃폴딩 방식은 접었을 때 두께와 무게를 낮출 수 있는 게 장점이다.

사실 궁극적인 폴더블폰의 모습은 인폴딩과 아웃폴딩이 모두 적용된 모습이다. 삼성전자가 특허로 등록한 폴더블폰의 개념도를 살펴보면, 두 가지 접는 방식이 혼합되어 3단으로 접히는 폴더블폰의 이미지가 보인다. 인폴딩과 아웃폴딩의 장점을 모두 갖고 있으면서 고차원적인 기술을 필요로 하는 폴더블폰이다.

## 듀얼스크린에서 손목시계까지…고정관념 탈피

폴더블폰이 단지 인폴딩, 아웃폴딩 방식으로만 나뉘는 게 아니다. 본문에서 소개한 폴더블폰 외에도 다양한 형태의 폴더블폰이 개발되고 있다. 활용도나 기능에 따라 더욱 다양한 폴더블폰 혹은 플렉서블폰이 구현되고 있다. 접히거나 구부러지는 형태에 따라 임의로 별칭을 붙여 본 스마트폰들을 다음에서 살펴보자.

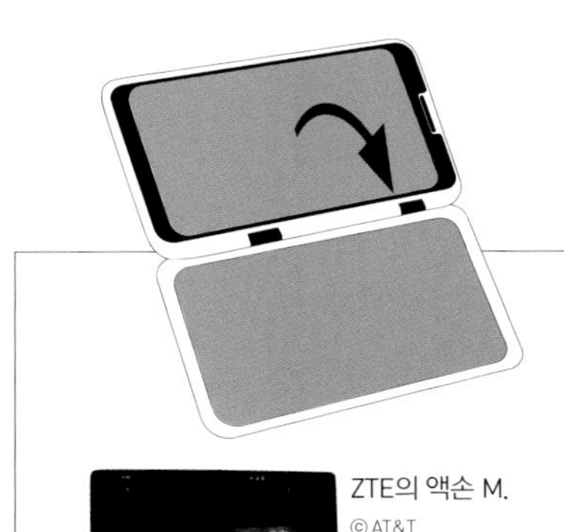

ZTE의 액손 M.
ⓒAT&T

### 듀얼스크린 폰

2017년 중국의 ZTE가 출시한 '액손 M'은 2개의 스크린을 붙여서 함께 활용할 수 있게 만든 폴더블폰이다. 마치 2개의 스마트폰이 겹쳐 있는 모습이다. 퀄컴 스냅드래곤 821SoC를 탑재했으며 5.2인치의 화면 두 개를 결합해 2160×1920의 6.75인치 패널을 구성할 수 있다. 액손 M은 듀얼 디스플레이를 최대한 활용할 수 있도록 클래식 모드, 대형 화면 모드, 분할 화면 모드, 미러 모드의 4가지 모드를 지원한다. 이 중에서 분할 화면 모드는 두 개의 화면에서 서로의 간섭 없이 동시에 여러 앱을 실행할 수 있어 매우 효율적이다. 하지만 두 개의 분리된 디스플레이가 투박한 힌지로 연결된 점은 폴더블폰이라고 하기에 한계가 있다.

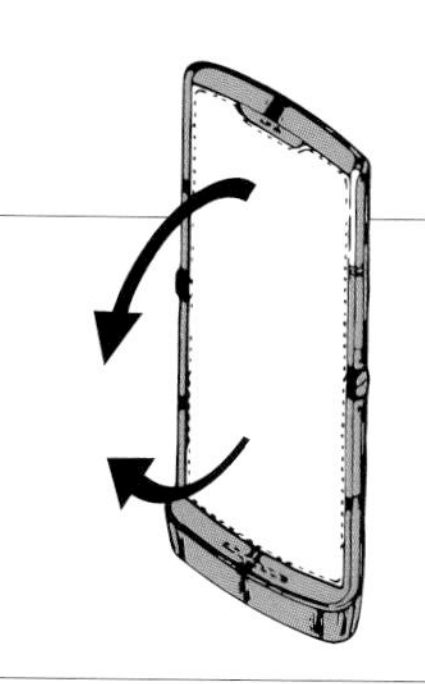

## 플립폰

오래전 폴더폰의 강자였던 모토로라가 새로운 스마트폰 개발에 뛰어든다는 소식이 들려온다. 모토로라의 신형 스마트폰은 플라스틱 OLED를 사용해 앞뒷면이 회전하는 플립폰의 디자인이 예상된다. 폴더블폰처럼 접히는 형태는 아니지만, 얇고 가벼운 화면과 양면 디스플레이를 사용하는 활용도와 슬림한 크기가 기대된다.

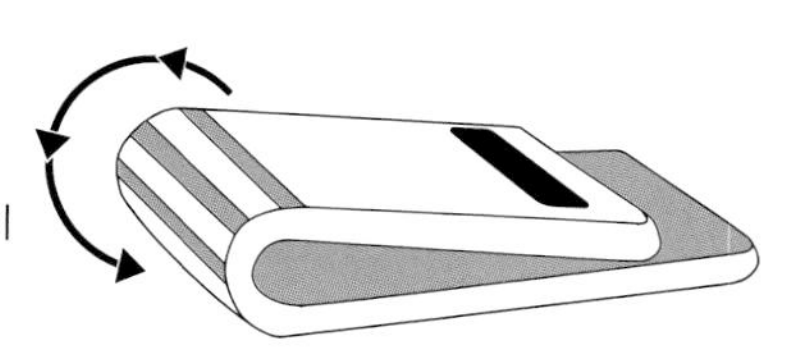

## 롤러폰

힌지가 롤러처럼 둥글게 말린 형태의 폰이다. 독특한 형태의 폴더블폰을 여럿 개발한 중국의 TCL은 '드래곤힌지(DragonHinge)'라는 이름의 폴더블폰을 선보였다. 이 폴더블폰은 힌지 기어들이 외부로 돌출되어 있으며, 비대칭적으로 접히는 게 특징이다. 폴더의 윗면과 아랫면이 완전히 맞닿아 접히지 않으므로 주머니에 쏙 들어가기엔 힘들 것 같다. 아직까지 테스트 단계에 머무르고 있다.

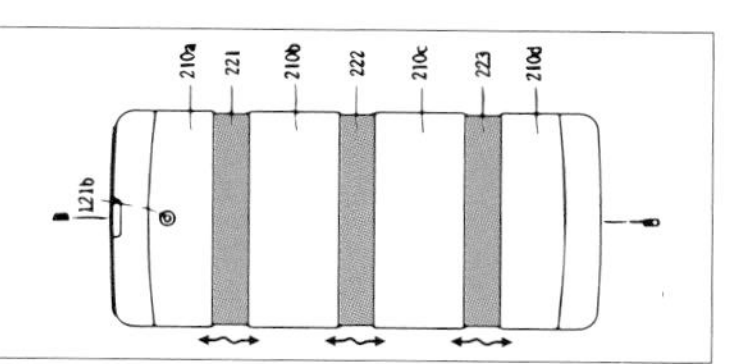


## 아코디언 폰

화면이 늘어나서 크기가 커지는 폰이다. 아직까지 프로토타입은 개발되지 않았으나, LG가 특허 기술을 보유하고 있다.

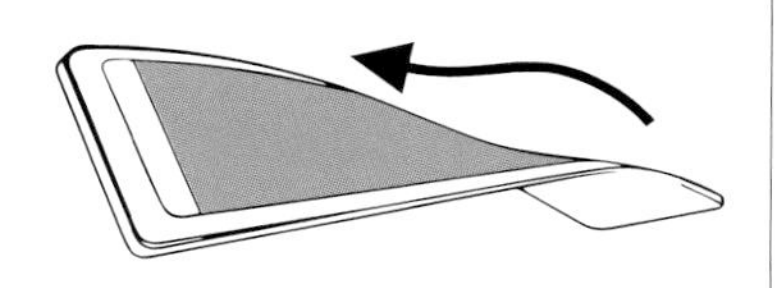

## 매직카펫 폰

'트위스트 폰'이라고 부를 수도 있다. LG가 개발하고 있는 기술로 플렉서블한 본체가 종이처럼 얇아서 마치 마법 융단처럼 부드러운 곡선을 그리며 휘어지는 게 특징이다.

## 손목밴드 폰

중국 스마트폰 제조업체 누비아의 '알파'는 손목에 착용할 수 있는 밴드 내지는 손목시계 모양의 웨어러블 스마트폰을 출시했다. 4인치의 디스플레이는 매우 넓은 화면비를 보여 생각보다 넓고 크다. 960×192의 해상도를 지원하며, 기존의 디스플레이와 비교해 약 5 : 1의 종횡비를 나타낸다. 누비아에 따르면, 이 디스플레이는 10만 번 구부러진 상태로 견딜 수 있으며 방수 기능까지 갖추고 있다. 화면이 손상될 우려 없이 손목을 자연스럽게 감싸준다. 스크롤을 하면 스크린 밖의 감춰진 부분까지 읽을 수 있다.

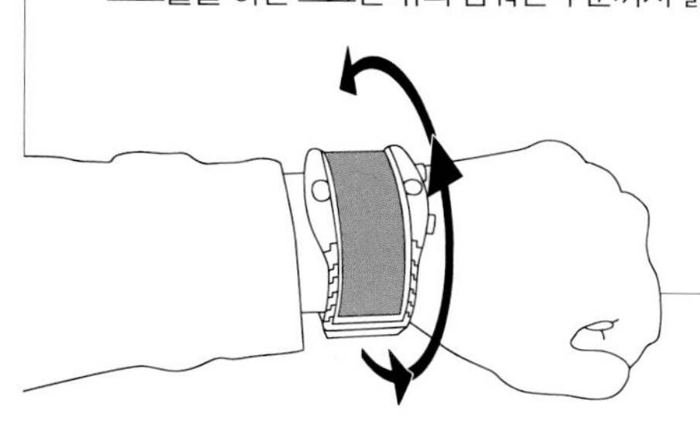

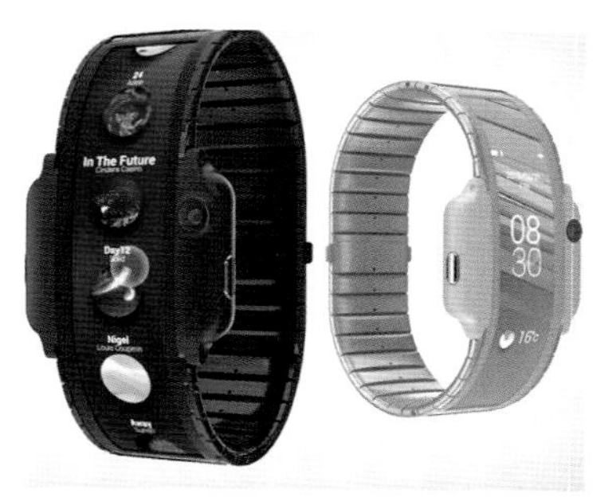

누비아 알파. © 누비아

## 애플의 폴더블폰은 어떤 모습일까?

혁신의 아이콘인 애플이 폴더블폰을 개발한다면 어떤 모습일까. 폴더블폰 개발 소식이 잇따라 들려오며 '폴더블 아이폰'은 어떤 모습으로 나타날지 궁금해진다. 애플도 수년 동안 폴더블 디스플레이에 대한 다양한 개념을 연구해 왔다. 눈에 띄게 구부러진 디스플레이가 포함돼 있는 제품은 아직 나오지 않았지만, 아이폰X와 XS 시리즈는 모두 케이스 안쪽으로 구부러지는 유연한 디스플레이를 지원하고 있다.

애플은 2016년 11월에 폴더블폰에 대한 특허를 받은 데 이어 최근 두 번째 특허를 공개했다. 특허 자료에 따르면, 애플은 인폴딩 방식의 폴더블폰을 개발하고 있는 것으로 추측된다. 구체적인 사양은 아직 알려지지 않았지만, '폴더블 아이폰'이 등장한다면 시기는 아이폰X가 새로운 모습으로 변화할 시점인 2020년 이후로 예측된다.

지난 2월에는 네덜란드 산업 디자이너가 제작한 애플의 폴더블폰 콘셉트 이미지가 세간에 공개되며 애플 마니아들의 기대감을 더욱 높였다. 콘셉트 이미지 속 아이폰은 접힌 화면 전면에 노치 디자인(notch design, 스마트폰의 디스플레이 영역을 넓히고자 전면 카메라와 각종 센서를 상단 중앙에 모아놓다 보니 상단부에서 아래로 튀어나와 M 자로 만들어진 디자인)이 적용됐으며, 얇은 베젤(실제로 화면이 표시되는 부분 외의 테두리 부분)을 채택했다. 카메라를 위한 작은 구멍만 남기고 전면부를 화면으로 꽉 채운 '홀 디스플레이'가 실현됐다.

애플 폴더블폰의 콘셉트 이미지.
ⓒ 폴더블 뉴스

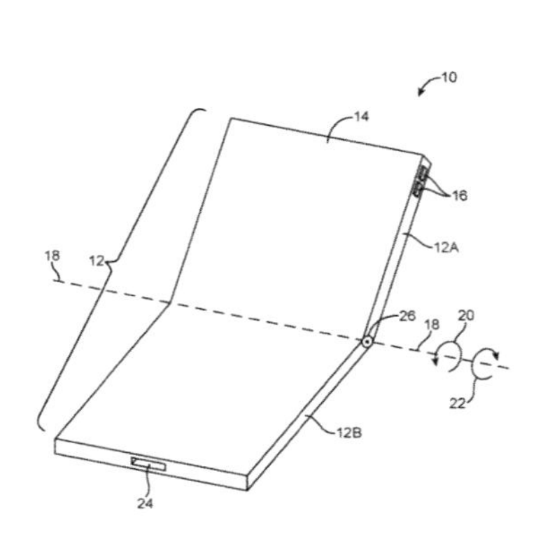


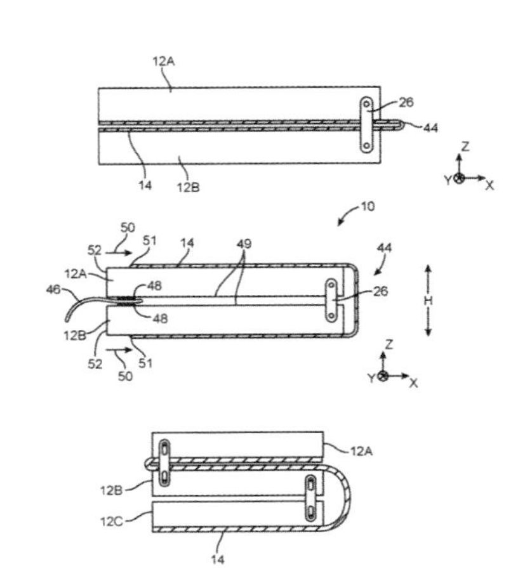


애플의 폴더블폰 특허 자료.
ⓒ 미국 특허청(USPTO)

## 폴더블 아이패드 넘어 폴더블 신문으로

애플은 수년 동안 폴더블 디스플레이에 기술적인 투자를 하고 있지만, 꼭 아이폰에 적용한다고 밝히지 않았다. '폴더블 아이폰' 대신에 '폴더블 아이패드'가 등장할 가능성도 크다는 이야기다. 텍스트나 이미지, 동영상 등의 시각적인 정보를 보는 화면을 마음대로 접거나 구부러트릴 수 있게 되면서 폴더블폰 개발 외에도 도전할 수 있는 일이 많아졌다.

일례로 2014년 애플이 특허청에 제출한 자료에 따르면, 디지털 신문 형태의 폴더블 기기를 엿볼 수 있다. 이 디지털 신문은 여러 개의 센서를 탑재했으며, 앞뒤 양면 모두 디스플레이를 지원한다. 접거나 휘어지는 디스플레이를 사용해 신문, 잡지와 같은 정기간행물을 디지털화하도록 설계됐다. 그동안 예측됐던 폴더블 아이패드에 비해 좀 더 얇고 다량의 정보를 시각적으로 보여줄 수 있는 형태다. 최근 애플이 뉴스 잡지 구독서비스 '뉴스플러스'를 시작했다. 정기 간행물을 구독하기 위한 전용 폴더블 신문을 내놓을 수도 있지 않을까.

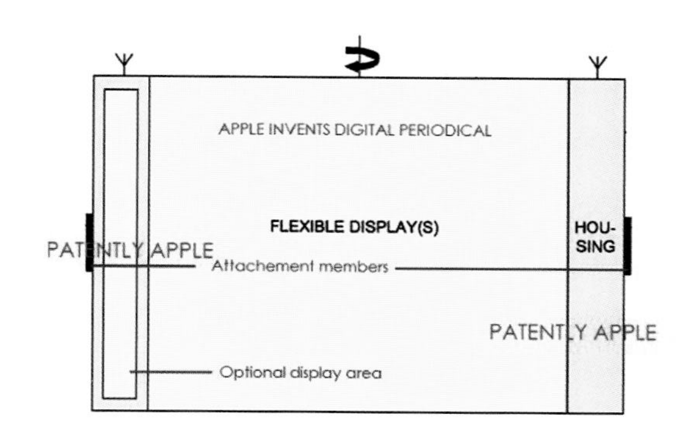


애플이 폴더블 디스플레이가 탑재된 디지털 신문을 개발하고 있다.
ⓒ 미국 특허청

## 종이처럼 둘둘 말리는 롤러블 디스플레이

디스플레이 기술이 자유자재로 접히는 폴더블 기술을 넘어 롤러블(rollable) 디스플레이까지 진화하고 있다. 롤러블 디스플레이는 얇은 화면을 두루마리처럼 둘둘 말았다가 펴는 기술이다. 신문이나 종이처럼 얇고 유연해서 휴대성이나 공간 활용성에 매우 유리하다. 대표적으로 LG가 올해 초 국제전자제품박람회(CES)에서 공개한 65인치 롤러블 TV의 프로토타입은 매우 혁신적인 모습이다.

## 플라스틱 vs 강화유리 vs 그래핀

폴더블 디스플레이에는 어떤 소재를 사용할까. 폴더블 디스플레이는 접혔다가 펴질 때 패널의 손상을 최소화하기 위해 접히는 부분의 응력(인장 · 압축 강도)이 낮은 소재를 활용한다. 바로 플라스틱이다. 삼성전자와 화웨이가 내놓은 폴더블폰은 플라스틱 기반 모델이다.

전통적인 OLED는 디스플레이의 하부 기판에 보호 역할을 하는 재료로 유리를 사용해 왔지만, 유리는 유연성이 거의 없이 단단하고 딱딱하다. 이에 반해 플렉서블 디스플레이는 유리기판 대신 하부에 유연하면서도 열에 강한 PI(polyimid, 폴리이미드)를 사용한다. 유리기판 위에 PI 물질을 발라서 얇고 가벼운 TFE(Thin Film Encapsulation) 필름을 만든 뒤, 유기물 층을 쌓아 기존의 OLED와 유사한 기판을 만든다. 그다음 레이저를 이용해 유리를 제거하면 유연한 기판만 남게 된다.

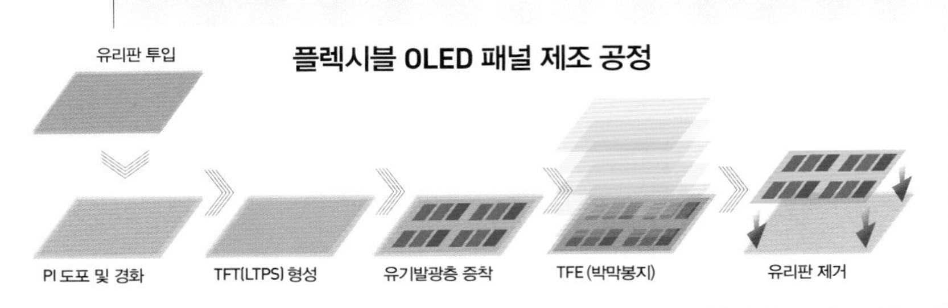


© 삼성디스플레이

그렇다면 유리는 과거의 재료로만 머물고 있을까. 휘어지거나 접힐 수 있는 유리가 개발된다면 이야기가 달라질 것이다. 최근 애플이 유리 제조업체인 코닝으로부터 새로운 폴더블 유리를 공급받는다는 소식이 전해지며 '폴더블 아이폰' 개발이 더욱 가시화되고 있다. 코닝은 그동안 애플에 아이폰 강화유리를 공급해온 업체다. 얼마 전 코닝이 접을 수 있는 폴더블 유리에 대한 프로토타입을 개발했다. 이 유리는 약 0.1mm 두께로 5mm 반경으로 접힌다.

애플이 폴더블폰에 유리를 선택한다면 플라스틱 기반 폴더블폰보다 내구성이 더 강한 제품을 만들려는 것이다. 플라스틱은 긁히거나 부서지고 시간이 지남에 따라 변색되기 쉬운 데 반해, 유리는 색상과 구조를 유지할 수 있다. 코닝의 존 베인 부사장은 CNET을 통해 "유리는 낙하나 긁힘에 강할뿐더러 우수한 광학적 특성, 훌륭한 촉감 등에서 플라스틱에 앞선다"며, "폴더블폰 디스플레이에도 유리 소재가 플라스틱을 따라 잡을 것"이라고 말했다.

한편 꿈의 소재라 불리는 그래핀도 디스플레이에 활용될 경우 무한한 잠재력을 갖고 있다. 그래핀은 나노 크기의 벌집 모양인 육각형 2차원 탄소물질을 기반으로 한다. 가볍고 유연하면서 철보다 단단하다. 이를 이용하면 투명하고 신축성도 뛰어나게 만들 수 있다. 휘어지는 디스플레이는 수분과 산소에 약한데, 그래핀을 쓰면 수분과 산소로부터 디스플레이를 보호할 수 있다. 문제는 차세대 물질로 각광받지만 대량생산이 까다로워 산업 현장에 활용하기에 쉽지 않다는 점이다. 최근 여러 가지 시도와 연구가 이뤄지고 있어 그래핀을 활용한 플렉서블 디스플레이의 양산도 기대해볼 수 있다.

코닝이 개발한 초박형 굴절 유리. © 코닝

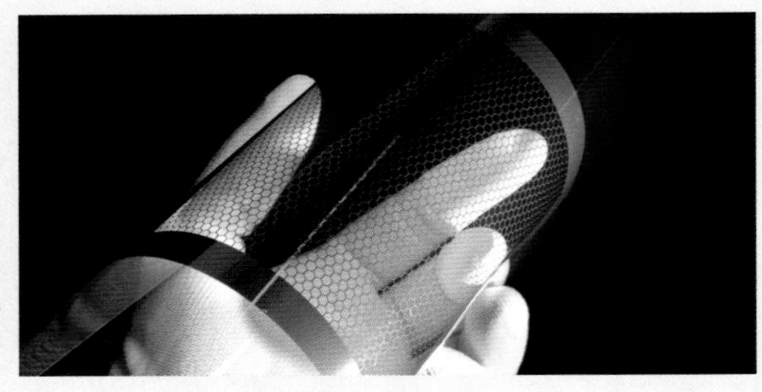

신소재 그래핀은 투명하고 신축성도 뛰어나다.
© Dupont & Holst Centre

롤러블 TV는 사용자가 원할 때 나타나고 그렇지 않을 때는 사라진다. 대부분의 사람들이 거실의 중앙에 커다란 흑판 모양의 TV를 설치하고 살지만, 이런 인테리어를 썩 좋아하는 건 아니다. TV가 거실을 차지하는 게 싫어서 TV를 놓지 않는 가정도 많다. TV 제조업체들은 이런 이유를 근거로 집과 잘 어울리는 제품을 설계하기 위해 미학적인 요소를 가미하고 있다. 벽에 걸려 있는 예술작품 같은 벽걸이 TV도 그중 하나다. LG는 좀 더 파격적인 방식으로 TV의 활용을 제안하고 있다.

롤러블 TV는 버튼을 누르면 안정적으로 내려갔다가 올라온다. TV 베이스에 가려져 있어, 실제 디스플레이의 롤을 볼 수는 없지만, 충분히 매끄럽게 작동하는 모습을 확인할 수 있다. 롤러블 TV는 디스플레이뿐 아니라 기능적인 면에서도 TV의 다양한 기능을 변화시킨다. 예를 들어 '라인 모드'에서는 디스플레이가 완전히 내려가기 전에 패널의 약 1/4만 표시된 채로 음악을 컨트롤하거나 스마트홈 장치를 제어할 수 있다.

LG의 롤러블 TV. © LG

## 쭉쭉 늘어나는 스트레처블 디스플레이

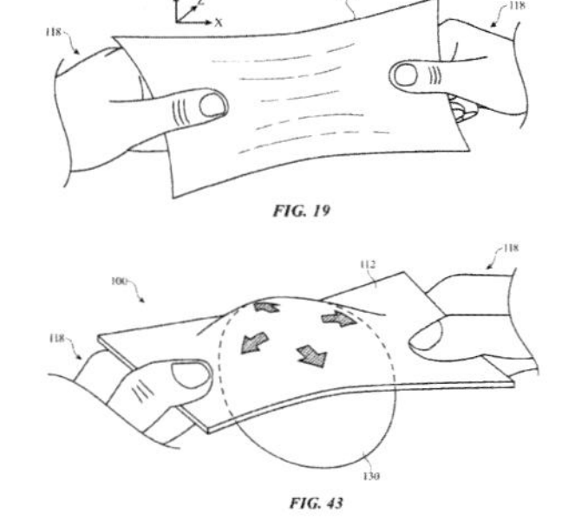

애플이 보유한 스트레처블 디스플레이 기술. ⓒ 미국 특허청

섬유처럼 잡아당기거나 누르면 화면이 늘어나는 스트레처블(stretchable) 디스플레이도 등장했다. 신축성이 있는 소재를 디스플레이에 접목한 기술이다. 스트레처블 디스플레이는 외부의 힘이 가해질 때 좌우, 위아래로 고무줄처럼 늘어나 변형되고 외부 힘이 사라졌을 때는 다시 제자리로 돌아가 본래의 모습을 되찾는 탄성을 지니고 있다. 삼성과 애플은 이미 스트레처블 디스플레이에 대한 기술을 보유하고 있다.

이 기술은 대형 디스플레이, 웨어러블 기기, 소프트 로봇 등 응용 분야가 무궁무진하다. 스트레처블 디스플레이가 스마트폰에 탑재된다면 입출력 장치도 유연하게 변화시킬 수 있다. 촉각 센서, 힘 센서, 온도 센서, 가속도계 및 기타 센서, 햅틱 피드백 장치 등의 센서를 스트레처블 스크린에 통합하면, 별도의 베젤이 필요 없는 디자인이 가능해진다. 향후 이런 스트레처블 디스플레이가 내구성을 확보해 손목을 감싸는 밴드형 디스플레이를 비롯해 다양한 웨어러블 분야에 활용될 것으로 보인다.

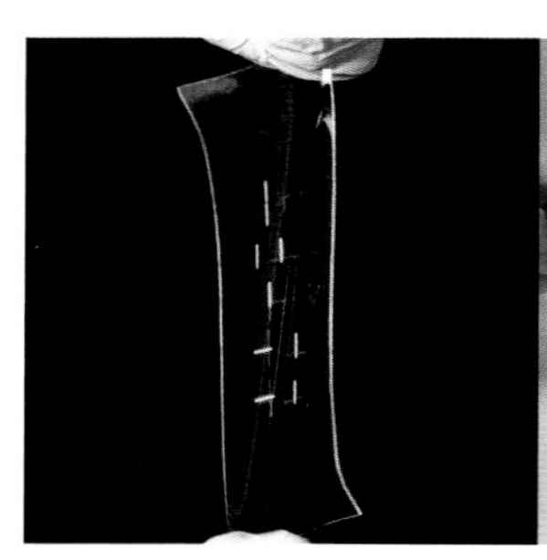

힘을 주는 대로 스크린이 늘어나는 스트레처블 디스플레이가 머지않아 실현될 전망이다. ⓒ 삼성, 미국 미시건대

## 미래의 디스플레이는 어떤 모습일까?

스마트폰의 디스플레이가 진화에 진화를 거듭하며 폴더블, 롤러블, 스트레처블과 같은 새로운 기술이 나타나고 있다. 여기에 현재 개발 중인 투명 디스플레이, 홀로그램, 플로팅 디스플레이 등 다양한 방식이 더해지고 있다. 머지않은 미래에 3D 객체를 광학적으로 표시하는 디스플레이의 오랜 꿈이 실현될지도 모른다.

플로팅 디스플레이는 3D 정보를 평면 위에 입체적으로 보여주는

영화 '아바타'에 등장한 플로팅 디스플레이. ⓒ 20세기 폭스 영화사

기술이다. 특수 안경 없이 3D 정보를 보여주는 플로팅 디스플레이는 다가올 중요한 트렌드다. 또 유연하고 착용 가능한 휴대장치에 전자적, 광학적 특성이 높은 그래핀과 같은 차세대 소재를 활용할 수 있다. 궁극적으로 광범위한 시야각과 풀 컬러 플로팅 3D 디스플레이를 지원하는 웨어러블 기기가 탄생할 것으로 예측된다. 고해상도 홀로그램이 물리적으로 실현된다면 군용 장치, 엔터테인먼트, 원격 교육 및 의료 분야에서 널리 활용될 것이다.

이런 변화에 힘입어 수년 내 스마트폰을 비롯한 폼 팩터의 대대적인 혁명이 진행될 것은 분명하다. 새로운 디스플레이 기술은 스마트폰에 머물지 않고 태블릿PC, 디지털 신문, TV, 모니터, 내비게이션 등의 형태를 다양하게 변화시키고 있다. 아마도 수년 내에 우리가 상상하지 못하는 새로운 기기가 새로운 디스플레이 기술에 힘입어 등장할지도 모른다. 2차원의 단단한 사각형틀에 갇혀 있던 디스플레이가 더욱 유연해지고 3차원을 넘나들며 자유자재로 변신할 수 있는 마력을 얻었다. 새로운 기술이 어떤 콘텐츠를 담고 어떤 라이프스타일을 만들어낼지 상상해 보는 것은 우리의 몫이다.

3D 홀로그램의 개념도. ⓒ 호주 스윈번 기술대학교

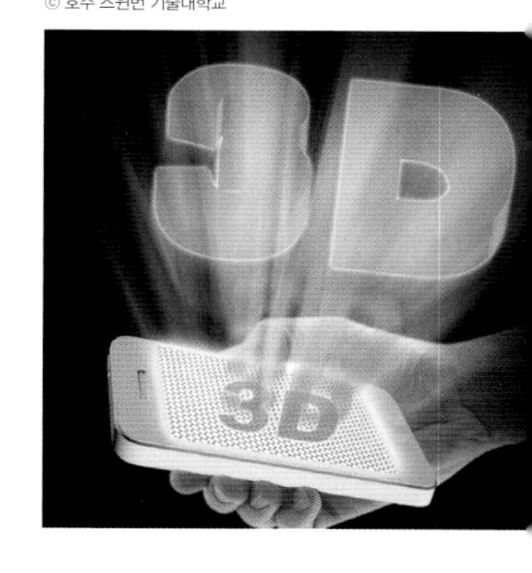

ISSUE 11 과학자

# 스티븐 호킹 타계 1주기

# 강궁원

연세대에서 호킹복사의 비등방성에 관한 연구로 석사학위를 받고, 미국 메릴랜드대학에서 블랙홀 엔트로피에 대한 연구로 박사학위를 받았다. 일반상대론을 전공했으며 다년간 블랙홀 관련 이론적 연구를 해오다 2005년부터 한국과학기술정보연구원(KISTI) 책임연구원으로 수치상대론 및 중력파 분야를 연구하고 있다. 2009년부터 '한국중력파연구협력단' 대변인을 맡고 있으며 '라이고 과학 협력단(LSC)' 카운실 멤버이다. 2019년 현재 약 120여 편의 논문(평균 인용횟수 150회, hHEP 지수 52)를 발표했다.

ISSUE 11
과학자

# 시간여행으로 호킹 인터뷰하다

지난해 3월 14일 스티븐 호킹이 타계한 뒤 다음 날 〈데일리 텔레그래프〉에 실린 기사. '당신 발을 내려다보지 말고 별을 올려다보는 걸 잊지 말라(Remember to look up at the stars and not down at your feet)'라는 문구가 눈에 띈다.

스티븐 호킹은 한국을 두 번 방문했다. 첫 방문은 1990년 9월이었는데 당시에는 필자가 미국 유학을 떠난 직후였고, 두 번째 방문은 2000년 9월경이었는데 그때는 일본 고에너지물리연구소 연구원으로 떠날 무렵이어서 호킹의 강연을 듣지 못했던 것 같다. 필자가 호킹을 처음 본 것은 1993년으로 기억한다.

## 호킹과의 인연

1993년 봄부터 미국 산타바바라 캘리포니아대학 이론물리연구소에서 '시공간의 거대 구조(Large Scale Structure of Spacetime)'라는 주제로 6개월간의 긴 프로그램을 운영했고, 필자는 지도교수인 테드 제이콥슨(T. Jacobson)과 함께 이 프로그램에 처음부터 끝까지 참여하고 있었다. 프로그램의 중반에 '블랙홀의 양자적 양상(Quantum Aspects of Black Holes)'이라는 제법 큰 컨퍼런스를 개최했는데, 호킹은 이 무렵 프로그램에 참여했었던 것 같다. 복도나 휴게실에서 마주친 적은 있으나 대화를 나누지는 못했다. 그것은 호킹도 별반 다를 바 없었다. 왜냐하면 그 당시 호킹은 컴퓨터 합성음으로 대화를 할 수밖에 없었는데, 짧은 말도 2~3분은 걸렸고 그나마 불편한 손으로 힘들게 버튼을 눌러 문장을 구성해야 했기 때문이다. 휠체어에 앉아 고개도 돌리지 못하는 상태에서 주로 다른 사람들의 대화를 가만히 듣는 입장이었고, 가끔 짤막하지만 위트 있는 말을 던졌다. 혹시라도 호킹이 대화의 중심이 되면 묘한 긴장감과 어색함이 동반되었다. 아마도 호킹이 하고 싶은 말을 컴퓨터로 준비하는 동안 어색한 침묵이 동반될 수밖에 없었고, 이나마 합성음으로 나오더라도 이론물리학 논의에서는 재차 또 다른 질문으로 이어지는 것이 다반사여서 논의를 이어가기가 여간 불편한 것이 아니었기 때문인가 한다.

1980년대 호킹. 전동 휠체어에 앉아 있는 모습은 그의 트레이드마크다. © NASA

그 당시 호킹은 이미 크나큰 학문적 업적을 성취했고 저명한 학자로서 이론물리학 분야에서뿐만 아니라 사회적으로도 영향력이 대단했다. 갓 연구를 시작한 일개 박사과정 학생에 불과했던 필자에게 호킹은 존경심과 경외심의 대상이었다. 더구나 필자의 연구주제가 '고차 중력 이론에서의 블랙홀 엔트로피'였고, 이는 호킹의 블랙홀 복사 발견에서 비롯된 것이어서 호킹의 논문을 읽을 수밖에 없었던 필자에게 그는 이미 우상 중의 한 명이 되어 있었다. 그러나 직접 옆에서 본 호킹의 첫인상은 너무나 초라하고 측은한 모습이었다. 이론물리연구는 복잡한 계산을 수반하는 것이 다반사인데, 연필도 잡지 못하고 고개도 가누지 못하는 상태에서 어떻게 그렇게 많은 훌륭한 연구를 수행했는지 불가사의한 일이 아닐 수 없었다.

## “장애는 심각한 걸림돌 아니었다”

런던 마담튀소박물관에 밀랍인형으로 만들어져 전시돼 있는 스티븐 호킹.

호킹의 절친이자 중력파 발견으로 2017년 노벨 물리학상을 공동 수상한 캘리포니아공대(칼텍)의 킵 손 교수는 다음과 같은 의견을 피력한 바 있다. “손의 기능을 잃는 속도가 느렸기 때문에 호킹에게는 적응할 수 있는 시간이 많았습니다. 그는 다른 물리학자들과는 다른 방식으로 생각하도록 조금씩 자신의 정신을 훈련시켰던 것이지요. 자신의 생각을 좀 더 명료하게 표현하는 방법을 찾았고, 이 간단명료한 표현이 자신의 명료한 사고를 증진시키고 동료들에게 더 큰 영향력을 주게 되었지요. 그는 종이와 연필로 그림을 그리고 방정식을 적어 내리는 대신 머릿속으로 그림을 그리고 방정식을 풀었습니다.”

호킹도 자신의 장애에 대해 언급한 적이 있다: “스물한 살에 루게릭병 진단을 받았을 때 나는 몹시 부당하다고 느꼈다. 그러나 50년이 지난 지금 나는 내 삶에 대해서 평온하게 만족할 수 있다. 나의 장애는 나의 과학 연구에서 심각한 걸림돌이 아니었다. 장애인은 장애가 걸림돌이 되지 않는 일에 집중하고 자신이 할 수 없는 일을 아쉬워하지 말아야 한다고 나는 믿고 있다. 강의나 교육의 의무를 지지 않았고 지루하고

영국 케임브리지대학교 ‘곤빌 앤드 캐이어스 칼리지(Gonville and Caius College)’에 있는 스티븐 호킹 건물 인근. 호킹은 이 칼리지에서 50년 이상 연구원(펠로)으로 재직하며 우주의 비밀을 파헤쳤다.

따분한 각종 위원회에 참여하지 않아도 됐으므로 오롯이 연구에 몰두할 수 있었다."

## 호킹의 대표적 연구업적 3가지

아인슈타인 이래로 호킹만큼 일반 대중에게 잘 알려진 이론물리학자는 없을 것이다. 휠체어에 앉아 컴퓨터 합성음으로 우주와 블랙홀에 대해 논하는 그의 모습은 인상적이지 않을 수 없다. 『시간의 역사』라는 대중서로 우주의 근원과 블랙홀에 대한 최신의 연구결과를 전 세계 인류에게 소개했고, 장애가 있는 몸을 이끌고 다양한 사회활동에도 참여해왔던 호킹 박사는 아쉽게도 2018년 3월 14일 사망했다. 우주와 블랙홀에 대한 그의 뛰어난 연구업적은 21세기 후반의 이론물리학 분야에 지대한 영향을 미쳤으며, 사회현안과 인류의 미래에 대해 냉철하면서도 통찰력 있는 그의 말들은 많은 사람들에게 깊은 영감을 불러일으켰다.

올해 타계 1주기를 맞아, 호킹의 연구와 삶에 대해 일부분이나마 돌이켜 보고자 한다. 호킹의 연구업적은 매우 다양하고 광대하지만 크게 세 가지를 꼽아 볼 수 있겠다. 아인슈타인의 중력이론에서는 우주의 시작이 무한히 휘어진 소위 특이점에서 시작했다는 '초기 특이점 정리', 블랙홀도 양자효과를 고려하면 에너지를 방출한다는 소위 '호킹 복사', 그리고 우주 자체를 양자역학적으로 기술하는 문제 등이 그것이다. 본 글에서는 이 중 앞의 두 주제에 대해 살펴보고자 한다.

다음 글의 형식은 과학 기자 R이 과거로 시간여행을 가서 호킹 박사를 인터뷰하는 방식을 취했다. 이 인터뷰는 가상의 인터뷰니 혼란이 없기를 바란다.

2008년
미국항공우주국(NASA) 창립 50주년을 맞아 호킹 박사가 특별 강연에 나서고 있다. 그의 딸인 루시 호킹이 그를 소개하고 있다.
© NASA/Paul Alers

## 장면 #1 20대 초반의 호킹을 만나다

어느 화사한 오후. 20대 초반의 젊은 호킹이 영국 케임브리지대학 근처의 한 카페 밖 테라스에 앉아 차를 마시고 있다. 얼굴에 비해 유난히 큰 안경을 끼고 피곤한 모습이지만 매우 만족한 표정으로 먼 곳을 응시하고 있다. 옆 의자에 지팡이가 놓여 있다. 어디에서 나타났는지 젊은이 R이 다가와 빈 의자에 앉는다.

**R:** 안녕하세요, 호킹 박사님?

**호킹:** 누구시죠? 그리고 전 박사가 아닌데요.

**R:** 아, 그렇군요. 지금은 우주의 특이점에 대한 연구를 막 끝낸 학생 신분이겠네요.

**호킹:** 그 연구에 대해 로저가 말하던가요?

**R:** 아닙니다. 펜로즈는 저와 만난 적도 없습니다. 믿기 힘드시겠지만 저는 사실 아주 먼 미래에서 왔습니다. 호킹 씨는 상대론에 대한 이해가 깊으니 믿으실 수도 있겠네요.

**호킹:** 글쎄요. 과거로의 시간여행은 일반상대론에 따르면 불가능하지는 않지만, 아직 깊게 생각해 본 주제는 아닙니다. 언젠가 여건이 되면 한번 파고들 생각입니다만. 그런데 용건이 무엇인지…?

**R:** 아, 죄송합니다. 사실 제가 미래에서 왔든 아니든 여기서 중요한 문제는 아니죠. 호킹 씨는 최근 펜로즈와 함께 우주의 특이점에 대해 연구하고 계시죠? 이 연구를 하게 된 동기와 결론 그리고 의미에 대해 잠깐 인터뷰하고 싶습니다.

**호킹:** 당신은 참 미스터리한 사람이군요. 아직 발표도 하지 않은 연구에 대해 알고 있고 무명의 대학원생을 인터뷰하려고 하니까요. 더구나 이 주제는 매우 전문적이어서 일반인은 전혀 관심이 없을 텐데요. 당신이 일하는 잡지사의 사장님도 당신 때문에 속깨나 썩겠군요(무례하다는 생각이 들었는지 씩

웃는다). 아무튼 관심이 있으시다니 그리고 방금 논문 투고를 마쳤고 시간도 좀 있으니 얘기해 보죠. 그러고 보니 당신은 운이 좋군요.

R: 그런가요(환하게 웃음)? 저의 잡지사 주 독자층은 청소년과 교사이니 쉽게 말씀해 주면 좋겠네요. 그래도 어렵다고 투덜대겠지만…(함께 웃는다).

## 우주의 특이점에 대한 연구

**호킹:** 제가 알고 싶은 문제는 우주의 시작에 관한 것입니다. 이것은 정상우주론에서 본다면 문제도 되지 않지요. 정상우주론에서의 우주는 과거, 현재, 미래가 아무 변화 없이 동일하다는 것입니다. 이렇게 무한히 흐르는 균일한 시간에서 특별한 순간인 시작점이 딱히 있을 이유가 없지요. 이와 반대되는 것이 팽창우주론인데, 우주는 정상우주론의 관점에서 보듯이 정적인 것이 아니라 팽창하고 있다는 것이지요. 팽창하는 우주는 1929년 미국의 천문학자 허블에 의해 처음 관측됩니다. 허블은 은하들이 지구로부터 점점 멀어지고 있다는 것을 발견합니다. 우주에서 물체의 운동은 다양할 수 있으니 지구로부터 멀어지는 은하가 있다는 것이 그리 이상한 현상은 아니겠지요. 그러나 관측한 모든 은하들이 멀어지고 있다면 그것은 뭔가 특별한 이유가 있다는 얘기지요.

R: 허블의 관측 이전에는 팽창우주 모델이 없었나요?

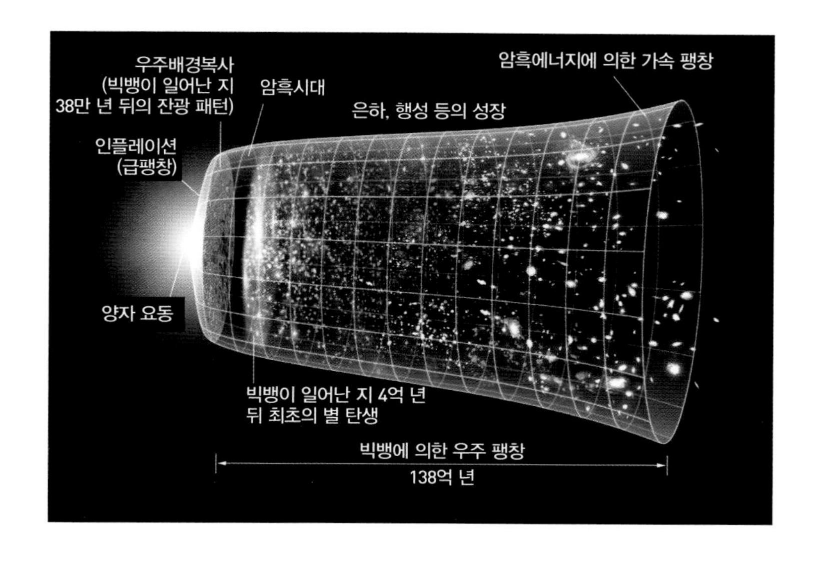


팽창우주의 모식도. 현재 우주에서 임의의 두 은하를 과거로 가며 추적하면 은하 사이의 거리가 점점 줄어들어 왼쪽 끝에서 볼 수 있는 것처럼 한 점으로 모이는 것을 볼 수 있다. 이 지점을 '우주의 초기 특이점'이라 부른다.

**호킹:** 아니죠, 있었죠. 1922년 러시아의 프리드만은 우주 안에 물질들이 균일하게 퍼져 있다고 가정해서 비교적 쉽게 아인슈타인 중력방정식의 우주해, 즉 아인슈타인 이론이 허용하는 시공간 해를 하나 얻습니다. 그런데 재미있게도 이 우주해는 임의의 두 지점 사이의 거리가 고정되어 있지 않고 시간에 따라 점점 늘어나는 성질을 갖고 있었죠. 허블이 관측한 은하들의 공통적인 멀어짐이 우주 자체의 팽창에 기인한다고 볼 수 있다는 것이죠. 1927년 벨기에의 르메트르는 프리드만의 우주해를 바탕으로 후일 빅뱅이론으로 불리는 우주의 시작에 대한 모형을 만들게 되었죠. 프리드만의 우주해에 따르면, 시간을 거꾸로 거슬러 올라갈 경우 우주의 모든 지점들이 아주 가까워지게 되는데, 우주는 '원시 원자' 혹은 '우주의 알'과 같이 아주 작은 공간에 갇혀 있다가 팽창을 시작했다는 것이죠. 20여 년 후 러시아 출신의 미국 이론물리학자 가모브는 이런 동적인 우주론을 더욱 발전시켜 우주가 초기에 그런 고밀도, 고온의 상태에서 팽창했다면 시간이 지나면서 점점 식을 것이고 현재의 우주는 절대온도 약 5도, 그러니까 섭씨온도로는 약 영하 268도 정도가 되어 있을 것이라고 주장했습니다. 우주 전체가 이 정도의 온도를 갖는 난로라고 간주하면 거기에서 나오는 열복사에 해당하는 우주배경복사가 있을 것이라고 예측했던 것이죠.

**R:** 그것이 1964년 미국 벨연구소의 펜지어스와 윌슨이 우연히 관측한 그 유명한 마이크로파 우주배경복사이죠? 관측결과에 대응하는 온도는 절대온도 3도 정도로 판명됐고 나중에 두 분은 노벨상을 받게 되죠.

**호킹:** 노벨상을 받을 만하죠. (흠칫 놀라며) 정말로 미래에서 온 사람처럼 얘기하시네…? 어쨌든 이 배경복사의 발견으로 정상우주론은 더 이상 설 자리를 잃었죠. 불쌍한 호일 교수…, 그리고 우주는 과거의 어느 시점에서 매우 뜨겁고 고밀도의 상태였다는 것이 명백해졌죠.

**R:** 그런데 그것이 특이점 정리와 무슨 관련이 있다는 것이죠?

**호킹:** 프리드만의 우주해를 보면 과거의 어느 시점에 우주의 곡률이 무한대가 되는 시점이 있습니다. 이것을 있는 그대로 해석하면 우리 우주는 무한히 휘고 찌그러져 있는 소위 특이점에서 시작한 것이죠. 영화를 거꾸로 돌리듯이 시간을 거슬러 올라가면 우주의 모든 물체가 점점 가까워져 정말로 한 점에 있게 됩니다. 그 시점에서의 우주의 밀도는 무한대가 되며 곡률도 무한대이죠.

**R:** 그런 무한대의 곡률을 갖는 특이점이 있다는 것이 무슨 문제가 된다는

것인지 모르겠네요…?

**호킹:** 문제가 안 될지도 모르지만 의미하는 바가 큽니다. 그런 무한대의 곡률을 갖는 점이 있으면 우리의 시공간을 그 이전으로 연장할 수가 없습니다. 그야말로 우주는 그 특이점부터 시작한 것이며 그 이전에는 아예 시공간 자체가 없는 것이죠. 그리고 물리학자들은 무한대의 물리량이 나오는 것을 병적으로 싫어합니다.

**R:** 아! 그런 의미가 있었군요. 그런데 우주배경복사가 관측됐으면 우주가 특이점에서 시작됐다는 것은 불가피하지 않나요?

**호킹:** 꼭 그렇지만은 않습니다. 우주가 매우 크지만 유한한 고밀도 상태에서 팽창을 시작했을 수도 있거든요. 즉, 우주의 모든 물질이 수축하다가 매우 큰 유한한 고밀도의 상태가 된 후 다시 팽창을 시작해서 오늘날의 우주가 돼도 배경복사는 설명될 수 있습니다. 이 경우 우주는 팽창이 시작되기 이전에도 시간과 공간이 존재하게 되어 특이점에서 팽창이 시작되는 우주론과는 질적으로 다르게 됩니다.

블랙홀은 밀도와 곡률이 무한대인 특이점을 가진다. 사진은 블랙홀의 상상도.

R: 우주 팽창의 시점이 어떠한가에 따라 전혀 다른 우주론이 예측되는군요. 저의 주관적인 의견으로는 수축과 팽창이 있어 역동적이기도 하고 과거로의 시간도 끊어지지 않는 특이점이 없는 우주론이 좀 더 자연스러워 보입니다.

**호킹:** 그렇죠? 하지만 프리드만의 우주해에 곡률이 무한대가 되는 시점이 있는 것을 보면 특이점을 피할 수 없을지도 모르죠. 그러나 프리드만의 해는 우주가 균일하고 등방적이라는 가정을 했기 때문에 실제의 우주는 특이점이 없을 가능성도 있는 것이죠. 실제로 리프시츠와 칼라트니코프라는 두 러시아 과학자는 1963년 이와 같은 이상적인 대칭성이 없는 상태에서는 우주 수축이 유한의 밀도에서 멈추고 다시 재팽창으로 이어진다는 주장을 합니다. 어쨌든 저는 이제 답을 알고 있습니다.

## 블랙홀과 특이점

R: 믿지 않으시겠지만, 저도 답을 알고 있습니다, 전혀 다른 이유로(웃음). 그런데 별의 붕괴에서도 특이점이 나오지 않나요?

**호킹:** 그렇습니다. 1939년 미국의 오펜하이머와 그의 제자 스나이더가 '계속적인 중력 수축에 관하여'란 제목의 논문을 발표합니다. 태양과 같은 별은 질량을 가진 물질로 이루어져 있고 중력은 서로 끌어당기기만 하니까 그 중심으로 모든 물질이 모여들어 수축하겠죠. 하지만 별이 오랫동안 그 모양을 유지할 수 있는 것은 별 내부에서 핵융합과 같은 과정을 통해 열이 발생하고 이 압력으로 중력과 균형을 이루기 때문이지요. 그런데 별의 질량이 어느 값 이상이 되면 중력이 너무 세져서 전자나 중성자의 축퇴압(입자들이 밀집된 상태의 압력)도 균형을 맞추지 못하고 중력 수축이 계속 일어난다는 것이죠. 그 결과 어느 시점에서는 '블랙홀'이 생성되고 물질은 계속 한 점으로 모여 무한대의 밀도와 곡률을 갖는 특이점이 만들어진다는 말입니다.

R: 뉴턴의 중력이론에서는 그런 중력 수축이 일어나지 않나요?

**호킹:** 일어나죠. 하지만 중력이 세지 않아 물질의 압력으로 언제든 균형을 맞출 수 있는 거죠. 오펜하이머의 계산은 아인슈타인의 중력이론인 일반상대론에서 한 것이죠. 임계질량을 넘으면 중력 수축을 그 어느 것도 막지 못한다는 것이죠. 그러나 이 흥미로운 결과는 20여 년 후에야 다시 주목을 받게 됩니다.

R: 왜 그럴죠?

**호킹:** 몇 가지 이유가 복합됐는데요. 우선 2차 대전이 발발하여 오펜하이머는 곧 맨해튼 원자폭탄 계획에 참여하게 되어 연구를 접습니다. 그리고 너무나 유명한 사람이 되어버린 아인슈타인이 자신의 이론에서 도출되는 그런 이상한 극단적인 해들을 극렬하게 반대합니다.

R: 아인슈타인이 왜 그랬을까요…?

**호킹:** 글쎄요. 블랙홀의 존재는 별의 진화가 돌아오지 못하는 구멍과 같은 최종상태로 될 수도 있다는 것인데요. 이는 물질의 영속성과 안정성에 대한 그 당시 사람들의 믿음을 송두리째 흔들 수 있기 때문이 아니었을까 추측해 봅니다. 미국의 이론물리학자 휠러의 비판도 있었습니다. 아인슈타인이 사망한 지 3년 후인 1958년 휠러는 브뤼셀에서 개최된 우주론 학회에서 오펜하이머의 결과에 심각한 문제가 있다고 지적합니다. 즉 오펜하이머의 결론은 구대칭의 이상적인 물질분포를 가진 별이 수축하는 경우에 도출된 것인데, 실제 자연에서는 회전이나 충돌, 폭발 등으로 구대칭의 상황은 지극히 이상적인 것이라 비현실적이라는 얘기죠. 중력붕괴는 구대칭이라는 비물리적인 수학적 가정의 결과이지 실제 자연에서 일어나는 일이 아닐 확률이 높다는 뜻이죠.

R: 듣고 보니 그런 것 같네요….

**호킹:** 별의 중력 수축이 블랙홀과 특이점의 생성으로 귀결되는가의 문제는 결국 영국의 응용수학자인 펜로즈의 연구로 해결됩니다. 펜로즈는 올해(1965년) 초 런던의 킹스칼리지에서 이 주제에 대한 세미나를 합니다. 그는 별이 특정한 크기 이하로 수축하면 특이점 생성이 불가피함을 보였습니다. 이 증명은 구대칭을 가정하지 않을뿐더러 상당히 일반적인 경우에도 성립하는 것이어서 휠러나 리프시츠, 칼라트니코프 등의 추측이 틀렸음을 말해주는 것이죠.

1965년 초 블랙홀 특이점 정리 증명을 발표한 로저 펜로즈. 사진은 2011년의 모습.
© Biswarup Ganguly

## 우주 초기 특이점의 존재는 불가피하다

R: 참고로 말씀드리면 휠러는 컴퓨터 시뮬레이션의 도움을 받아 그의 추측과

반대되는 '특이점이 발생한다'는 결론에 도달했고, 리프시츠는 후에 자신들의 계산에 오류가 있었음을 발견합니다. 펜로즈의 블랙홀 특이점 정리 증명이 올 초에 발표된 것인데, 어떻게 그렇게 빨리 우주 팽창에서의 특이점 연구를 완료할 수 있었죠?

**호킹:** 우주의 시초가 있느냐의 문제는 우주론에서 중요한 주제였습니다. 앞에서 설명한 것처럼 제게는 이미 빅뱅 우주론의 관점에서 초기 특이점의 존재가 불가피한 것처럼 보였고, 저는 그것을 명백히 증명하는 문제에 골머리를 앓고 있었죠.
사실 저는 펜로즈의 세미나에 참석하지 않았는데, 연구실 동료인 카터에게서 전해 듣고 큰 감명을 받았습니다. 처음에는 논의의 핵심을 잘 파악할 수 없었지만, 펜로즈의 증명 방법은 아인슈타인 방정식을 일일이 풀 필요가 없는 매우 일반적인 접근법이라는 것을 곧 알게 됐지요. 그의 증명은 위상수학적인 새로운 방법을 사용합니다. 물질이 중력 수축을 하고 있으면 한 점으로 모여들어 점점 고밀도가 되고 주위 공간도 점점 더 휘어집니다. 그리고 어느 순간 이 한 점 주위에 두 빛을 나란히 쏴도 서로 벌어지지 못하는 영역이 생깁니다. 펜로즈는 일단 이런 영역이 생기면 특이점이 유한한 시간 안에 반드시 발생한다는 것을 증명합니다. 이 증명은 의외로 간단합니다. 시공간의 휘어짐이 아인슈타인의 이론, 즉 아인슈타인의 중력방정식에 의해 결정된다고 합시다. 그러면 특이점의 발생 조건은 방정식으로부터 수축 물질에 대한 에너지 조건(물질의 밀도, 압력 등에 대한 제한 조건)과 연결됩니다. 자연계에 존재하는 물질은 이상한 물질이 아닌 한 모두 이 에너지 조건을 만족하므로 특이점이 반드시 발생한다는 결론에 도달하는 것입니다. 이 증명은 비대칭적인 물질 수축을 포함한 매우 일반적인 상황에서도 성립하는 것이지요.
우주의 특이점 존재 여부는 우주 물질 팽창의 시작에 관한 문제라 얼핏 보면 다른 문제처럼 보입니다. 그러나 저는 영화필름을 거꾸로 돌리듯이 우주의 시간을 거꾸로 거슬러 올라가면 우주 팽창이 중력 수축과 동일한 문제가 된다는 것을 깨달았죠. 따라서 중력 수축과 유사한 논증을 적용시킬 수 있다는 의미입니다.

**R:** 그렇군요. 시간을 거슬러 올라가면 우주는 수축하는 상태가 될 터이고 수축의 최종 상태에 관한 문제는 우주 초기의 특이점에 관한 문제가 되는군요. 이 연구결과를 박사학위 논문으로 제출하나요?

**호킹:** 예, 그럴 생각입니다. 열린 우주에 대한 초기 특이점 정리는 오늘

《피지컬 리뷰 레터스》에 투고했는데, 받아들여질지 모르겠습니다. 좀 더 일반적인 경우에 대한 결과도 곧 정리해서 투고할 생각입니다. (시계를 보며) 전 이제 가봐야 할 것 같습니다. 저녁 시간에 늦어 좀 걱정됩니다.

**R:** 아! 아직 신혼이겠군요. 오늘 얘기 재미있었고 시간 내주셔서 감사했습니다. 그럼 즐거운 저녁 시간 갖길 바랍니다. 아마도 10년 후 즈음 다시 만나게 될 것 같습니다. 그때는 아주 유명한 학자가 되어 있겠지요.

VOLUME 15, NUMBER 17 PHYSICAL REVIEW LETTERS 25 OCTOBER 1965

OCCURRENCE OF SINGULARITIES IN OPEN UNIVERSES

S. W. Hawking

Department of Applied Mathematics and Theoretical Physics, University of Cambridge, Cambridge, England
(Received 16 August 1965)

At the present time the universe is observed to be expanding. If we assume that there is no creation of matter, this indicates that the density must have been higher in the past. The question then arises, was there some time in the past when the density was infinite (i.e., was there a singularity of space-time), or did the universe contract until it reached a finite maximum density and then expand again? This was

Consider universes of the form (1) where $K = -1$. In these the surfaces of homogeneity $H$ ($t$ = const) have constant negative curvature. They may or may not be compact, but if they are compact, they will not be simply connected. However, the covering space will be noncompact. Since a singularity in the covering space implies a singularity in the original space, it will be sufficient to consider the case where

1965년 10월 《피지컬 리뷰 레터스》에 호킹이 발표한 논문의 제목은 '열린 우주에서 특이점의 발생(Occurrence of Singularities in Open Universes)'이다. 

**호킹:** ……? (별 이상한 말을 한다는 듯 다시 말을 걸려다가 그만두고 돌아선다)

호킹은 지팡이를 짚으며 캠퍼스로 걸어간다. R은 그 뒷모습을 물끄러미 보고 있다가, 잠시 후 구석에 세워진 이상한 모양의 공중전화 박스 안으로 사라진다.

## 장면 #2 호킹에게 '블랙홀 증발'에 대해 듣다

10여 년 후 작은 공원. 햇살이 잘 비치는 곳에 호킹 박사가 휠체어에 앉아 있다. 손목이 굽어 있고 손가락은 한데 모여 가냘픈 허벅지 위에 놓여 있다. 두꺼운 웃옷은 헐거워 어른의 옷을 입은 아이와 같이 부자연스럽지만, 멀리 응시하는 눈빛은 깊고 범상치 않다. 조금 떨어진 모퉁이의 공중전화 박스에서 R이 등장하고 호킹 박사에게 다가간다.

**R:** 안녕하세요, 호킹 박사님? 저를 기억하시는지요?

**호킹:** 누구시더라…?

**R:** 한 10년 전에 특이점 정리에 대해 인터뷰를 했었죠. 호킹 박사님은 그 당시

논문을 투고한 직후였었죠.

**호킹:** 아, 기억납니다. 미래에서 왔다느니 유명한 학자가 될 거라느니 이상한 말들을 했었죠. 저녁 시간에 많이 늦어 제인한테 혼났던 기억이 납니다. 10년이나 지났는데 엊그제 만난 사람처럼 하나도 안 늙었네요.

**R:** 그랬군요. 죄송합니다. 실은 그때 만나고 저는 바로 지금으로 이동한 것이거든요. 오늘은 '블랙홀 증발'에 대한 얘기를 나누고 싶은데 가능하신지요?

**호킹:** 방금 전에 논문 투고를 마치고 쉬고 있는 중입니다.



they must produce a response in the scintillator comparable with that produced by a conventional charged particle. As mentioned earlier, the EAS studied by Ramana Murthy were almost two orders of magnitude less energetic than those used by us and also a much smaller time range was examined. Since the peak in our distribution occurs after the 18 μs time interval investigated by Ramana Murthy, the results cannot be directly compared. But a statistical examination of his published data using David's technique indicates that there is less than 5% probability that the data is from a uniform distribution. We note that, subjectively, the observed distribution seems to rise in the period prior to 13 μs before the shower arrival. This is not inconsistent with our observations.

It is possible than an explanation may be found for these results without invoking the existence of tachyons. A. G. Gregory has pointed out to us that fission or spallation in the interstellar medium or production of associated particles at the source might account for the correlated arrival of cosmic rays. We note, however, that unless particles are produced with closely similar rigidity and velocity vectors they are unlikely to remain associated for long in the interstellar or source magnetic fields. A closely related problem has been discussed by Weekes[8] in connection with pulsar periodicities in cosmic-ray arrival times.

We conclude that we have observed non-random events preceding the arrival of an extensive air shower. Being unable to explain this result in a more conventional manner, we suggest that this is the result of a particle travelling with an apparent velocity greater than that of light.

We thank Dr A. G. Gregory and Professors C. A. Hurst and J. R. Prescott for comments, Mr K. W. Morris for advice on statistical analysis, and Ms J. M. Taylor for chart reading. One of us (R.W.C.) holds a Queen Elizabeth Fellowship. The University of Calgary is thanked for the loan of equipment.

ROGER W. CLAY
PHILIP C. CROUCH

*Physics Department,*
*University of Adelaide,*
*Adelaide, South Australia 5001*

Received December 10, 1973.

1 Alvåger, T., and Kreisler, M. N., *Phys. Rev.*, **171**, 1357 (1968).
2 Baltay, C., Feinberg, G., Yeh, N., Linsker, R., *Phys. Rev. D.*, **1**, 759 (1970).
3 Danburg, J. S., Kalbfleisch, G. R., Borenstein, S. R., Strand, R. C., VanderBurg, V., Chapman, J. W., Lys, J., *Phys. Rev. D.*, **4**, 53 (1971).
4 Ramana Murthy, P. V., *Lett. Nuovo Cim. Ser.* **2**, **1**, 908 (1971).
5 Allan, H. R., *Prog. elem. Part. cosm. Ray Phys.*, **10**, 170 (1971).
6 Bassi, P., Clark, G., and Rossi, B., *Phys. Rev.*, **92**, 441 (1953).
7 David, F. N., *Biometrika*, **34**, 299 (1947).
8 Weekes, T. C., *Nature phys. Sci.*, **223**, 129 (1971).

### Black hole explosions?

QUANTUM gravitational effects are usually ignored in calculations of the formation and evolution of black holes. The justification for this is that the radius of curvature of space-time outside the event horizon is very large compared to the Planck length $(G\hbar/c^3)^{1/2} \approx 10^{-33}$ cm, the length scale on which quantum fluctuations of the metric are expected to be of order unity. This means that the energy density of particles created by the gravitational field is small compared to the space-time curvature. Even though quantum effects may be small locally, they may still, however, add up to produce a significant effect over the lifetime of the Universe $\approx 10^{17}$ s which is very long compared to the Planck time $\approx 10^{-43}$ s. The purpose of this letter is to show that this indeed may be the case: it seems that any black hole will create and emit particles such as neutrinos or photons at just the rate that one would expect if the black hole was a body with a temperature of $(\kappa/2\pi)(\hbar/2k) \approx 10^{-6}\ (M_\odot/M)K$ where $\kappa$ is the surface gravity of the black hole [1]. As a black hole emits this thermal radiation one would expect it to lose mass. This in turn would increase the surface gravity and so increase the rate of emission. The black hole would therefore have a finite life of the order of $10^{71}\ (M_\odot/M)^{-3}$ s. For a black hole of solar mass this is much longer than the age of the Universe. There might, however, be much smaller black holes which were formed by fluctuations in the early Universe[2]. Any such black hole of mass less than $10^{15}$ g would have evaporated by now. Near the end of its life the rate of emission would be very high and about $10^{30}$ erg would be released in the last 0.1 s. This is a fairly small explosion by astronomical standards but it is equivalent to about 1 million 1 Mton hydrogen bombs.

To see how this thermal emission arises, consider (for simplicity) a massless Hermitean scalar field $\phi$ which obeys the covariant wave equation $\phi_{;ab}g^{ab} = 0$ in an asymptotically flat space time containing a star which collapses to produce a black hole. The Heisenberg operator $\phi$ can be expressed as

$$\phi = \sum_i \{f_i a_i + \bar{f}_i a_i^*\}$$

where the $f_i$ are a complete orthonormal family of complex valued solutions of the wave equation $f_{i;ab}g^{ab} = 0$ which are asymptotically ingoing and positive frequency—they contain only positive frequencies on past null infinity $I^-$ [3,4,5]. The position-independent operators $a_i$ and $a_i^*$ are interpreted as annihilation and creation operators respectively for incoming scalar particles. Thus the initial vacuum state, the state containing no incoming scalar particles, is defined by $a_i|0_-\rangle = 0$ for all $i$. The operator $\phi$ can also be expressed in terms of solutions which represent outgoing waves and waves crossing the event horizon:

$$\phi = \sum_i \{p_i b_i + \bar{p}_i b_i^* + q_i c_i + \bar{q}_i c_i^*\}$$

where the $p_i$ are solutions of the wave equation which are zero on the event horizon and are asymptotically outgoing, positive frequency waves (positive frequency on future null infinity $I^+$) and the $q_i$ are solutions which contain no outgoing component (they are zero on $I^+$). For the present purposes it is not necessary that the $q_i$ are positive frequency on the horizon even if that could be defined. Because fields of zero rest mass are completely determined by their values on $I^-$, the $p_i$ and the $q_i$ can be expressed as linear combinations of the $f_i$ and the $\bar{f}_i$:

$$p_i = \sum_j \{\alpha_{ij} f_j + \beta_{ij} \bar{f}_j\} \quad \text{and so on}$$

The $\beta_{ij}$ will not be zero because the time dependence of the metric during the collapse will cause a certain amount of mixing of positive and negative frequencies. Equating the two expressions for $\phi$, one finds that the $b_i$, which are the annihilation operators for outgoing scalar particles, can be expressed as a linear combination of the ingoing annihilation and creation operators $a_i$ and $a_i^*$

$$b_i = \sum_j \{\bar{\alpha}_{ij} a_j - \bar{\beta}_{ij} a_j^*\}$$

Thus when there are no incoming particles the expectation value of the number operator $b_i^* b_i$ of the $i$th outgoing state is

$$\langle 0_- | b_i^* b_i | 0_- \rangle = \sum_j |\beta_{ij}|^2$$

The number of particles created and emitted to infinity in a gravitational collapse can therefore be determined by calculating the coefficients $\beta_{ij}$. Consider a simple example in which



1974년 《네이처》에 호킹이 발표한 논문. 제목은 '블랙홀 폭발(Black holes explosion)?'이다. © Nature

## 블랙홀 역학 4법칙

**R:** 호킹 박사님은 지난 2월 《네이처》에 블랙홀이 에너지를 방출한다는 획기적인 논문을 게재하셨습니다. 우선 이게 무슨 말인지 간단히 설명해 주시죠.

**호킹:** 블랙홀은 중력이 너무 강하여 빛조차도 빠져나오지 못하는 영역으로 알고 있었습니다. 그런데 양자효과를 고려해 보니 놀랍게도 자발적으로 에너지를 방출하더라고요. 블랙홀은 실은 그다지 검지 않다는 것이죠. 베켄슈타인이 옳았습니다.

**R:** 베켄슈타인이 옳았다니요?

**호킹:** 아, 미국 프린스턴대학 존 휠러 교수의 학생인데, 블랙홀이 엔트로피를 갖고 있으며 그 양은 블랙홀 사건지평면에 비례한다고 주장해 왔거든요.

**R:** 베켄슈타인은 왜 그런 주장을 했을까요?

**호킹:** 열역학 제2법칙이 그 주요 동기이지요.

고립계의 엔트로피는 시간이 흐르더라도 동일하거나 증가할 뿐 감소하지는 않는다는 것입니다. 예를 들어 커피 한 잔을 블랙홀에 부어버린다고 합시다. 커피와 블랙홀로 이루어진 계를 하나의 고립계로 간주하고 블랙홀이 엔트로피를 갖고 있지 않다고 하면 커피 한 잔에 해당하는 엔트로피가 감소하는 일이 발생하여 열역학 제2법칙이 깨지는 사례가 발생하는 것입니다.

스티븐 호킹 기념 우표. 우표에 있는 수식은 블랙홀의 엔트로피와 면적의 관계를 나타낸다.

**R:** 아, 그렇군요. 그런데 블랙홀은 물질이 없는 심하게 휘어진 시공간 자체가 아니었던가요? 그리고 열역학은 열평형에 있는 물질계에서 성립하는 법칙이어서 열역학 법칙이 시공간을 포함한 것까지 충족하는지는 모르는 것 아닙니까?

**호킹:** (놀란 듯 쳐다보며) 날카로운 지적이네요. 그렇습니다. 시공간 자체에 엔트로피를 부여한다는 것은 그때까지만 해도 근거가 없었고 거의 미친 생각이었죠. 그런데 블랙홀은 열역학 법칙과 유사한 성질을 갖고 있다는 것이 밝혀졌습니다. 그중의 하나가 소위 '블랙홀 면적 정리'인데, 블랙홀 사건지평면의 면적은 어떤 일이 일어나도 동일하거나 증가한다는 내용입니다. 쉽게 말하면 별이 블랙홀로 빨려 들어가거나 블랙홀끼리 충돌을 하더라도 블랙홀의 크기는 항상 커지기만 한다는 뜻입니다. 제가 4년 전에 논문에 냈는데, 베켄슈타인 학생은 이것을 블랙홀이 엔트로피를 갖는 강력한 증거라고 간주한 것이죠.

**R:** 그것이 왜 증거가 된다는 것인지 좀 쉽게 설명해 주시겠습니까?

**호킹:** 예를 들어 서너 개의 블랙홀로 이루어진 하나의 계를 생각해 봅시다. 이것들이 서로 충돌하고 하는 과정을 차가운 물과 뜨거운 물이 섞이는 과정처럼 하나의 열역학적 과정으로 간주할 수 있을 텐데, 최종적으로 평형상태에 다시 도달하면 총 엔트로피는 증가해야 하겠지요. 자 이제 블랙홀에 엔트로피를 부여하고 그 양이 면적에 비례한다고 가정합시다. 그러면 블랙홀 면적 정리로부터 최종적으로 만들어지는 블랙홀의 면적은 항상 증가해 있을 것이고 결국 엔트로피가 증가한다는 열역학 제2법칙과 부합한다는 말이죠.

**R:** 또 다른 유사성은 무엇인가요?

**호킹:** 그것은 2년 전 제가 바딘, 카터와 공동 연구한 결과인데, 소위 '블랙홀

역학 4법칙'과 관련이 있습니다. 블랙홀의 표면중력과 사건지평면의 성질을 좀 더 면밀히 살펴보면 앞에서 언급한 면적 정리를 포함해 네 가지의 법칙을 유도해 낼 수 있습니다. 그런데 이 네 가지 법칙이 놀랍게도 열역학 법칙과 매우 유사한 형태를 갖고 있습니다. 실제로 표면중력을 온도로, 그리고 사건지평면의 면적을 엔트로피로 치환하면 정확히 우리가 알고 있는 열역학 4법칙이 됩니다.

R: 신기하군요…? 그런데 왜 베켄슈타인의 주장에 반대하셨죠?

**호킹:** 저의 이론물리학자로서의 경력에 있어 첫 패배라고 할까요(웃는다)? 물리학은 원인이 이해돼야 합니다. 어떤 현상이 너무나 생소해서 그 원인을 이해할 수 있는 수준이 아니라 하더라도 최소한 모순이 없어야 합니다. 블랙홀이 만약 엔트로피와 온도를 갖는다면 당연히 이에 대응하는 열복사를 방출해야 하는데, 블랙홀은 이름 그대로 빛조차도 빠져나오지 못하는 시공간의 한 영역입니다. 즉 에너지를 방출할 수 없는데, 온도와 엔트로피를 부여하는 것은 자체 모순입니다. 베켄슈타인이 블랙홀 엔트로피를 주장하면서도 온도가 있다는 주장은 하지 않는 것처럼 말이지요. 또 한 가지 이유는 '블랙홀 역학 4법칙'은 순전히 일반상대론에서 유도되는 결과들이죠. 일반상대론은 열역학 이론과 무관한 이론인데, 어떻게 열역학적인 성질을 담고 있겠는가 하는 것입니다. 더 깊이 이해되기 전까지는 우연한 유사성으로 남겨 두는 것이 타당해 보였습니다.

## 블랙홀의 운명, 고전물리냐 양자물리냐에 따라 달라져

R: 그러면 지난달에 발표하신 블랙홀 증발에 관한 연구는 어떻게 시작하게 된 것인가요?

**호킹:** 1973년 동료 엘리스와 함께 근 10년간 연구한 결과들을『시공간의 거대 규모 구조』라는 책으로 출판했죠. 기존의 방법과 달리 위상수학적인 방법을 적용해 블랙홀과 우주론을 연구한 것이라 전문가들한테는 나름 유용할 것입니다. 한 연구 분야가 일단락돼서 1973년 말 저는 좀 빈둥거리고 있었습니다. 1960년대 펜로즈와 저는 탐구를 통해, 일반상대론으로 자연을 기술하는 한 블랙홀과 우주론에서 특이점의 존재를 받아들일 수밖에 없게 됐습니다. 특이점에서는 물질의 밀도와 시공간의 곡률이 무한대가 되기 때문에 물리적으로는 있을 수 없는 일입니다. 이것이 의미하는 바는

특이점이 만들어지는 상황으로 접근하면 일반상대론은 더 이상 실제 자연을 기술하기에 부적합한 이론이라는 것이지요. 그런 상황이 되면 아마도 양자적인 효과가 중요해질 것이기 때문에 고전적인 장이론인 일반상대론은 더 이상 맞지 않을 것이고 양자적인 중력이론으로 기술해야만 할 것입니다. 그런데 문제는 우리가 아직 양자중력이론을 모르고 있다는 것입니다. 아직 그 누구도 성공적인 양자중력이론을 내놓고 있지 못합니다. 그래서 좀 중간적인 단계로 시공간은 그대로 고전적으로 취급하면서도 이 속에 있는 물질은 양자적으로 다루는 소위 '휘어진 시공간에서의 양자장론'이라는 틀에서 블랙홀을 다뤄봤죠. 저는 당시에 양자이론에 대한 배경지식이 없어 특이점 문제를 양자적으로 정면공격하는 것은 너무 어려워 보였죠. 그래서 좀 쉬워 보이는 블랙홀 시공간에서의 양자장론으로 시작한 것이죠.

R: 그럼 호킹 박사님 전에는 그런 연구를 한 사람이 없었습니까?

**호킹:** 있었죠. 미국의 이론물리학자 브라이스 드윗, 파커 등의 선구적인 연구를 바탕으로 러시아의 젤도비치와 그의 제자 스타로빈스키, 그리고 휠러 교수의 학생인 언루 등이 회전하는 블랙홀 시공간에서의 양자장론을 연구하고 있었죠. 저는 미국 캘리포니아공대의 킵 손과 함께 1973년 9월 모스크바 젤도비치 그룹을 방문해서 그들의 연구 내용을 들었죠. 핵심 결과는 회전하는 블랙홀은 에너지를 방출하며 회전이 느려지고 회전이 완전히 멈추면 에너지 방출도 멈춘다는 것입니다. 놀라운 결과이지만 저는 젤도비치와 스타로빈스키가 양자장론과 일반상대론을 부분 결합하는 방법이 좀 의심스러웠고 케임브리지로 돌아와 크리스마스 내내 저만의 방법으로 다시 계산해 보았죠. 그랬더니 역시 회전하는 블랙홀이 에너지를 방출하는 결과가 나오더군요. 그런데 놀랍게도 회전이 없어도 블랙홀은 여전히 에너지를 방출하며, 더구나 이 에너지 방출 스펙트럼은 온도를 지니는 열복사와 정확히 동일한 형태더군요.

중심에 거대 블랙홀이 있는 은하 2개가 병합하는 과정을 보여주는 그림. 중심에 있는 2개의 블랙홀은 은하 충돌 후 수억 년간 서로 공전하다가 하나로 합쳐진다.

**R:** 그러면 베켄슈타인의 블랙홀 엔트로피와 바딘, 카터, 호킹의 블랙홀 역학 4법칙에서의 열역학적 유사성이 단순한 우연이 아니었군요?

**호킹:** 그렇지요. 양자 효과까지 고려한 블랙홀은 에너지를 방출할 뿐만 아니라 표면중력에 비례하는 온도와 사건지평면의 면적에 비례하는 엔트로피를 갖는 열복사도 하고 있다는 뜻입니다. 블랙홀은 일반상대론과 양자론뿐만 아니라 열역학까지도 포함하는 현상을 갖고 있는 셈입니다.

**R:** 대단하군요. 에너지를 방출하면 블랙홀은 나중에 어떻게 되는 것이지요?

**호킹:** 에너지를 잃으면서 크기가 점점 줄어들다가 결국 사라지게 됩니다.

**R:** 호킹 박사님은 블랙홀 면적 정리를 통해 블랙홀은 먹기만 해서 점점 커지기만 한다고 하시더니, 이제는 내뱉을 수도 있어 작아지기도 한다고 하시는군요. 블랙홀의 운명을 180도 바꾸어 놓으셨네요.

**호킹:** 블랙홀을 고전물리로 보느냐 아니면 양자물리로 보느냐의 차이입니다.

## 블랙홀이 폭발한다?!

**R:** 블랙홀이 폭발할 수도 있다고 하는데…?

2009년 호킹 박사가 개조된 보잉 727을 타고 무중력 체험을 하며 즐거워하고 있다.

ⓒ Jim Campbell/Aero-News Network

**호킹:** 아, 그것은 좀 더 설명이 필요합니다. 저의 계산을 통해 블랙홀 열복사가 정확히 어떤 온도를 갖는지 알게 됐습니다. 예를 들어 태양 질량 정도($\sim 2.0 \times 10^{33}$g)를 갖는 블랙홀의 온도는 대략 절대온도 $10^{-8}$도 정도입니다. 섭씨온도로 치면 가장 낮은 온도인 영하 273.16℃보다 $10^{-8}$℃ 더 높은 것이죠. 거의 절대영도에 가깝고 우주배경복사의 온도인 절대온도 3도보다도 작습니다. 따라서 천문학이나 천체물리에서 다루는 블랙홀의 경우 블랙홀 열복사는 없는 효과나 마찬가지입니다. 그런데 블랙홀 온도는 그 질량에 반비례하기 때문에 블랙홀의 질량이 작아지면 블랙홀은 매우 고온의 열복사를 방출하게 됩니다. 예를 들어 질량이 $5 \times 10^{14}$g이거나 그 이하인

소위 원시 블랙홀들은 빅뱅 초기에 만들어질 수 있는데, 이런 블랙홀들은 $10^{11}$도 이상의 극고온 열복사를 하게 됩니다. 블랙홀 복사의 최종단계에서는 질량이 더 작아지게 되어 엄청난 에너지가 짧은 순간에 방출됩니다. 이것은 감마선 폭발보다도 더 강렬한 에너지 방출이라서 '블랙홀 폭발'에 비유한 것입니다.

**R:** 아, 그런 의미에서의 폭발이었군요. 마지막으로 이 연구 결과가 물리학 발전에 미칠 영향과 전망에 대해 듣고 싶습니다.

**호킹:** 글쎄요. 저의 연구결과가 블랙홀에 대한 기존 인식과 워낙 달라서 사람들이 어떻게 반응할지 궁금합니다. 얼마 전 제2차 양자중력학회에서 제가 처음 이 결과를 발표했을 때 말도 안 된다고 선언하며 뛰쳐나간 사람도 있었죠…. 일단은 블랙홀과 양자효과에 대한 다양한 연구를 촉발시킬 것이라 기대합니다. 그렇지만 길게 본다면 양자중력이론을 찾아나가는 데 있어 중요한 길잡이가 될 것으로 생각합니다. 1920~1930년대 흑체복사 현상이 양자역학이 성립하는 데 결정적인 역할을 했던 것처럼 말이지요.
아, 마침 저기 제인이 오고 있네요. 제인을 만나지 못했다면 저는 아마 삶의 목표도 없이 장애를 탓하며 살아가고 있었겠지요. (혼잣말처럼) 이론물리학자들은 제인에게 고마워해야 합니다….

잠시 후 제인은 휠체어를 밀고 호킹과 함께 아담한 집으로 들어간다. R은 그 모습을 지켜보고, 주위를 두리번거리더니 공중전화 박스 안으로 사라진다.

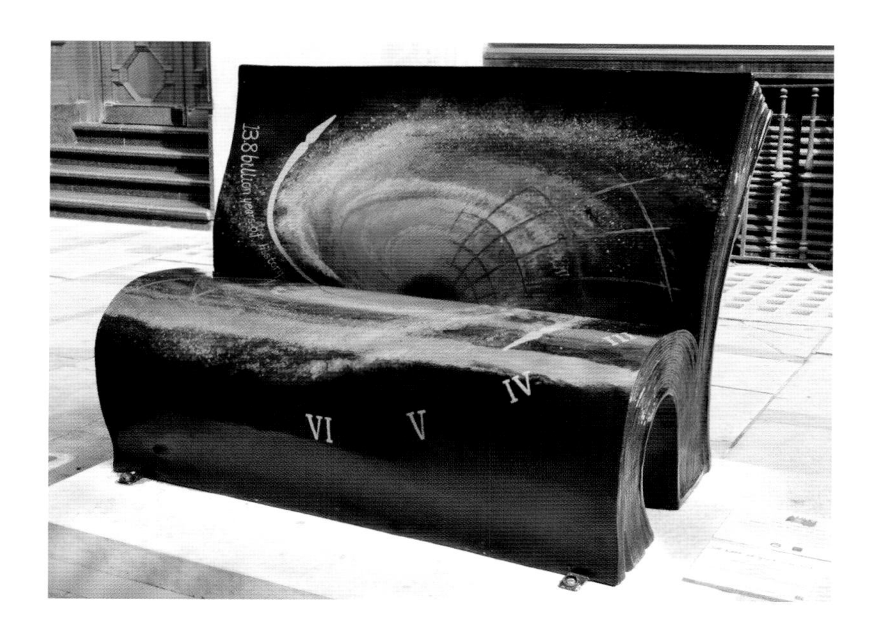


호킹의 베스트셀러 『시간의 역사』를 벤치 형태로 만든 조각. 런던의 문학 유산을 기념하는 50개 중 하나이다.